普通高等教育“十二五”规划教材

浙江省重点教材

计算机辅助施工管理

主 编 于会泉
副主编 杨海平
主 审 李启华

中国水利水电出版社
www.waterpub.com.cn

内 容 提 要

本书主要介绍了PKPM施工系列软件，同时也对目前常用施工软件——品茗标书快捷制作与管理软件及清华斯维尔施工管理软件进行了介绍。全书共分5个单元，包括标书编制、脚手架设计及其施工图绘制、模板的设计计算及其配板图与统计、网络计划编制、施工现场平面图绘制。

本书可作为高等职业院校工程专业的教材，例题丰富，用于编制标书、进度计划编制、平面图绘制、模板及脚手架安全设计计算等方面进行软件操作学习，也可作为广大工程技术人员的参考资料。

图书在版编目（CIP）数据

计算机辅助施工管理 / 于会泉主编. -- 北京 : 中国水利水电出版社, 2012.2(2021.6重印)
普通高等教育“十二五”规划教材 浙江省重点教材
ISBN 978-7-5084-9486-9

Ⅰ. ①计… Ⅱ. ①于… Ⅲ. ①施工管理：计算机辅助管理－高等学校－教材 Ⅳ. ①TU71-39

中国版本图书馆CIP数据核字(2012)第024536号

书　名	普通高等教育“十二五”规划教材　浙江省重点教材 **计算机辅助施工管理**
作　者	主编　于会泉
出版发行	中国水利水电出版社 （北京市海淀区玉渊潭南路1号D座　100038） 网址：www.waterpub.com.cn E-mail：sales@waterpub.com.cn 电话：（010）68367658（营销中心）
经　售	北京科水图书销售中心（零售） 电话：（010）88383994、63202643、68545874 全国各地新华书店和相关出版物销售网点
排　版	中国水利水电出版社微机排版中心
印　刷	北京瑞斯通印务发展有限公司
规　格	184mm×260mm　16开本　15.5印张　368千字
版　次	2012年2月第1版　2021年6月第6次印刷
印　数	12001—16000册
定　价	**48.00元**

前　言

计算机辅助施工管理是建立在建筑施工组织与管理和计算机应用技术两个学科相结合基础上的一门学科，是建筑施工管理人员对工程施工实施管理的有效途径。在计算机于各行业广泛普及应用的今天，建筑行业的计算机应用管理优势正逐渐显现出来。通过使用计算机辅助施工管理软件，不仅可以提高工作效率，实现建筑施工管理软件化、计划目标网络化，而且可以使施工质量和计算结果的可靠性得到保证。

本书为浙江省“十一五”重点教材，在编写过程中体现“以工程项目为载体，创设学习情境来设计课程内容和组织教学，并与企业合作开发课程”的精神，精选建筑施工管理5个方面的典型内容，以培养应用型高级技术人才为出发点，突出学生职业能力的培养；一是注重计算机应用软件学习的特点，淡化理论，强调操作过程，采用单元设计的方式，进行任务的导入、分析，确定任务的解决方案，并对解决任务的方法进行比较，在层层推进的过程中逐步解决问题；二是以PKPM施工软件为主，兼顾介绍清华斯维尔施工管理软件、品茗施工管理软件等常用软件，归纳总结了相应软件的主要功能特点，使学生能对照学习，达到举一反三的效果，从而在今后的工作中具有更广泛的适应能力；三是以典型施工实例作为实训项目，学练结合，提高学生学习的效果。

本书由浙江同济科技职业学院计算机辅助施工管理课程建设团队合作完成，由浙江同济科技职业学院于会泉任主编，浙江同济科技职业学院杨海平任副主编。本教材编写任务完成情况如下：浙江同济科技职业学院于会泉（编写第1单元、第4单元的4.2～4.4节、附录）、杨海平（编写第5单元）、张凯敏（编写第2单元）、陈宇翔（编写第4单元的4.1节）、浙江五洲工程项目管理有限公司柴恩海和蒋延令（编写第3单元）。于会泉负责本书统稿工作，浙江建筑职业技术学院李启华同志主审。本书在编写过程中，得到了浙江同济科技职业学院王颖、马景善、浙江省水利厅董秋华及杭州品茗工程造价软件有限公司应益峰等同志的大力支持，并对教材编写提出了宝贵意见，在此深表感谢！

由于编者水平有限，书中难免有不足与错误之处，敬请读者批评指教。对所有参考文献的作者，在此表示衷心的感谢，并欢迎联系和交流。

编　者

2011年12月

目录

第 1 单元　标　书　编　制

任务目标：运用标书制作系统进行工程投标标书的制作。

任务重点：标书框架结构建立、标书编辑及生成。

任务难点：标书模板的收集、下载；结合所给工程的特点进行分析、选用标书模板。

1.1　任务的导入

目前，全国各地投标过程大多是通过纸质介质传递交换信息数据，随着信息技术的发展，很多省（自治区、直辖市）已经开始通过信息技术提高建设工程招投标的工作效率和服务质量，个别省（自治区、直辖市）初步进行了计算机电子评标的试点工作，并取得了一定成效。随着人们观念的更新和信息技术的发展，特别是互联网技术的普及，使“信息存于指尖”成为现实，招投标工作的电子化已经成为行业发展的趋势。

1.2　任务的分析

为了更好地完成投标任务，必须对任务本身进行详细的分析，包括工程投标的概况、工程施工方案编制等，为解决问题做好充分的准备。

1.2.1　工程投标概况

1. 工程投标基本流程

一般工程投标基本流程的步骤如下：

（1）搜索业主网上发布的招标公告。

（2）根据招标公告向投标公司报名，购买资格预审文件。

（3）根据资格预审文件要求，完成资格预审申请文件的制作，在规定时间内交到招标公司，进行预审。

（4）通过预审后，由招标公司通知，购买招标文件。

（5）在规定时间完成投标文件的编制，进行投标。

（6）评标后，招标公司通知或者在网上公布中标结果。

（7）发出中标通知书，签订合同。

2. 投标文件的编制要求

《中华人民共和国招标投标法》（以下简称《招标投标法》中规定投标人应当按照招标文件的要求编制投标文件。招标项目属于建设施工的，投标文件的内容应当包括拟派出的项目负责人与主要技术人员的简历、业绩和拟用于完成招标项目的机械设备等。

投标人应当认真研究、正确理解招标文件的全部内容，按要求编制投标文件。投标文件应当对招标文件提出的实质性要求和条件作出响应。“实质性要求和条件”是指招标文件中有关招标项目的价格、项目的计划、技术规范、合同的主要条款等，投标文件必须对这些条款作出响应。这就要求投标人必须严格按照招标文件规定填报，不得对招标文件进行修改，不得遗漏或者回避招标文件中提出的问题，更不能提出任何附带条件。

3. 投标文件类型

投标文件通常可分为以下两类：

（1）商务文件。这类文件是用以证明投标人履行了合法手续以及招标人了解投标人商业资信、合法性的文件。一般包括投标保函、投标人的授权书、证明文件、联合体投标人提供的联合协议、投标人所代表的公司的资信证明；如有分包商，还应出具其资信文件供招标人审查。

（2）技术文件。如果是建设项目，则包括全部施工组织设计内容，用以评价投标人的技术实力和经验。技术复杂的项目对技术文件的编写内容及格式均有详细要求，投标人应当认真按照规定填写。

1.2.2 投标施工方案编制

投标方案是施工企业对拟建工程所作的总体部署和对工程质量、安全、工期等所作的承诺，也是招标方了解投标企业管理水平、施工技术水平、机械设备装备能力等各个方面情况的一个窗口。因此，投标方案从总体上来说，应体现施工企业的综合能力，反映出施工企业的实际水平。投标方案作为投标文件的一部分，面对的是一批具有丰富经验的专家，受到的是严格的审查和质疑，一旦投出，便无法修改、补充，因此，投标方案要做到考虑全面、重点突出、施工方案可行且具有先进性。

1.3 任务的解决方案

投标工具软件的应用是编制投标方案的保证。应用计算机辅助施工软件，能快速地对各种不同施工方法的质量、工期、安全、经济性作综合性的评估，以确保所选用的方法是科学的，而这些，如果没有辅助工具软件，将难以实现。目前市场上施工软件各种各样，本书主要介绍典型的施工辅助软件。PKPM 施工管理软件的标书制作模块，可以用来进行标书制作。其过程主要是通过建立或利用模块中的标书模板，选择建立适合本工程的标书框架结构，然后根据工程的实际情况对标书的内容进行编辑，最后设置标书的格式，生成标书。

1.3.1 PKPM 标书制作系统功能简介

PKPM 标书制作系统是针对建筑工程招投标，使用户能够准确、快速地编制出标书而开发的，其功能特点如下：

（1）根据投标所需的内容，能从标书模板库、施工资料库及用户模板库选取相关内容进行组合来生成规范的标书及标书附件；支持网站上标书模板下载功能，使用户能随时更新标书模板库。

（2）可导入其它软件生成的各种资源图表、施工计划图以及施工平面图等。

（3）提供人事资料和设备资料管理。

（4）提供标书文档编辑、管理及打印功能。

1.3.2 PKPM 标书制作系统主界面及各功能模块

1.3.2.1 系统主界面

启动 PKPM 软件，显示“标书制作软件”主界面窗口如图 1.1 所示。主界面窗口由主菜单和标书制作窗口组成。

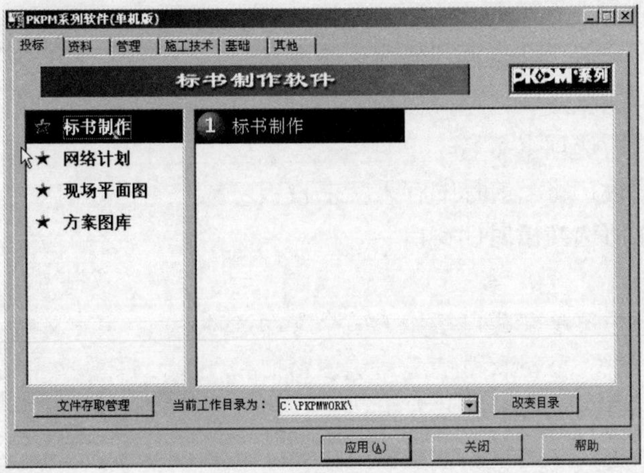

图 1.1

选择【标书制作】项，应用后显示的主界面如图 1.2 所示。

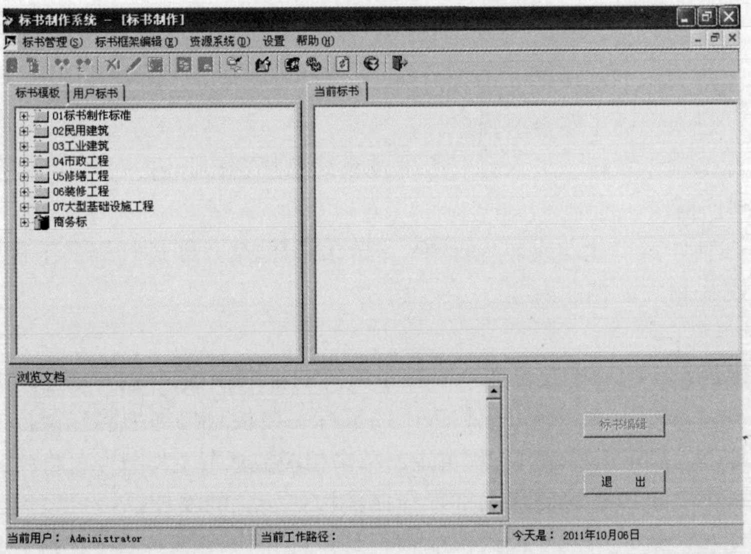

图 1.2

1.3.2.2 主菜单介绍

主菜单由【标书管理】、【标书框架编辑】、【资源系统】、【设置】及【帮助】五个菜单子项组成。

1. 标书管理

标书管理子项主要用来新建工程、删除当前标书、进行标书编辑及退出系统四个方面功能。

2. 标书框架编辑

标书框架编辑子项下拉菜单主要包括如下八个方面选项：

（1）当前标书信息：进入当前标书工程信息窗口。

（2）从文件导入结构：进入从文件导入结构窗口。

（3）添加同级或下级文件夹：给所选项添加同级或下级文件夹。

（4）添加文档：给所选项添加同级或下级文档。

（5）浏览文档：浏览给所选项文档。

（6）重命名：给所选项重命名。

（7）存入标书模板：将当前标书存入标书模板。

（8）属性：进入所选文档属性窗口。

3. 资源系统

资源系统子项下拉菜单主要包括如下三个方面选项：

（1）人事资料：进入公司职员情况一览表窗口。

（2）设备资料：进入机械设备状况窗口。

（3）下载模板：进入网上模板下载窗口。

4. 设置

进入“选项”窗口，主要用于对 “系统及标书模板”、“用户标书”、“当前标书路径”的设置。

5. 帮助

（1）内容：进入标书制作帮助内容窗口。

（2）索引：进入帮助主题索引窗口。

（3）关于标书制作系统：进入标书版本及系统信息窗口。

1.3.2.3 标书制作窗口

首先在标书制作窗口建立或导入标书工程的结构框架，即进行标书工程的结构框架初始化，并初步制作相关文档的内容。

1. 标书制作窗口组成

（1）标书模板。在标书模板目录中显示了所有的标书模板。用户可以利用标书模板对当前标书的结构进行初始化，也可以将选中的某标书模板直接拖拽到当前标书中。

（2）用户标书。显示用户标书工程目录，单击相应的标书工程节点可将其变成当前标书。

（3）当前标书。可以对当前标书进行标书结构初始化的操作。

（4）浏览文档。浏览所选文档内容的窗口。用户可以在标书模板、用户标书、当前标书的文档节点处双击，即可在浏览文档区域显示相应的内容。

2. 工具条

为使操作更为方便、快捷，系统提供了对应于窗口菜单的工具条，如图 1.3 所示，可以针对当前标书进行操作，当光标停留在工具条按钮上一会儿时会有提示内容出现。

图 1.3

工具条较窗口菜单增加了复制、粘贴和刷新；复制和粘贴按钮可以把标书模板内中所选的节点及子节点下的所有内容复制到当前标书中指定的节点下，若要复制用户模板中标书里的某个内容，则需先把其另存为标书模板再进行操作。刷新的作用是当从某处复制标书到标书模板所在的目录下时，切换到标书模板单击【刷新】按钮则在窗口中可看到此标书，对于用户标书也是如此。

1.3.3 新建工程

单击【标书管理】→【新建工程】则打开新建工程窗口，填入工程名称、建设单位、施工单位、编制人、审批人、审批日期和注释等信息后，如图 1.4 所示。

单击【确定】按钮后，完成新工程的建立。如果想取消工程的建立，可单击【取消】按钮完成。

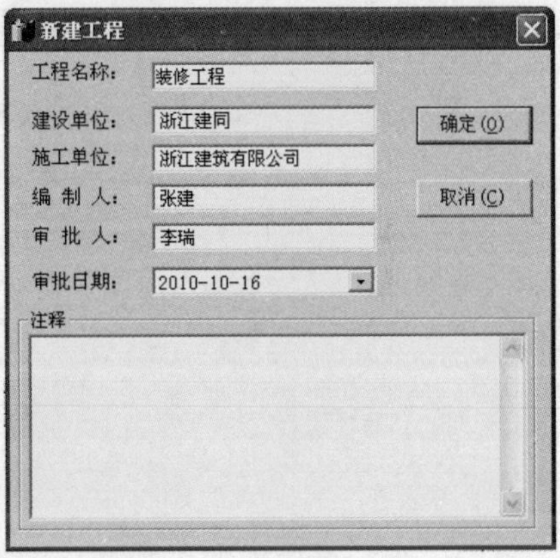

图 1.4

1.3.4 建立标书框架结构

在生成最终的标书之前，可以事先建立起标书的框架结构，这也是新建一个工程之后紧接着要做的一步。标书框架结构简单地说就是最终生成标书之后所看到的目录部分。一般地，目录部分由章、节、小节等构成（注：在 PKPM 施工管理软件中是用文件夹和文档来表示章节和段落的，在这里的文件夹并不表示如 DOS，WINDOWS 等操作系统中的文件夹）。通过这种框架结构来规划要制作的标书的总体构成框架，直到满意为止，并且可以使用标书模板中已有的标书，通过简单的拖拽操作来生成这种结构和具体的段落内容。这样，用户可以用最方便的操作、最小的工作强度、最快的速度生成满意的标书。

1.3.5 标书框架结构编辑

标书文件结构是按章、节及段落等树形结构组织存储的。其中段落是标书结构的基本单位。工程标书组织就是确定工程标书文件的结构。在系统中确定标书的结构是从上往下，按结构位置，章节依次递增。

1.3.5.1 文件夹操作

1. 添加文件夹

标书结构中的文件夹就是章、节、小节等，可在当前标书中添加文件夹，在文件夹中还可添加文档或文件夹，系统最多可支持九层的结构。

选择要添加文件夹的文件夹，右击，在弹出的菜单中选择【添加下级文件夹】，在【添加】对话框中输入文件夹名称，如图 1.5 所示，单击【确定】按钮，则添加完成，单击【取消】按钮，则取消添加操作。

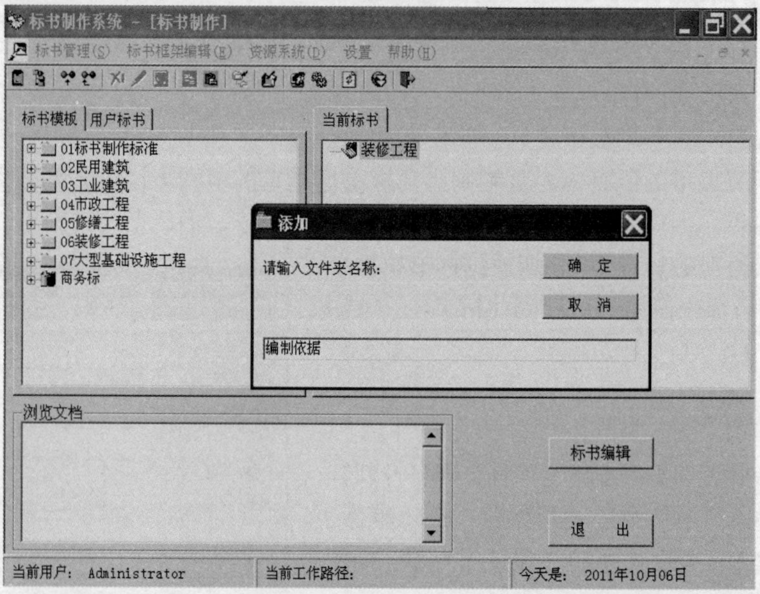

图 1.5

也可以在标书模板的下拉列表中选择模板文件夹，用鼠标直接将其拖动至当前标书的相应位置，则完成标书文件夹添加操作。如图 1.6 所示，将工程概况直接从标书模板栏拖添至当前标书中来。

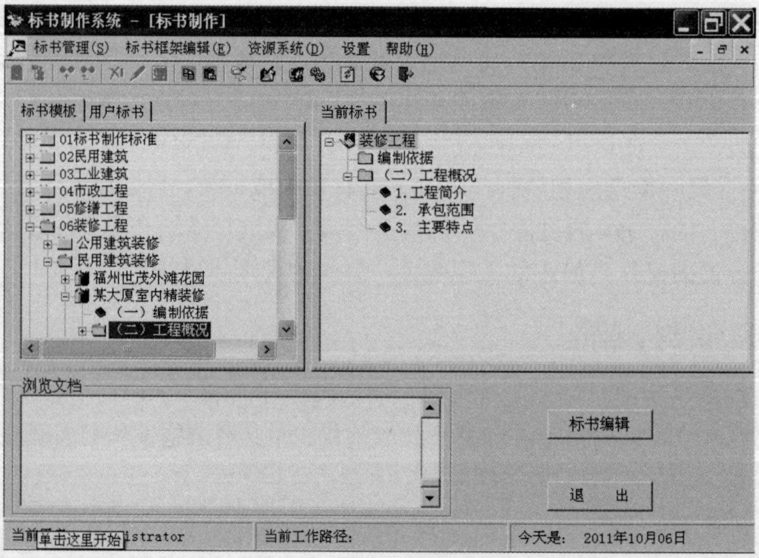

图 1.6

2. 删除文件夹

在当前标书结构中选中需删除的文件夹，右击，在弹出的菜单中选择【删除】项，单击【确定】按钮；或单击窗口上的【标书框架编辑】菜单，选择【删除】项。

3. 重命名文件夹

可以对当前标书中的文件夹重新命名，选中需要重命名的文件夹，右击，在弹出菜单中选择【重命名】项后输入新的名称。

1.3.5.2　文档操作

1. 导入或创建文档

在当前标书窗口中导入或创建文档，可在添加处右击，在弹出菜单中选择【添加文档】→【同级】或【下级】，从弹出的对话框中选择要导入的同级或下级的 WORD 文档。如果没有想要导入的文档，也可以直接创建文档，即在弹出的【打开文档】对话框文件名栏中输入一个要创建的文档名称，然后单击【打开】按钮，此时会弹出对话框如图 1.7 所示，提醒"此文件不存在。要创建此文件？"，单击【是】按钮，则创建一个新的文档。

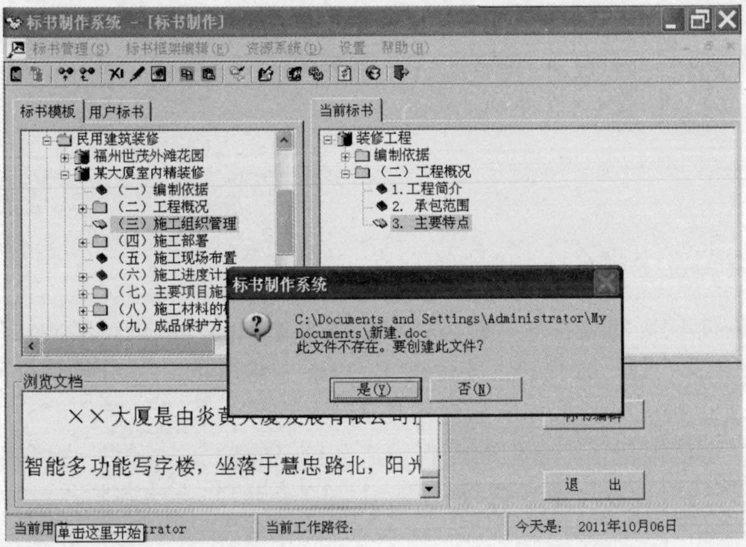

图 1.7

2. 添加文档

在工程或文件夹中添加的文档，在系统中分别用◆或✎表示文档或打开的文档。添加文档时可以在标书模板中选定模板中的某一文档，然后单击工具栏的【复制】按钮（或直接右击，在弹出的菜单中选择【复制】，然后单击当前标书中要放入的位置，单击工具栏的【粘贴】按钮即可。也可以直接用鼠标将选定的模板文档拖动至当前标书的相应位置，完成标书文档添加操作。

3. 重命名或删除文档

在当前标书结构中选中需重命名或删除的文档，右击，在系统弹出的菜单中，选择【重命名】或【删除】项。此操作也可选窗口上的【标书框架编辑】菜单下的【重命名】或【删除】项进行。

4. 浏览文档

可以对当前标书结构中的文档进行浏览，双击要浏览的文档，则在浏览文档窗口中显示文档的内容。也可以在当前标书结构中选择要浏览的文档，右击，在弹出的菜单中选择【浏览文档】项，如图 1.8 所示为预览工程简介。

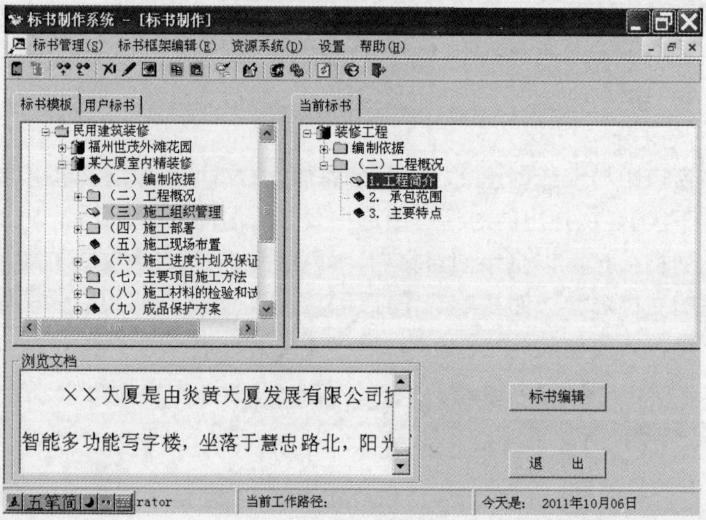

图 1.8

1.3.6 标书编辑及生成

在编辑完标书的组织结构后，就可针对工程对标书的内容进行实质性的编辑，设置标书的格式，生成标书。标书的生成是在 WORD 中进行的。针对建筑行业标书的特殊要求，系统提供了施工方法库和质量管理措施库，在库中提供了常用的施工方法和质量管理措施，用户可以方便地将它们的内容添加至自己的标书中。用户也可建立自己的库，将一些经常用到的内容添加到库中，这样随着您的使用，您会感到制作标书越来越简单，方便。

1.3.6.1 标书编辑

1. 标书编辑窗口

要编辑当前标书，可以单击标书制作窗口中右下方的【标书编辑】按钮，或单击工具条中的【标书编辑】按钮，可以启动标书编辑窗口如图 1.9 所示。

2. 标书编辑工具条

在标书编辑窗口中有标书编辑工具条，如图 1.10 所示。

工具条依次对应的功能分别为：标书设置、生成标书、打开标书（WORD）、浏览标书、资料库、打开类似文档、返回。其中，通过按、可以在编辑标书时查找所需的资料或在标书文件夹中搜索与当前用在编辑的文档名称相似的文档，方便标书编辑。如图 1.11 所示，是在编辑履约保证措施内容时，打开的类似文档窗口，在该窗口中可以进行插入文档、独立打开、浏览等项操作。

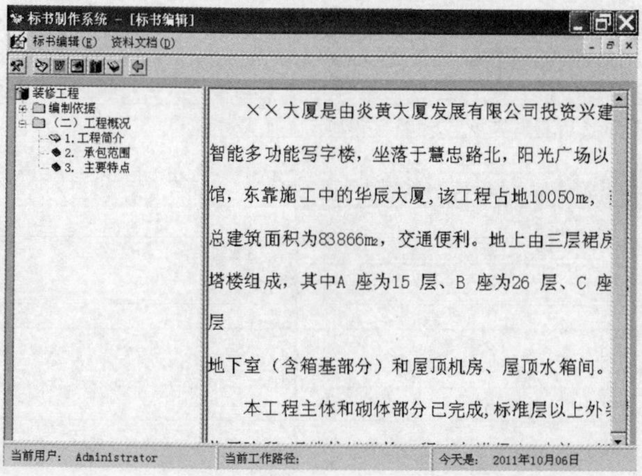

图 1.9

图 1.10

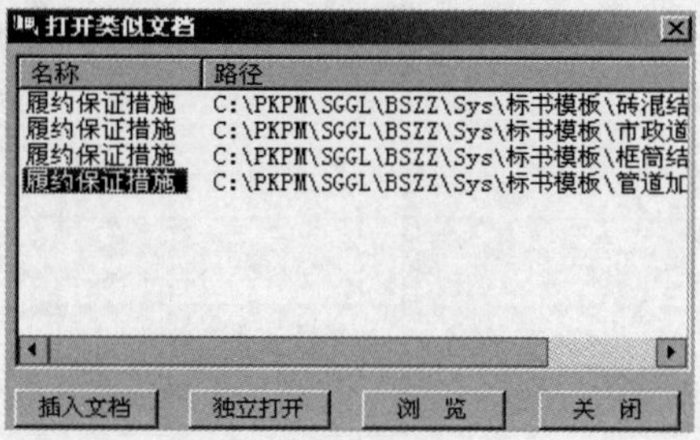

图 1.11

3. 标书文档编辑

（1）启动 WORD 窗口形式编辑。选中要编辑的文档，右击，会弹出如图 1.12 所示的菜单，单击菜单中的【打开】项，则文档会以 WORD 形式打开，在 WORD 状态下编辑后保存即可。

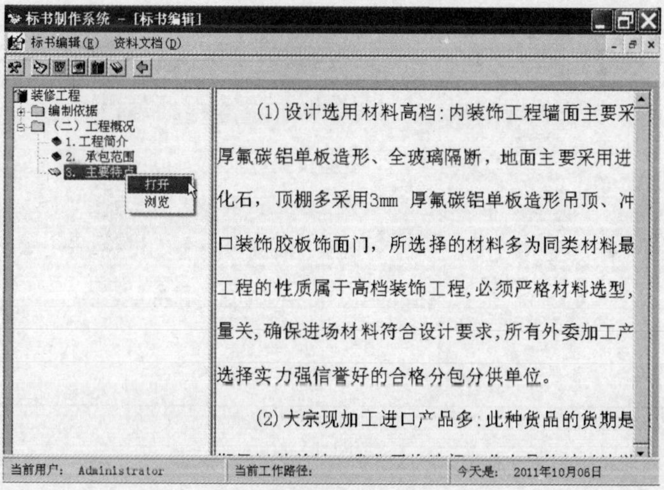

图 1.12

（2）利用资料库编辑。单击工具条上（资料库）按钮，弹出资料库启动窗口如图 1.13 所示。下面对资料库及其操作进行介绍。

资料库可以为编辑标书文档提供丰富的素材，并可以对资料库进行维护，执行添加、删除、浏览、更新等基本操作，有了资料库，对标书的制作与管理更加方便。资料库的启动可以通过单击工具条上（资料库）按钮，主界面如图 1.14 所示，其功能如下。

1）查找功能。通过单击工具条上的查找按钮或单击【文件】→【查找】菜单，来启动信息查询栏对话框。选择按节点信息或按内容信息两种之一方式进行查询。例如，要按节点查询“钢结构工程”，则在信息查询栏对话框中输入“钢结构工程”，查询结果在窗口中定位显示出来，如图 1.15 所示。

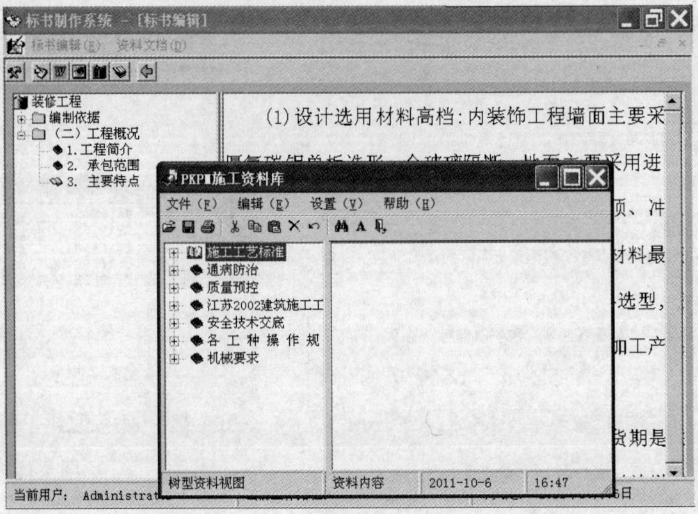

图 1.13

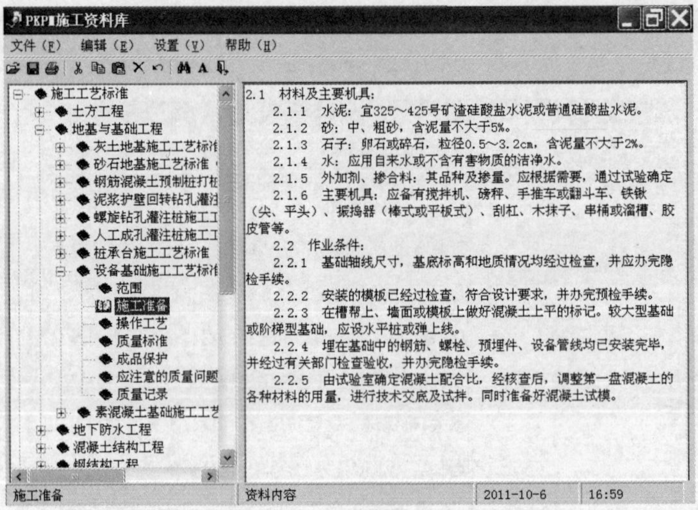

图 1.14

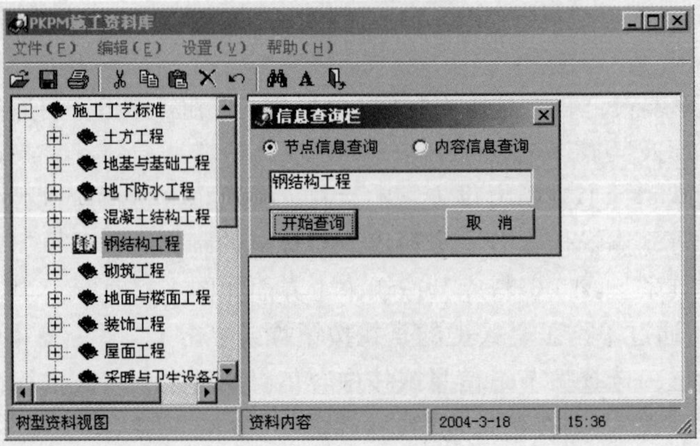

图 1.15

2）编辑功能。在树型视图选定的节点上右击，会弹出如图 1.16 所示的菜单，其主要有【插入】、【增加】、【增加下级】、【删除】、【重命名】、【导入】和【导出】几个功能。

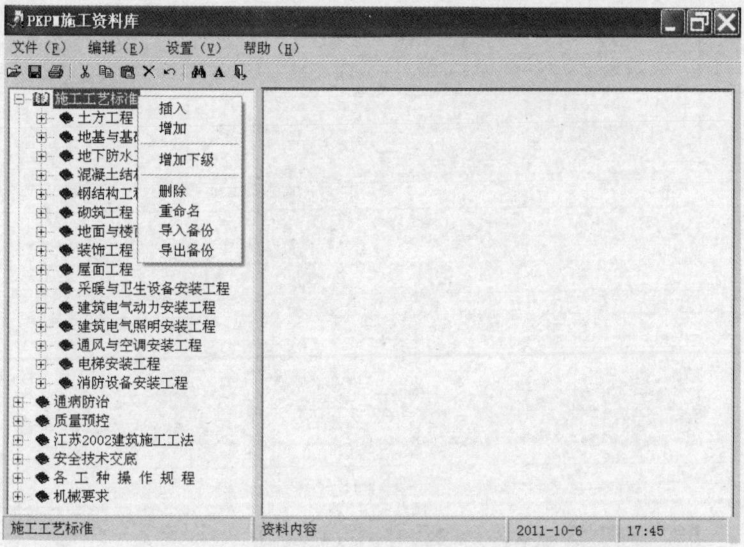

图 1.16

要在选定位置上增加节点，单击【插入】或【增加】菜单，会弹出插入或增加对话框，输入后单击【确定】按钮，便完成了同级节点的添加。

若是树形结构的最下一级，还可在其下面增加一级节点，选定某节点后单击【增加下级】菜单，便会弹出如图 1.17 对话框，输入后单击【确定】按钮，便完成了下级节点的添加。

图 1.17

对于要删除或要重命名的节点，单击【删除】或【重命名】项操作完成。如果需要，还可以选择【导入备份】或【导出备份】项对数据备份文件进行操作。

（3）打开类似文档编辑。单击【打开类似文档】按钮，可以打开用户模板或标书模板中的相关文档，对当前正在编辑的文档进行编辑。

4. 标书格式设置

单击标书编辑菜单中的【标书编辑】→【标书设置】，可以启动“标书设置”选项卡，如图 1.18 所示，对标书的封面、章节标题、页眉页脚及目录、页面和正文等进行格式设置。

（1）标书封面设置。在此页面中可以设置标书封面的工程名称、单位的名称及投标书编制日期的字体、字号等；并能在图片框中对封面图片进行选择、预览，设置图片的高度和宽度，也可以将图片存入库中方便以后的选用。单击【存入库内】按钮可以建立封面格式库，也可以单击【创建】按钮，进入如图 1.19 所示的对话框，输入添加自定义库的文件名称后单击【确定】按钮，系统自动切换到 WORD 程序，可以在 WORD 文档中编辑封面，然后保存 WORD 文档并退出，即完成封面自定义库文件的创建。然后使用【选用库】，对库列表中的当前选项对投标书进行封面库设置。单击【删除】按钮可以对封面格式库或自定义库中的封面库进行删除。

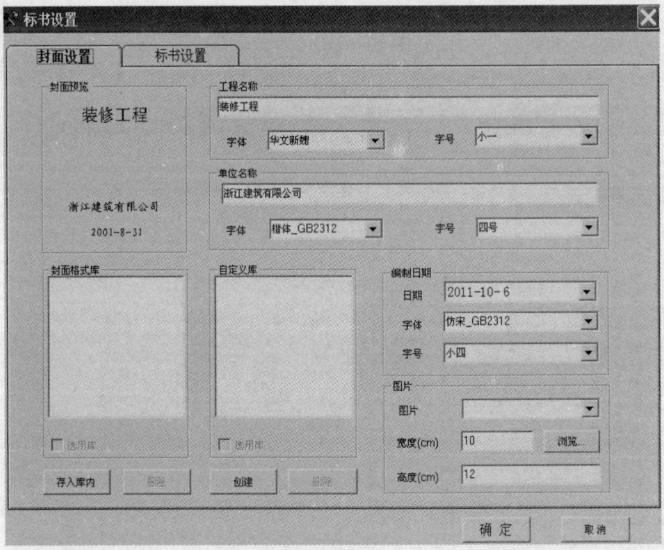

图 1.18

图 1.19

（2）标书章节设置。选择“标书设置”选项卡，转换成如图 1.20 所示的页面。

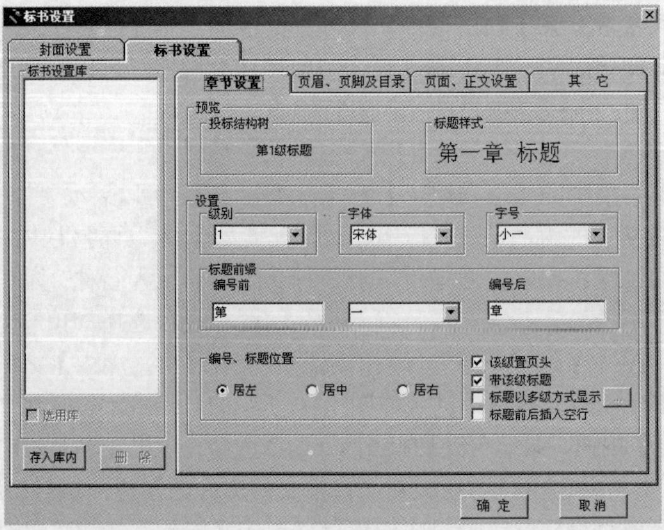

图 1.20

在此选项卡中，可对投标结构树标题级别、标题样式、标题前缀、标题位置、生成标书时显示标题的级数等项进行设置，并可建立标书设置库以方便以后使用。

（3）标书页眉、页脚及目录。选择“页眉页脚及目录”选项卡，转换成如图 1.21 所示的页面。

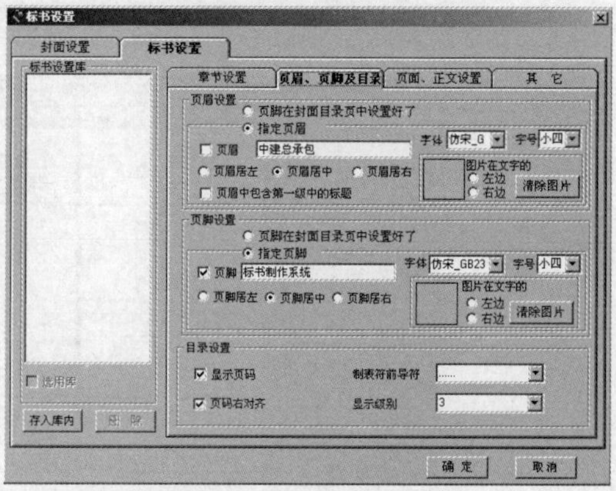

图 1.21

通过此选项卡可以对投标书生成过程中的页眉、页脚和目录进行相应的设置。在“页眉设置”框内，可以对是否带页眉、页眉内容、页眉字体、页眉字号、页眉的位置、是否设置图片以及图片在文字的左右位置等进行设置。在“页脚设置”框内，可以对是否带页脚，页脚内容、页脚字体、页脚字号、页脚位置、是否设置图片以及图片在文字的左右位置等进行设置。在“目录设置”框内，可以对目录是否显示页码、页码对齐位置、目录显示级别和制表前导符进行设置。

（4）页面、正文设置。选择“页面、正文设置”选项卡，转换成如图 1.22 所示的页面。

通过此选项卡可以对投标书的页边距、装订线的位置、页眉和页脚距边界的位置以及正文的字体字号进行设置。

（5）其它设置。选择“其它”选项卡，转换成如图 1.23 所示的页面。

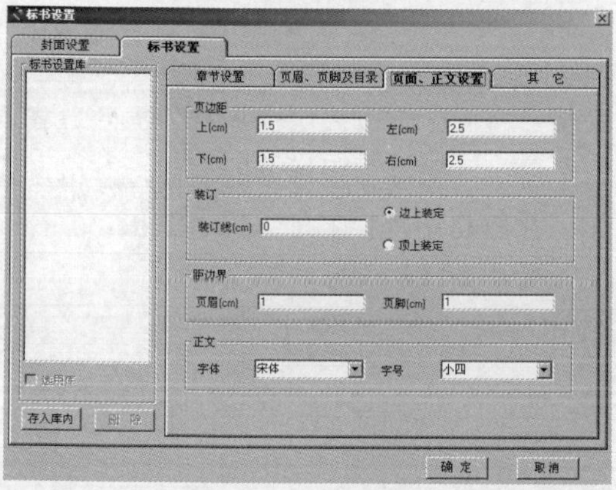

图 1.22

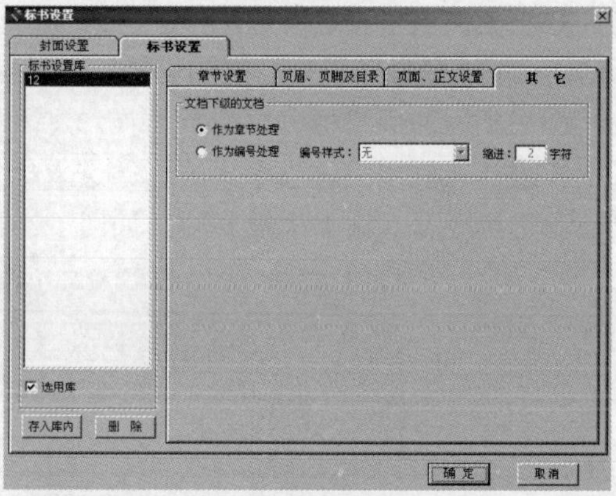

图 1.23

通过此选项卡可以设置标书中文档的下级文档，在标书生成过程中，将其作为章节处理或将其作为编号处理。

1.3.6.2　生成标书

在编辑完标书内容后，可以进行最后一步生成标书了。返回标书编辑窗口，单击按钮，系统便会根据已完成的各种设置迅速地自动进行标书的生成。标书生成完毕后，系统会自动将标书保存在用户指定的当前工作目录下面。单击（浏览）按钮便可以浏览刚才用户所生成的投标书，如图 1.24 所示。

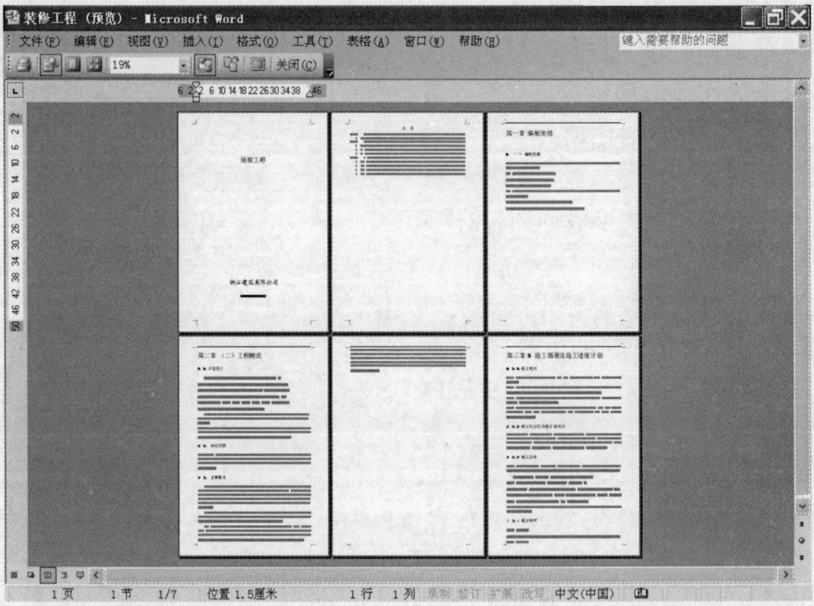

图 1.24

1.3.7 标书模板和用户标书

标书模板是系统安装时提供的标书样本。用户标书是用户在使用过程中不断生成的标书。系统提供了两者之间的操作。

1.3.7.1 标书模板和用户标书的切换

标书模板和用户标书可相互转换。进入标书制作窗口，可以采用添加文件夹的方式将标书模板加入到用户标书中。同样，进入标书制作窗口，选中工程标书的名称，右击，在菜单中选择【存入标书模板】项，如图 1.25 所示，系统将用户标书加入标书模板。

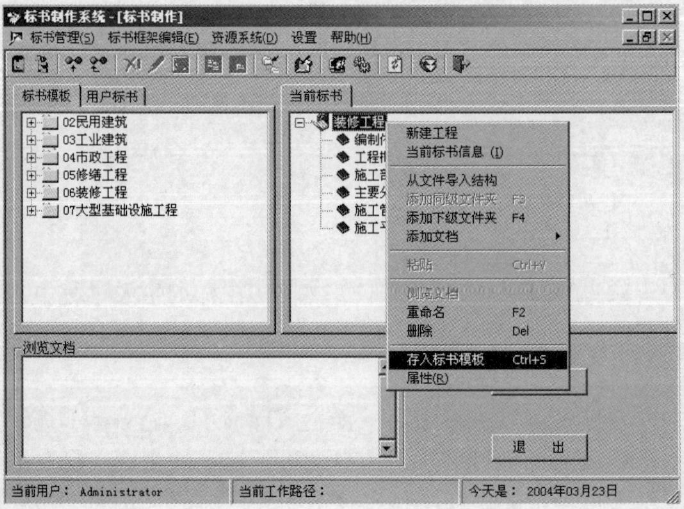

图 1.25

1.3.7.2　标书模板的管理操作

1. 标书模板文档的浏览

进入【标书制作】窗口，在“标书模板”中选择要浏览的文档双击，在文档预览窗口中将显示文档内容。如图 1.26 所示为对中学教学楼中的工程概况进行文档浏览。

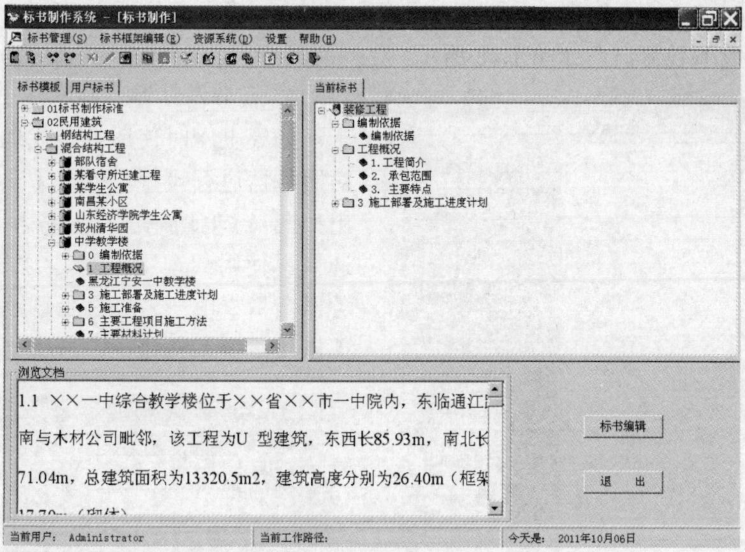

图 1.26

2. 编辑标书模板文档

编辑标书模板文档，可以在标书模板文档浏览的基础上，在窗口上双击，系统将自动打开 WORD 文档，并进入编辑状态，完成编辑文档后保存即完成编辑工作。

3. 标书模板的删除

进入【标书制作】窗口，选择要删除的标书模板，右击，弹出菜单，选择【删除】项，如图 1.27 所示，将删除选择的标书模板，标书模板删除后不可恢复。

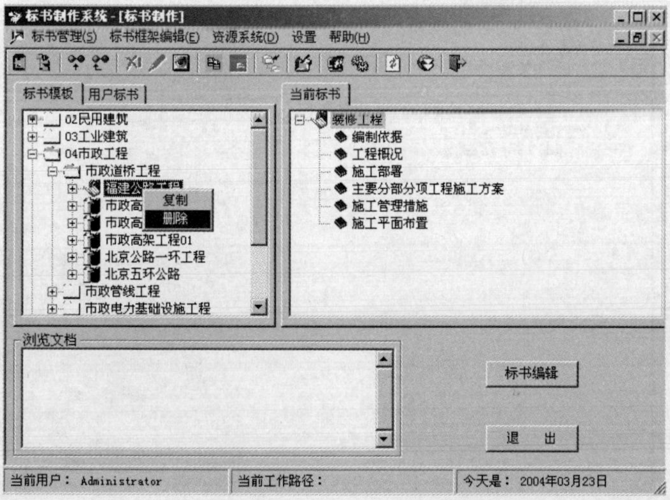

图 1.27

1.3.7.3 标书模板下载

标书模板可以利用下载的网络资源。在返回主界面后单击菜单【资源系统】→【下载模板】或点取快捷键进入网上模板下载控制面板。

1. 进入标书模板窗口

进入标书制作主界面窗口，单击菜单【资源系统】→【下载模板】或直接点取工具栏按钮，弹出模板下载窗口，如图 1.28 所示。

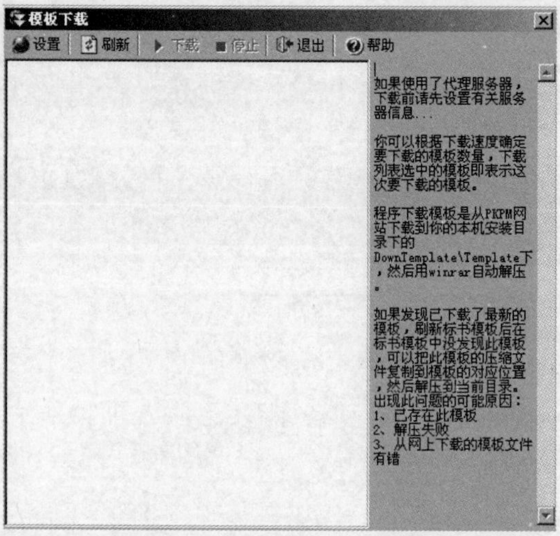

图 1.28

2. 服务器设置

如果上网时使用的是代理服务器，还需对服务器进行设置。单击【设置】按钮，弹出如图 1.29 所示的【服务器设置】窗口，选择“使用代理服务器”，并分别填上“服务器名”、“用户名”、“端口号”和“密码”，单击【确定】按钮，完成代理服务器设置。

图 1.29

3. 模板刷新

单击刷新按钮刷新【模板下载】窗口，系统会自动收索网上最新的标书模板并显示出树形结构列表，如图 1.30 所示。

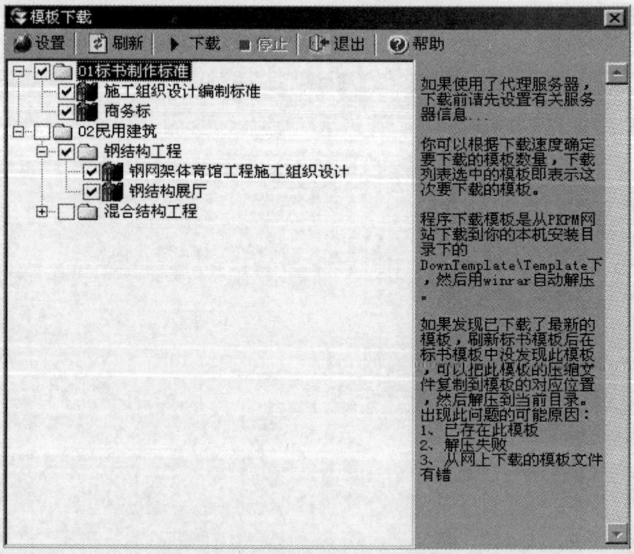

图 1.30

4. 标书模板下载

在图 1.30 模板下载树形结构列表中，选取要下载的标书模板，然后单击▶下载后将所选取的标书模板下载到用户对应的标书模板库中。

1.4 任务解决方案的评估

目前，市场上计算机辅助制作技术标的软件非常多，前面部分主要介绍了 PKPM 施工技术标书制作与管理软件的应用，为了能了解更多同类型的软件，下面参照前面介绍的步骤，通过实例介绍采用清华斯维尔软件、品茗标书制作与管理软件编制标书的范例。

1.4.1 清华斯维尔软件标书制作软件对某建筑工程技术标制作实例

启动清华斯维尔软件标书制作模块，主界面窗口如图 1.31 所示。

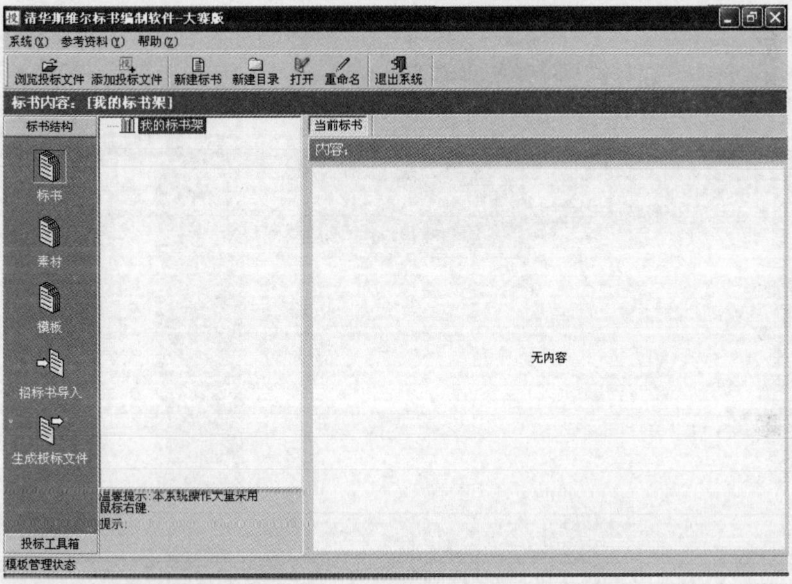

图 1.31

1. 新建工程

单击菜单栏【系统】→【新建】，弹出窗口如图 1.32 所示。

在【新建标书】窗口中输入标书名称“浙江水利水电学校二期建安工程”，可以选择模板，或可以不选。此时为标书管理状态。

2. 编辑标书

新建标书后如图 1.33 所示。

双击文件标题，转变为标书预览状态，选中需要修改的标书如图 1.34 所示。

单击工具栏中的【编辑内容】项，进入标书编辑状态如图 1.35 所示，此时可以开始编辑标书。

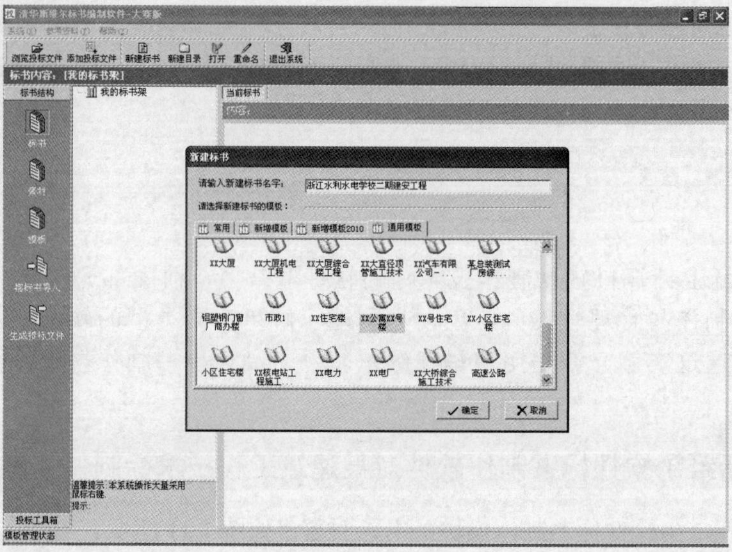

图 1.32

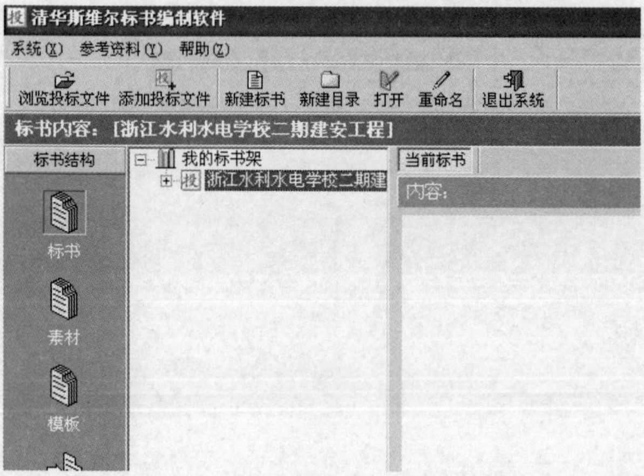

图 1.33

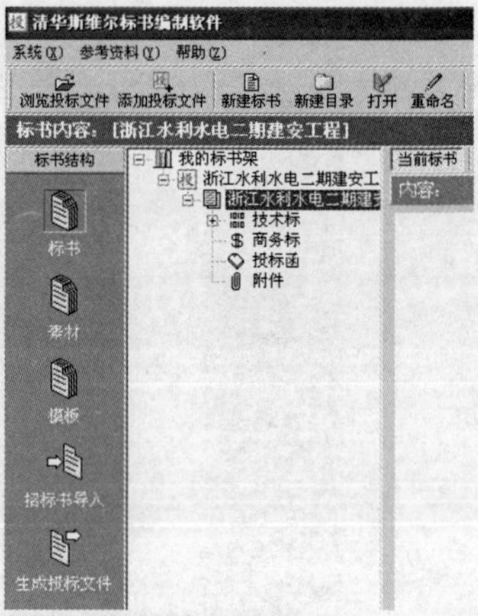

图 1.34

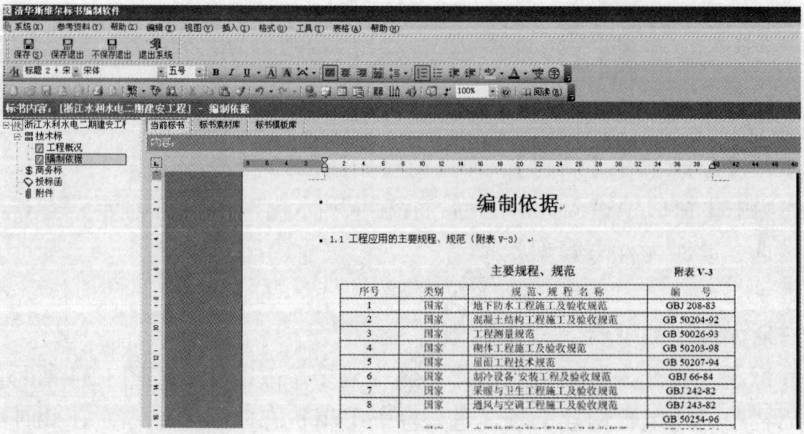

图 1.35

3. 添加资源

资源放置区来自“素材”和“模板”的资源，在编辑标书用到素材或者模板时可以选择使用。资源放置区有三个标签页：“当前标书”、“标书素材库”和“标书模板库”，分别用来关闭资源放置区，切换到“标书素材库”或“标书模板库”，如图 1.36 所示。

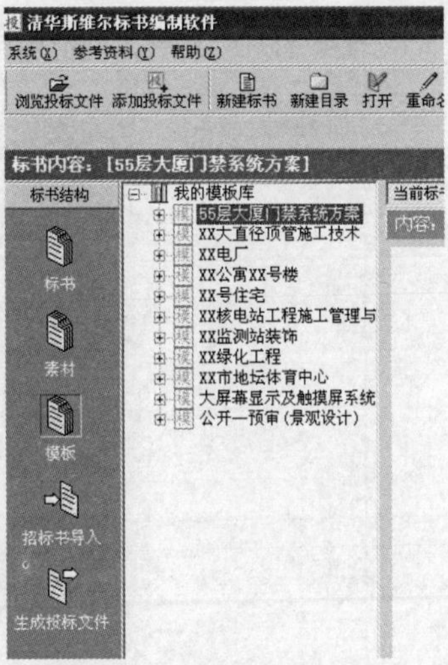

图 1.36

4. 投标书制作

技术标部分主要包括施工组织设计或施工方案、项目管理班子配备情况、项目拟分包情况、替代方案和报价（如要求提交）。导入招标书时生成的投标书范本中已经将技术标的编制要求提取并加入到技术标节点下，如图 1.37 所示。

5. 生成标书

单击工具栏中的 ，生成 WORD 文档，生成后的 WORD 文档可以直接编辑。

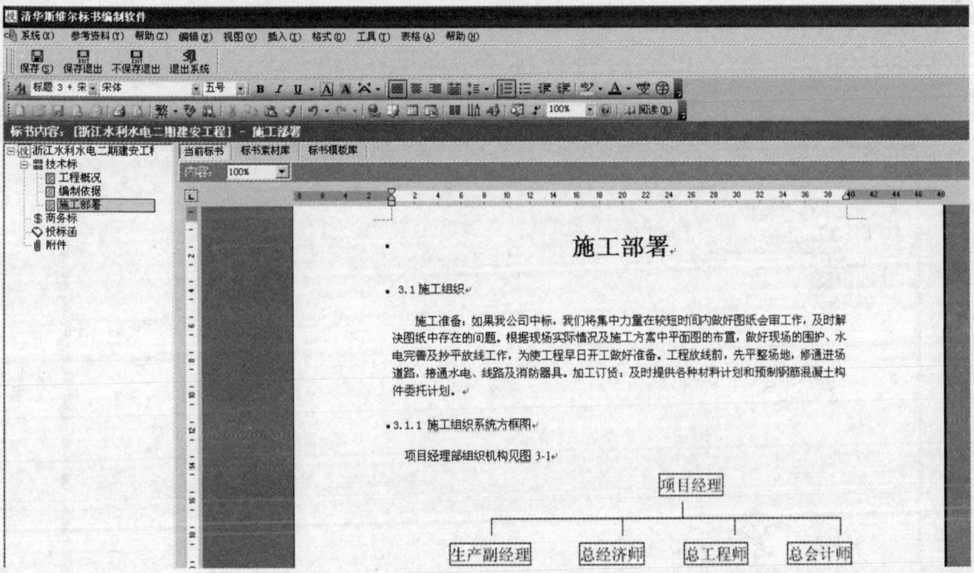

图 1.37

1.4.2 品茗标书快速制作与管理软件对某建筑工程技术标制作实例

启动品茗标书快速制作与管理软件标书制作模块，主界面窗口如图 1.38 所示。软件主要分为：菜单栏、工具栏、工作区、预览区和状态栏五部分。

1. 新建标书

在“标书管理”状态下新建一个标书，可以是一个空白标书也可以是一个已有的模板。新建一个空白标书如图 1.39 所示。

图 1.38

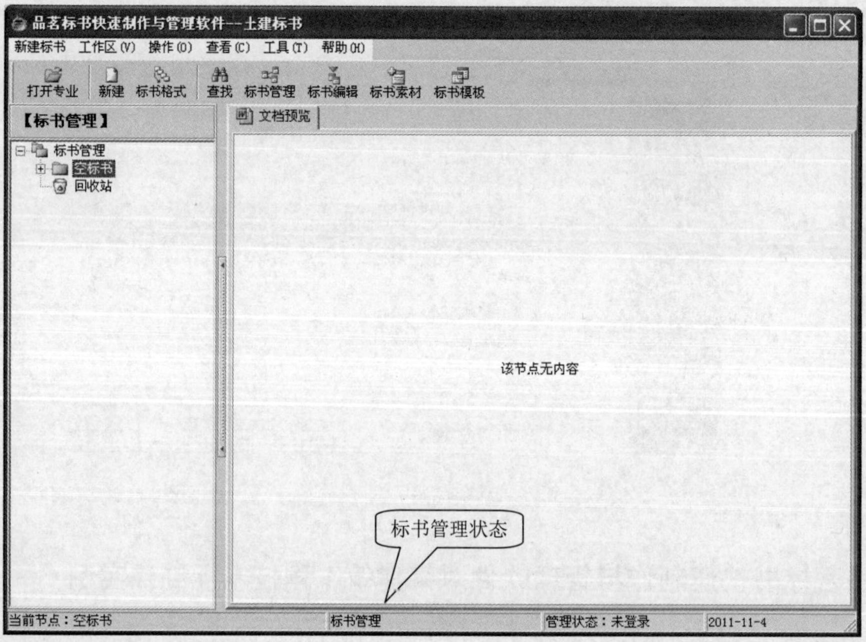

图 1.39

2. 标书重命名

点取空标书文件夹，单击菜单【操作】或右击，弹出菜单，选中【重命名】，或按 F2 键等功能项来快速创建新名称如“浙江水利水电学校二期建安工程”，如图 1.40 所示。

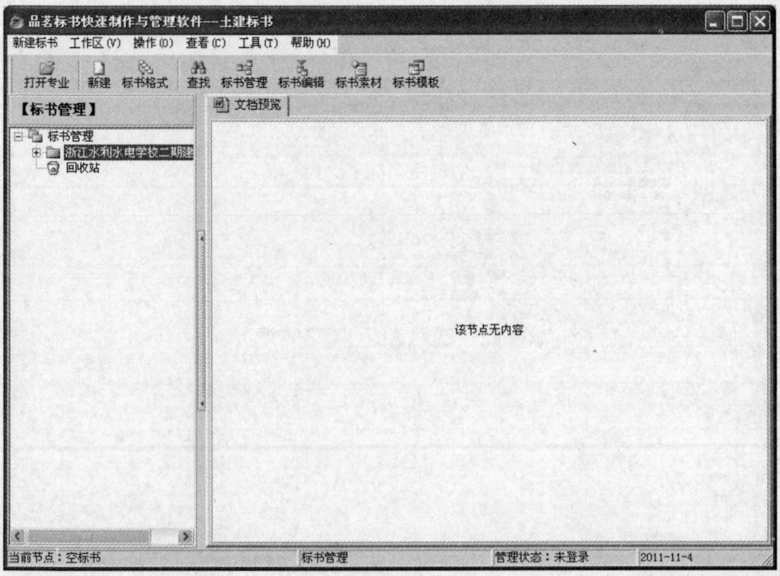

图 1.40

3. 进入标书编辑状态

双击“浙江水利水电学校二期建安工程”工程节点，打开这一工程。此时，将进入标书编辑状态，如图 1.41 所示。

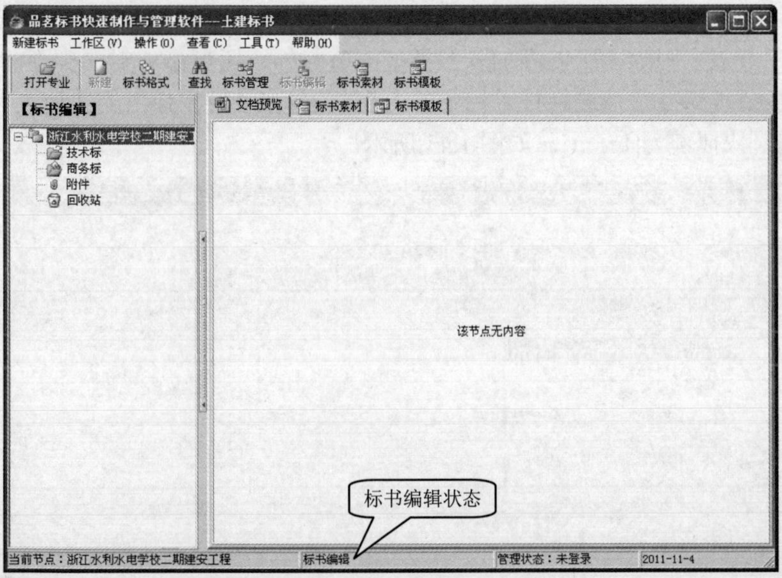

图 1.41

4. 添加节点

往“技术标”中添加节点。添加的这些节点就是“投标工程”即标书的内容。可以利用两种方法往技术标中添加节点。

方法 1：选中“技术标”节点右击，此时将弹出如图 1.42 所示快捷菜单。

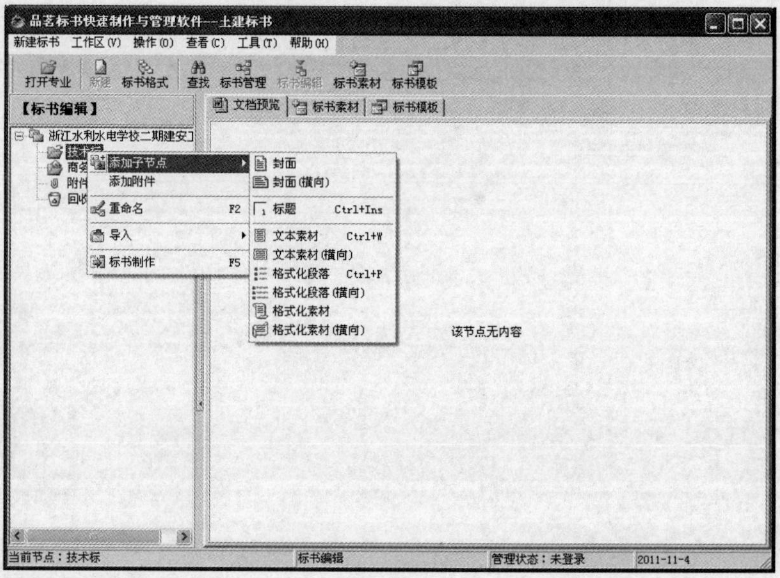

图 1.42

从图 1.42 中可以看到，在【添加子节点】的子菜单中有九种类型的节点可供选择。任选一个就有一个与选中类型相同的节点被加到技术标中去。若当前选定节点为标题节点，则可添加标题（快捷键为[Ctrl＋Insert]）、文本素材（竖向文本素材快捷键为[Ctrl＋W]）、格式化段落（竖向格式化段落快捷键为[Ctrl＋P]）以及格式化素材等下级节点，若当前选定的节点为根节点，则除了可以添加以上类型的节点外，还可添加封面类型的节点。

添加同级节点的方法是选择技术标中的一个节点，右击，在弹出的快捷菜单中选择【添加同级节点】，快捷键为[Insert]，如图 1.43 所示。

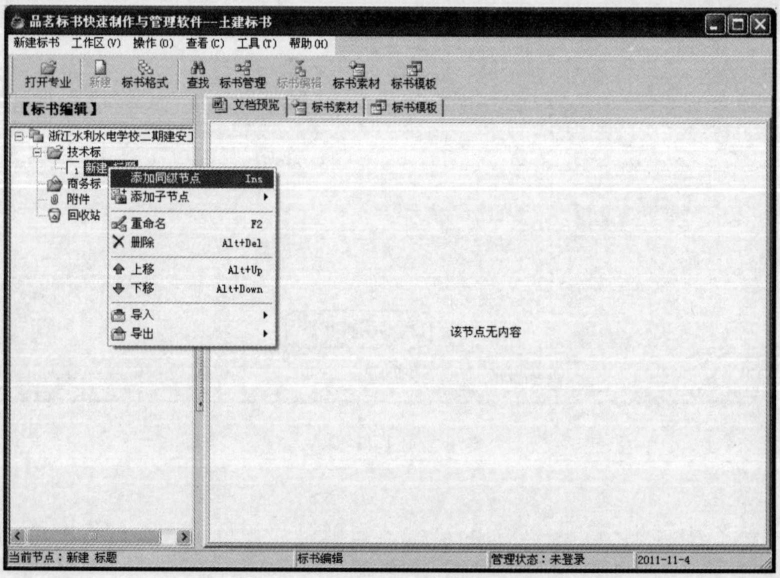

图 1.43

方法 2：直接从标书素材或标书模板的窗口中拖拽素材到标书编辑窗口中。这种操作主要用来直接引用素材和模板中可以直接应用的节点，具体操作如下。

单击【标书素材】或【标书模板】，进入到相应窗口，将要移动的节点选中，按住鼠标进行拖曳，直接拖到要移动到所建标书的节点上，如图 1.44 所示。

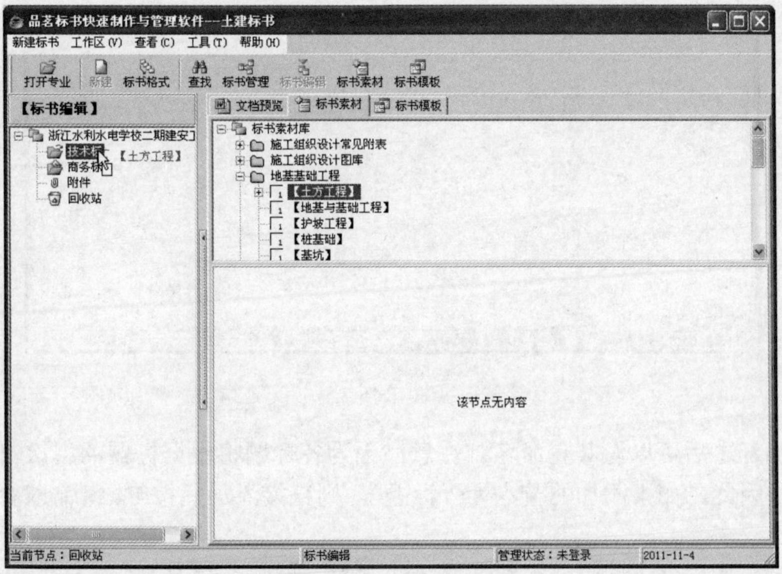

图 1.44

放开鼠标后将会弹出如图 1.45 所示快捷菜单，选择【复制为子节点】。

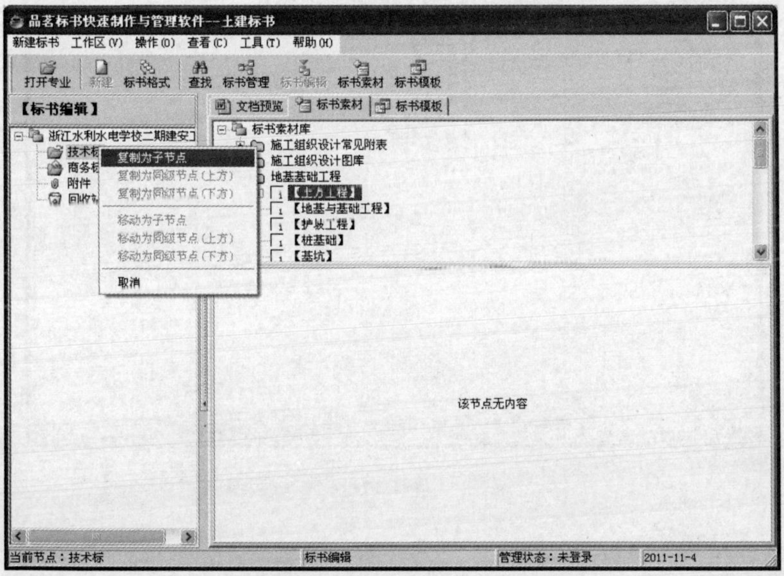

图 1.45

此时原节点被成功复制成为目标节点的子节点，如图 1.46 所示。

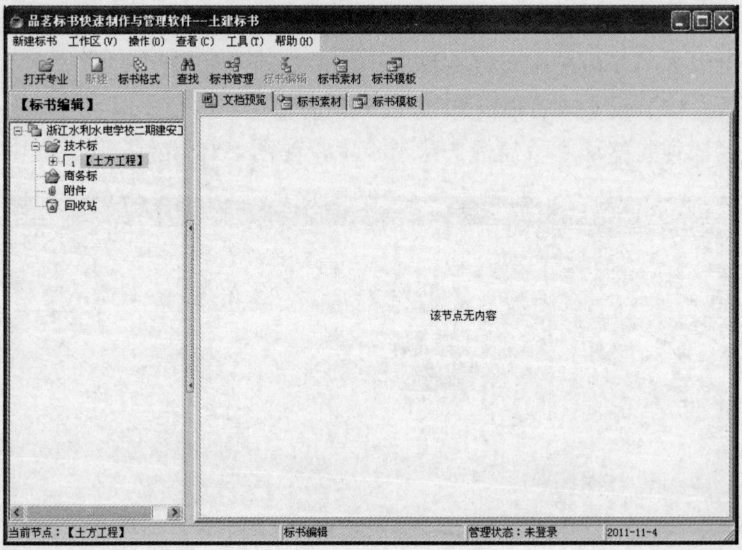

图 1.46

节点添加好之后可以对其重命名。注意：因为各标题将根据标题的层次自动进行标题样式的设置，因此，如果添加的节点为“标题”，则直接添加后按 F2 键输入新的标题名称即可。

同样，可添加标书模板中的内容到新建标书中，如图 1.47 所示。

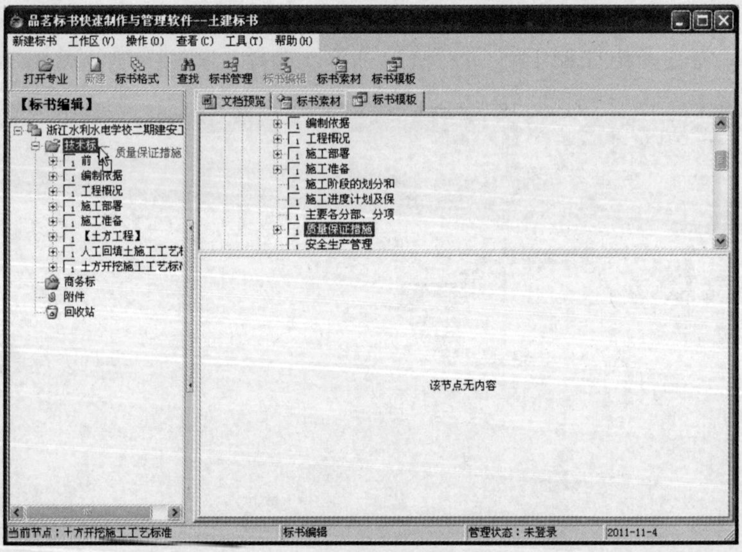

图 1.47

5. 调整标书结构

当向技术标中加入一定节点后，可能需要对技术标中的节点进行一些调整。其中常用的操作如下：

（1）节点间的鼠标拖曳。此为调整标书结构最有效的方法，其操作的过程与其它鼠标拖曳的过程基本一样。

（2）上移和下移。单击菜单栏【操作】→ 上移、 下移，将节点向上（或下）移动一个节点位置，此命令只能运用于同级节点当中。

（3）升级。选中节点，右击，弹出菜单，选中 升级，可将当前选定的节点向上一层次提升，使选定节点成为上级节点的同级节点。

（4）删除。选中节点，右击，弹出菜单，选中 删除，可用于删除选定节点到回收站。

6. 编辑素材

当添加素材类型的节点内容为空时，需要运用编辑素材命令打开该节点以输入新的内容，或对素材节点的内容进行修改。若选中的节点是“标题”类型，则右侧编辑区域不可操作。

双击素材节点，对当前选定的节点调用 WORD 对其进行编辑。主界面分为两个区域，左侧为正在编辑的标书结构树，右侧为编辑区域，区域内为该节点的内容，可以像操作 WORD 一样编辑该节点的内容并设置其格式。

退出编辑环境时，系统将会提示是否保存修改后的结果。保存后退出编辑环境进入标书编辑视图，在标书编辑视图右侧的素材预览窗口中将显示修改后的结果，如图 1.48 所示。

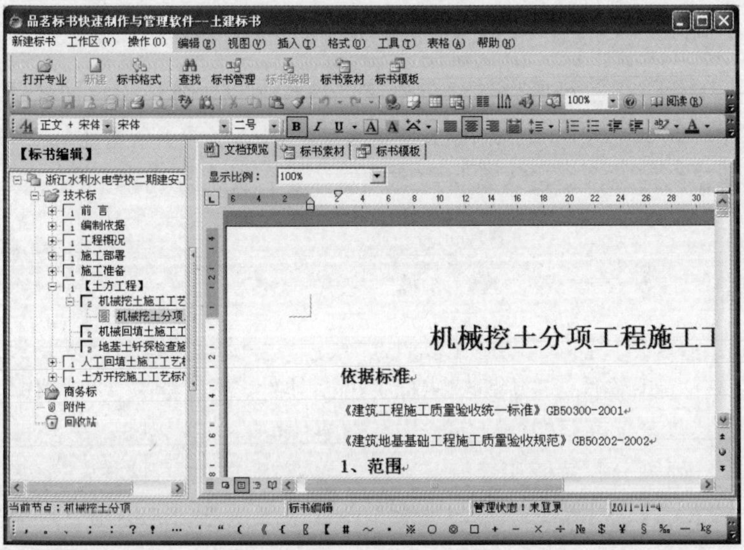

图 1.48

编辑素材节点时，将在菜单下显示与标书编辑有关的工具按钮，该工具按钮与系统菜单中的菜单命令是一致的。下面具体说明各工具按钮的功能。如“保存”按钮用于保存对素材内容的修改但不退出素材编辑状态。“取消编辑并退出”按钮用于不保存对素材内容的修改，同时退出素材编辑状态。

7. 生成标书

当编辑完素材之后，回到标书编辑状态，就可以生成标书了。在投标工程结构树中选中“技术标”节点，右击，弹出菜单，选取命令 标书制作 F5，弹出“标书格式”对话框如图 1.49 所示。

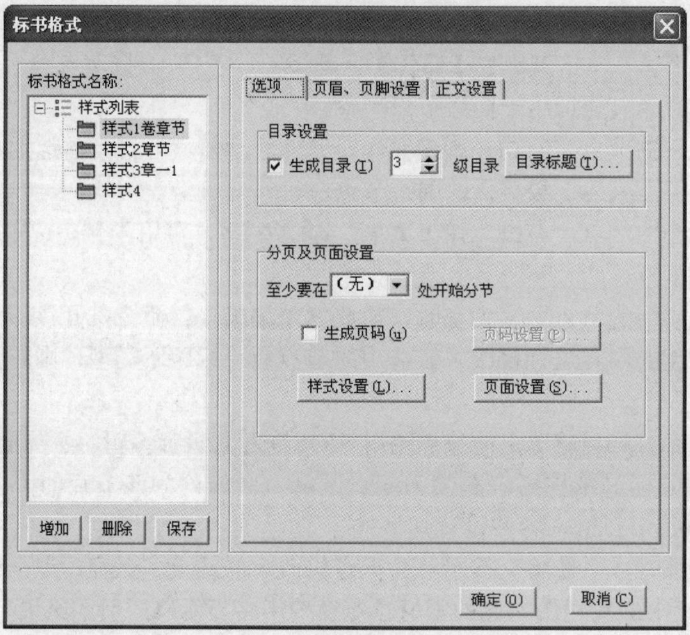

图 1.49

在此选择标书格式后，可以对该标书格式进行查看或修改，修改后的标书格式将进行保存，单击"确定"按钮后将进入 WORD 环境进行标书的生成。标书生成完毕后将弹出【标书生成完毕】的信息提示框，进入素材内容编辑状态，此时在窗体的左侧显示的是整个标书的内容。

单 元 小 结

目前市场上有很多计算机辅助施工软件可满足工程投标书编制要求。典型的软件主要有 PKPM 系列施工管理软件、清华斯维尔标书编制软件、品茗标书快速制作与管理软件等，这些软件基本上都包含了高层建筑、钢结构、道路桥梁、工业装修、安装工程、铁路工程、水利工程、市政工程等专业模板和素材。本单元主要对 PKPM 系列施工管理软件的工程投标书编制方法进行了详细介绍，学生通过对本单元任务的学习，运用软件系统标准模板库提供的若干实际工程的标书模板，或者直接从系统标书素材库中选择相应标书的具体素材，快速生成初步的标书文档，在此基础上进行编辑、修改，从而形成最终的工程标书。同时，也对清华斯维尔标书编制软件、品茗标书快速制作与管理软件两种软件的工程投标书编制方法进行了简单介绍，以使学生达到举一反三的效果。

单 元 练 习 题

1. 计算机辅助施工软件主要有哪些？
2. 建筑工程技术标的主要作用是什么？
3. 计算机辅助施工软件制作技术标的主要步骤有哪些？各步骤要注意的主要问题是什么？

实训　某市科技馆建筑工程投标标书的编制

【工程概况】工程概况见附录 B 某市科技馆建筑工程实训基本资料。

【背景】作为施工技术人员编制某市科技馆建筑工程投标标书。

【训练任务】通过使用计算机辅助管理施工软件快速编制某市科技馆投标标书。

【训练目标】

1. 能力目标

（1）能掌握计算机辅助施工管理软件制作技术标的流程。

（2）能根据实际工程的情况，选择软件中提供的素材库，快速编制标书。

2. 知识要点

技术标的主要组成部分、计算机辅助施工管理软件的操作。

【训练地点】校内实训基地。

【训练类型】设计训练。

【训练成果】某市科技馆技术标。

【训练步骤】实训步骤以在机房现场操作为主。

第 2 单元　脚手架设计及其施工图绘制

任务目标：进行脚手架设计及其施工图绘制。

任务重点：多层、高层建筑脚手架设计，脚手架施工图的绘制。

任务难点：脚手架选型，需要结合所给工程的特点进行分析、选用合适的脚手架形式进行设计；脚手架的布置，需要根据电算结果结合现行规范，进行选择。

2.1　任 务 的 导 入

目前，脚手架工程是建筑施工中必需的临时设施之一，也是施工安全控制的重点和难点。近年来，通过对较大建筑安全事故的统计分析，与脚手架直接或间接相关的事故占事故总数的 40%以上，已经成为目前安全管理工作中需要重点防范的重大危险源。因此，加强对脚手架工程施工方案编制人员的培训，是施工企业及监管部门都十分重视的一项工作，但这种培训周期长，见效慢。如果能掌握计算机辅助施工管理软件来设计脚手架，则可以起到事半功倍的效果，因此，计算机辅助施工管理软件将成为设计计算脚手架工程的必然手段。

2.2　任 务 的 分 析

危险性较大的分部分项工程是指建筑工程在施工过程中存在的、可能导致作业人员群死群伤或造成重大不良社会影响的分部分项工程。施工单位应当在危险性较大的分部分项工程施工前编制专项方案；对于超过一定规模的危险性较大的分部分项工程，施工单位应当组织专家对专项方案进行论证。为了更好地完成任务，必须对脚手架工程的类型进行详细的分析，脚手架工程施工方案设计主要要点如下。

1. 属于危险性较大的分部分项工程的脚手架工程类型

（1）搭设高度 24m 及以上的落地式钢管脚手架工程。

（2）附着式整体和分片提升脚手架工程。

（3）悬挑式脚手架工程。

（4）吊篮脚手架工程。

（5）自制卸料平台、移动操作平台工程。

（6）新型及异型脚手架工程。

2. 专项方案编制的内容

（1）工程概况：危险性较大的分部分项工程概况、施工平面布置、施工要求和技术保证条件。

（2）编制依据：目前的相关法律、法规、规范性文件、标准及图纸（国标图集）、施工组织设计等。

（3）施工计划：包括施工进度计划、材料与设备计划。

（4）施工工艺技术：技术参数、工艺流程、施工方法、检查验收等。

（5）施工安全保证措施：组织保障、技术措施、应急预案、监测监控等。

（6）劳动力计划：专职安全生产管理人员、特种作业人员等。

（7）计算书及相关图纸。

3. 脚手架设计

依据《建筑施工扣件式钢管脚手架安全技术规范》，脚手架的承载能力应按概率极限状态设计法的要求，采用分项系数设计表达式进行设计。可只进行下列设计计算：

（1）纵向、横向水平杆等受弯。

（2）立杆的稳定性计算。

（3）连墙件的强度、稳定性。

（4）立杆地基承载力计算。

4. 脚手架施工准备

（1）脚手架搭设前，应按专项施工方案向施工人员进行交底。

（2）应按《建筑施工扣件式钢管脚手架安全技术规范》的规定和脚手架专项施工方案要求对钢管、扣调托撑等进行检查验收，不合格产品不得使用。

（3）经检验合格的构配件应按品种、规格分类，堆放整齐、不得有积水。

（4）应清除搭设场地杂物，平整搭设场地，并应使排水畅通。

2.3　任务的解决方案

脚手架是建筑施工中的主要施工工具。例如，砖墙的砌筑、支设模板、浇筑混凝土、装饰粉刷、结构构件的安装等都需要搭设脚手架，以便操作。如果脚手架搭设不及时，势必拖延工期；或者脚手架搭设不坚固，就容易造成施工中的伤亡事故。因此，脚手架的设计尤其重要。利用计算机辅助施工软件，能快速地对各种不同施工方案进行设计计算。可以利用建筑平面图“.DWG”文件，应用计算机辅助施工软件，能在 AUTOCAD 软件下直接转换成系统要求的“.T”文件；也可以利用软件自有的图形平台进行快速建模，快速设计计算。目前市场上施工软件各种各样，本节采用典型的施工辅助软件 PKPM 中的脚手架设计模块来完成任务，具体有如下三个步骤：

第一步模型建立：模型采用三种方式建立，一是直接读取图形设计平台的“.T”文件生成建筑模型；二是可以从 AUTOCAD 软件下的建筑平面图“.DWG”文件直接转换成系统要求的“.T”文件；三是可以利用软件图形平台来建模。

第二步进行布置：建立模型后，利用软件可以对外墙扣件式、碗扣式、悬挑式脚手架自动进行布置，或手动布置单片内外脚手架。

第三步计算：脚手架设计计算方案一般有落地式外钢管脚手架、悬挑式钢管脚手架、梁模板的钢管支撑架、落地楼板模板钢管支撑架、满堂楼板模板钢管支撑架、梁转换层钢管支撑架及悬挂吊篮、扶墙三角挂、门架、井字钢管脚手架等，针对其设计计算方案进行设计计算。

2.3.1 脚手架设计模块功能

启动 PKPM 系统，选择主菜单【施工技术】→【脚手架设计】，程序主菜单如图 2.1 所示。

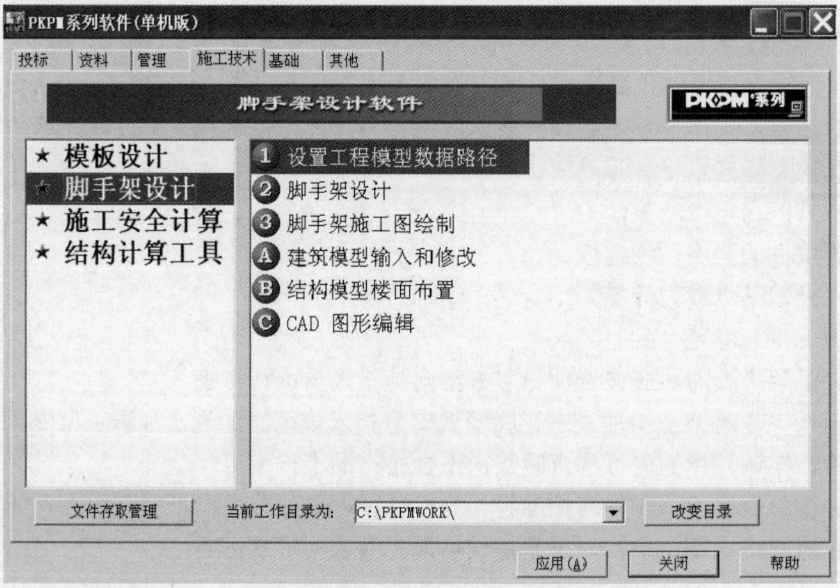

图 2.1

脚手架设计软件包含“设置工程模型数据路径”、“脚手架设计”、“脚手架施工图绘制”、“建筑模型输入和修改”、“结构模型楼面布置”和“CAD 图形编辑”六个模块。其功能主要有：

（1）提供各种脚手架设计计算方案的完整计算书。对于每种方案的计算结果，提供包括计算过程、计算简图和计算结果的详细计算书，计算书可以转存为 WORD 文件。

脚手架的设计计算可以在没有建筑模型时完成。

（2）提供基于 CAD 图形平台的处理功能。应用软件可以在有建筑模型的基础上，快速绘制脚手架布置平面图、立面图（包括尺寸标注、剪刀撑等）和节点构造图，图形可以转存为 AutoCAD 的“.DWG”文件，并可以自动统计钢管用量。

2.3.2 脚手架设计

选择“脚手架设计”模块，本部分以 PKPM 自带的脚手架例子为例进行脚手架设计介绍，即通过单击图 2.1 中的【改变目录】按钮，将当前工作目录设置为“C:\PKPM\JSJ\例题 1”后，单击【应用】按钮，弹出脚手架设计如图 2.2 所示。

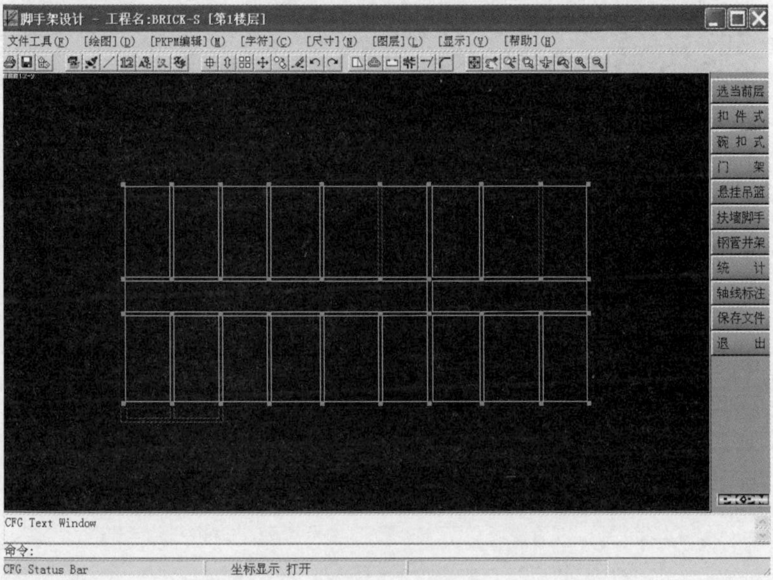

图 2.2

2.3.2.1　楼层选择

单击【选当前层】按钮，弹出【选择当前楼层】对话框，如图 2.3 所示。此对话框可以对需要进行脚手架设计的楼层号进行选择，默认楼层是第一层，确定后会将当前楼层设定为下次进入的默认楼层。

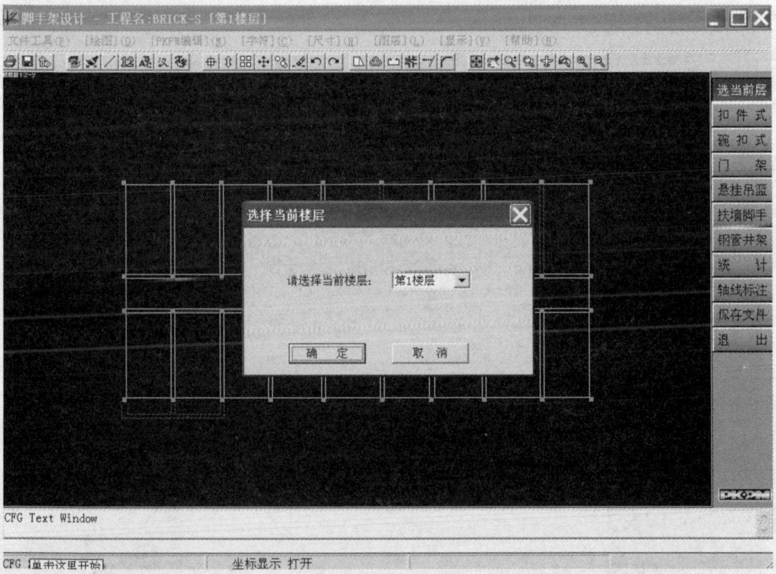

图 2.3

2.3.2.2　扣件式脚手架布置

单击【扣件式】按钮，弹出扣件式脚手设计布置的相关内容选项，各选择项如图 2.4 的右侧菜单所示。

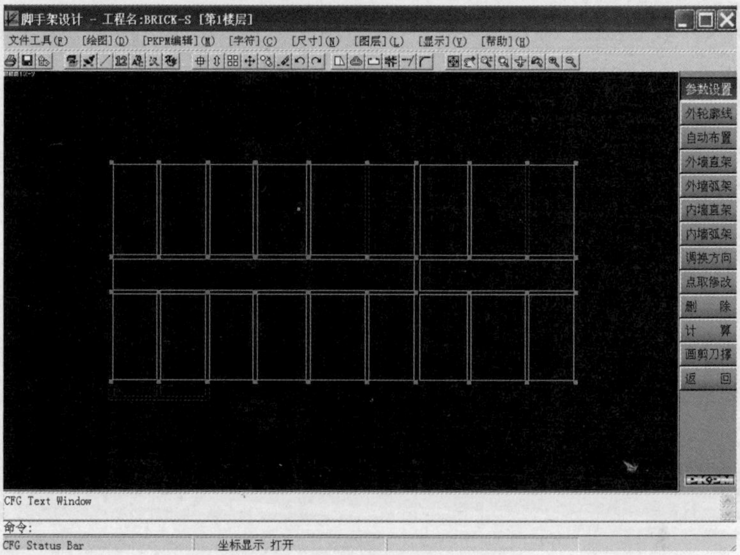

图 2.4

菜单包括【参数设置】、【外轮廓线】、【自动布置】、【外墙直架】、【外墙弧架】、【内墙直架】、【内墙弧架】、【调换方向】、【点取修改】、【删除】、【计算】、【画剪刀撑】、【返回】等 13 项内容。这些功能用于布置种类扣件式的脚手架及对所布的脚手架进行计算、删除、点取修改等操作。

1. 参数设置

单击【参数设置】按钮，弹出如图 2.5 所示的【扣件式—钢管脚手架布置参数】对话框，在此窗口中可以对外直脚手架、外弧脚手架、内直脚手架、内弧脚手架的步距、横向间距或排距、立柱间距、搭设高度等参数进行设置。

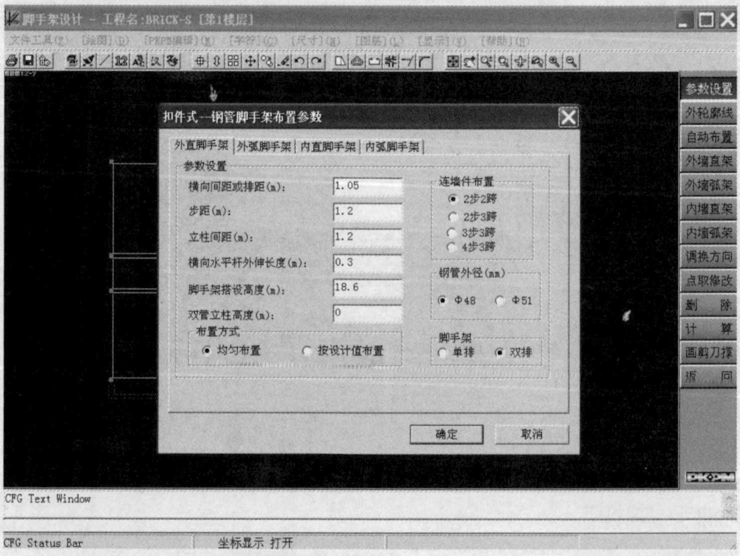

图 2.5

2. 外轮廓线

单击【外轮廓线】按钮，弹出如图 2.6 所示的【脚手架轮廓参数输入】对话框。

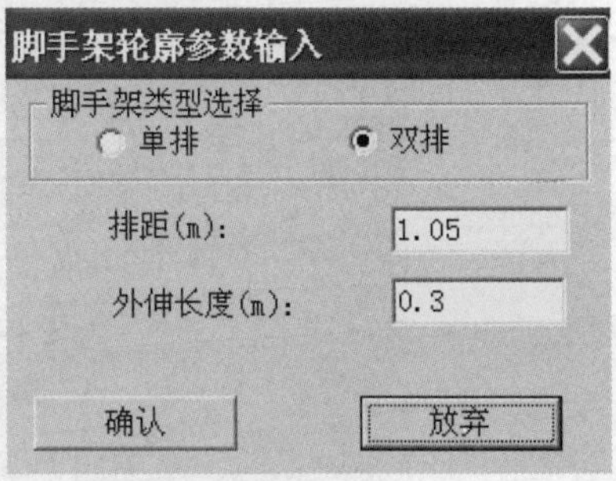

图 2.6

在建筑物的外侧布置轮廓线以作为布置脚手架时提供参考。在采用自动布置功能的情况下，必须进行此项操作设置。立柱间（纵）距即脚手架纵向相邻立杆之间的轴线距离。横向间距或排距是指立杆横距，即脚手架横向相邻立杆之间的轴线距离，单排脚手架为外立杆轴线至墙面的距离。例如，在图 2.6 所示对话框中将外伸长度设为 0.5m，单击【确认】按钮后外轮廓线如图 2.7 所示。

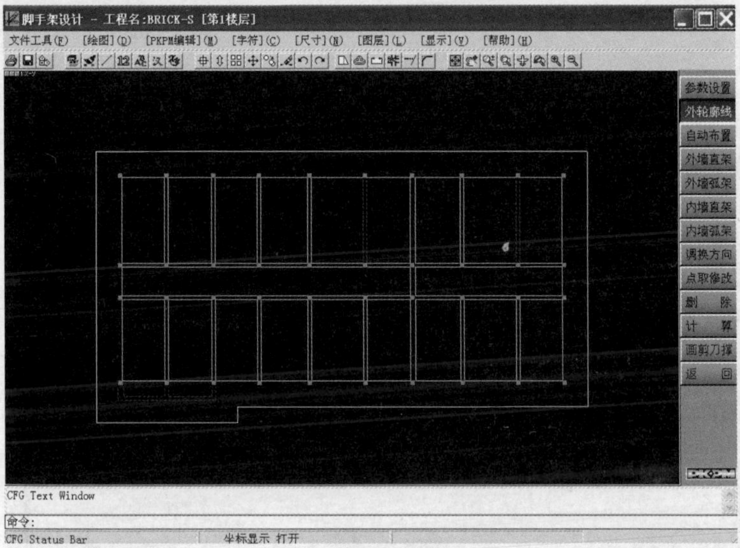

图 2.7

3. 自动布置

自动布置能够根据建筑物的轮廓、设置好的参数，自动布置脚手架。自动布置功能需要先布置好外轮廓线，然后才能根据外直脚手架的参数设置在建筑物的四周沿外轮廓线自动布置脚手架，否则单击无效。例如，对图 2.7 单击【自动布置】按钮后，效果如图 2.8 所示。

4. 手工布置

（1）外墙直架。利用此选项功能，可以在选定的建筑物外轮廓段布置（画）出外墙直脚手架。单击【外墙直架】按钮，在轮廓线上选定某段要布置外墙直脚手架的起点后单击，然后再单击选定布置脚手架墙段的结束点，则确定了要布置的墙段，再右击，就完成此段外墙直脚手架的布置；如图 2.9 所示建筑物左上方第二、第三开间段进行的外墙直脚手架的布置。外墙直脚手架的布置也可以采用单击第一点后再单击第二、三点，可画出连续的脚手架。

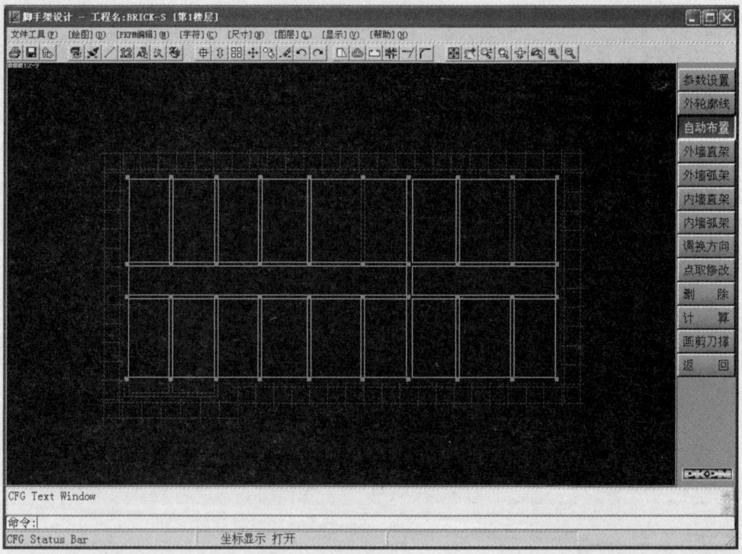

图 2.8

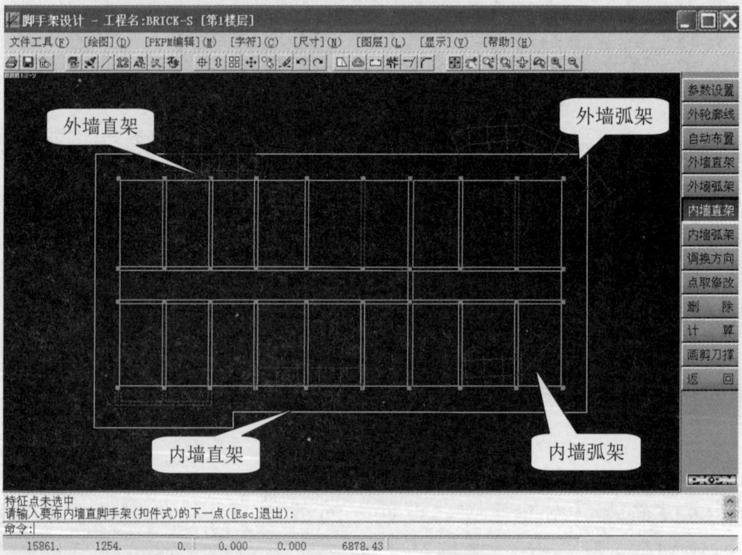

图 2.9

（2）外墙弧架、内墙直架、内墙弧架。利用【内墙弧架】、【外墙弧架】、【内墙直架】按钮，可以对内、外墙弧形脚手架、内墙直形脚手架进行布置，其操作与选用【外墙直架】按钮相同，布置时应根据建筑物的外形轮廓及施工方案进行选用。其画出的示意性图如图 2.9 所示。

（3）画剪刀撑。单击要布剪刀撑或斜撑的（扣件式）直脚手架，可以为脚手架布剪刀撑和斜撑。

5. 布置修正或删除

左侧菜单中提供了【调换方向】、【点取修改】按钮可以对布置好的扣件式脚手架改变方向或对其参数进行修正，也可以【删除】按钮删除画好的脚手架。

6. 计算

此项功能能对脚手架进行相关计算。下面对落地式外钢管脚手架设计、悬挑式钢管脚手架设计、梁模板的支撑架设计及楼板模板支撑架设计进行计算。

在布置好脚手架后，单击【计算】按钮，此时脚手架设计右侧菜单如图 2.10 所示。

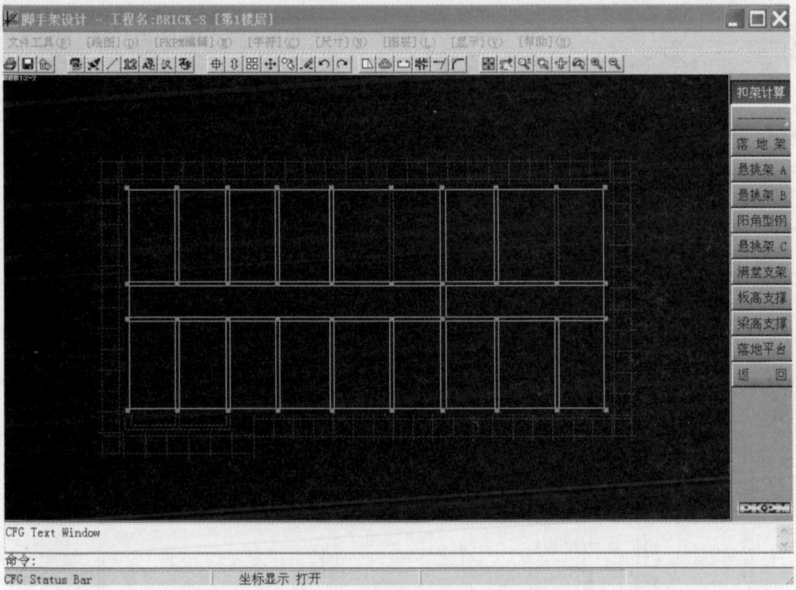

图 2.10

（1）落地式外钢管脚手架设计计算。在图 2.10 所示【脚手架设计】窗口中，单击右侧菜单中的【落地架】按钮，然后在图上单击，弹出扣件式钢管脚手架计算对话框，如图 2.11 所示。

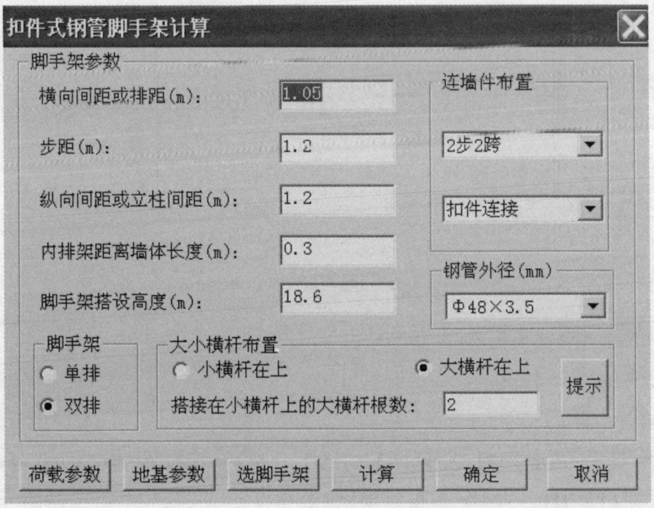

图 2.11

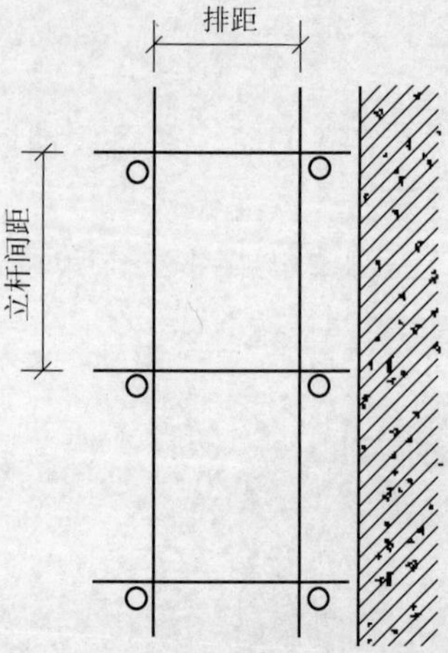

图 2.12

1）对话框中一些参数的说明。

a. 横向间距或排距（m）和立柱间距（m）。一般的单双排脚手架垂直于墙面方向较短，称之为立杆横向间距或排距。与建筑物墙面平行方向较长，称之为立杆纵向间距或立柱间距；换言之，连接件与建筑物主体结构连接的方向为横向间距，另外方向为纵向间距，如图 2.12 所示。

b. 步距（m）。脚手架大横杆竖向间距称之为横杆步距。

c. 内排架距离墙体长度（m）。为双排脚手架的计算外伸长度，按照规范说明，当横向水平杆的构造外伸长度取 0.5mm 时，计算外伸长度取 0.3m。

d. 连墙件布置。计算中提供了四种连墙件的类型，包括扣件连接、焊缝连接、螺栓连接和膨胀螺栓四种，如图 2.13 所示。

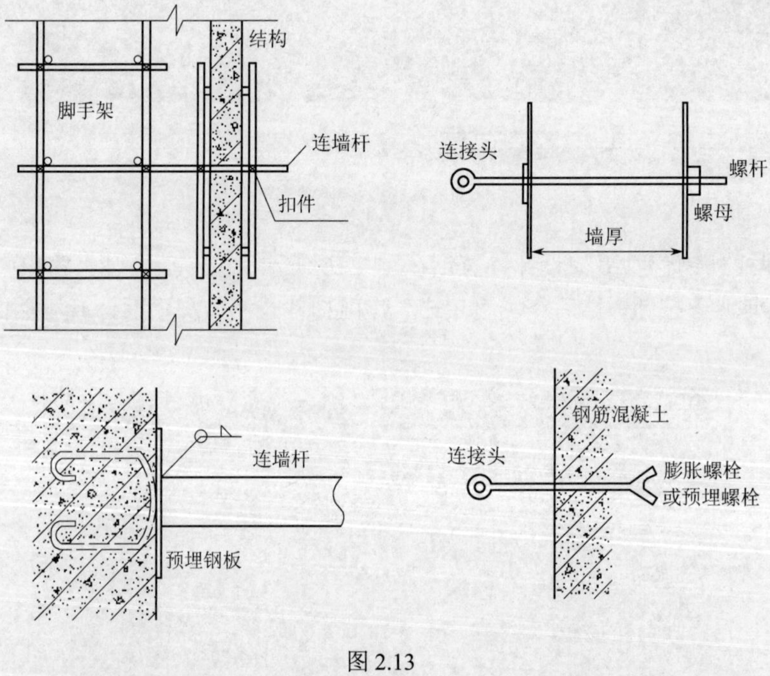

图 2.13

e. 大小横杆布置。根据【提示】按钮中的具体情况有两种，如图 2.14 所示，小横杆上铺设大横杆的方式或反之，两者传力过程不同，应根据当地情况选择计算。

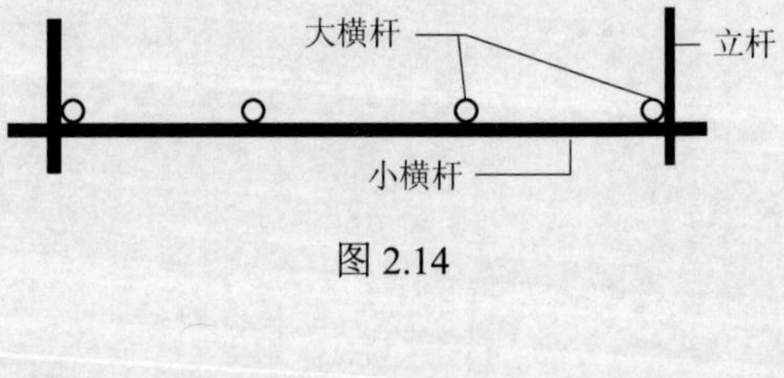

图 2.14

2）荷载参数设置。在【扣件式钢管脚手架计算】对话框（图 2.11）中，单击【荷载参数】按钮，弹出【钢管脚手架荷载参数】对话框，如

图 2.15 所示，对话框分为三个区块：“风荷载”区块、“静荷载参数”区块和“活荷载参数”区块，其中“风荷载”区块是可选择项。

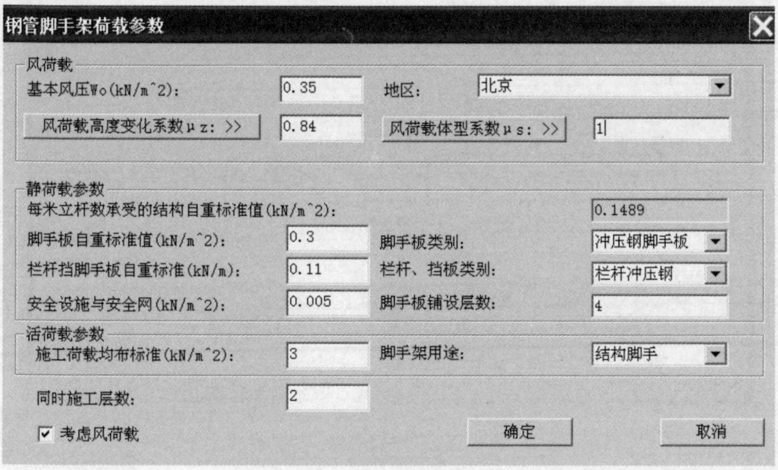

如图 2.15

a.“风荷载”区块。按照《建筑结构荷载规范》对基本风压和风荷载高度变化系数进行选择。风荷载体型系数需要参考《建筑施工扣件式钢管脚手架安全技术规范》进行选择。

b.“静荷载参数”区块。此区块列出了静荷载标准值所包含的每米立杆数承受的结构自重标准值、脚手板的自重标准值、栏杆挡脚手板自重标准和安全设施与安全网等四项内容；其中脚手板铺设层数应根据实际施工中同时铺设的脚手板层数来确定，如果每层都铺设了脚手板，则需要用脚手架搭设高度与脚手架步距两者比值的结果确定铺设层数。

c.“活荷载参数”区块。规范列出了用于装修、结构和其它方面的活荷载标准值。

3）地基参数设置。在【扣件式钢管脚手架计算】对话框（图 2.11）中，单击【地基参数】按钮，弹出【地基力系数】对话框，如图 2.16 所示，可以对地基承载力土类、地基承载力标准值、基础底面扩展面积、基础降低系数等内容进行设置。

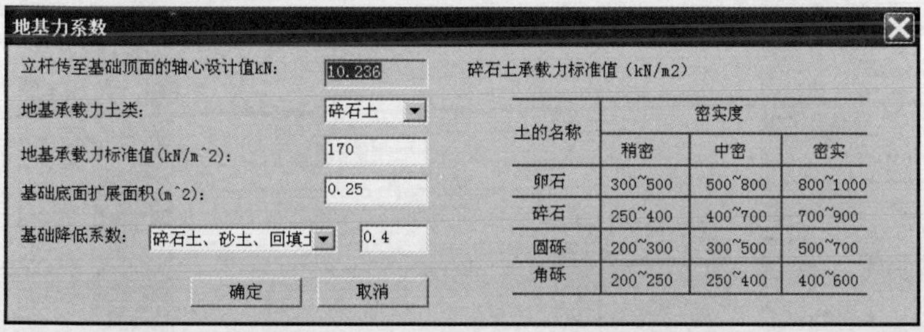

图 2.16

4）设计计算。在【扣件式钢管脚手架计算】对话框（图 2.11）中，单击【计算】按钮，弹出【模板计算书】窗口，生成了“落地式扣件钢管脚手架计算书”，如图 2.17 所示，在此窗口中可以对形成的计算书进行保存、编辑和打印等操作。

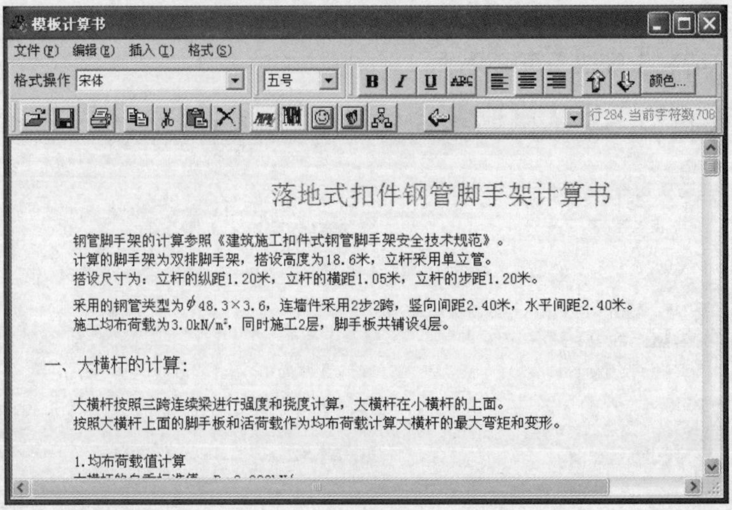

图 2.17

“落地式扣件钢管脚手架计算书”的计算内容是依据《建筑施工扣件式钢管脚手架安全技术规范》进行的。主要包括规范中的“纵向和横向水平杆（大小横杆）等受弯构件的强度计算”、“扣件的抗滑承载力计算”、“立杆的稳定性计算”、“连墙件的强度、稳定性和连接强度的计算”以及“立杆的地基承载力计算”等几个方面内容。

（2）悬挑式钢管脚手架设计。在图 2.10 所示【脚手架设计】窗口中，右侧菜单悬挑架有 A、B、C 三种形式，分别表示“立杆作用在主梁”、“联梁支撑立杆，悬挑主梁支撑联梁”和“悬挑支撑也是钢管、通过扣件连接”这三种情况。下面以第一种情况【悬挑架 A】按钮为例进行说明，其它两种情况可以参照此进行。

单击【悬挑架 A】按钮，然后在图中空白处单击，弹出【悬挑脚手架计算参数[立杆作用在悬挑主梁]】对话框，如图 2.18 所示。

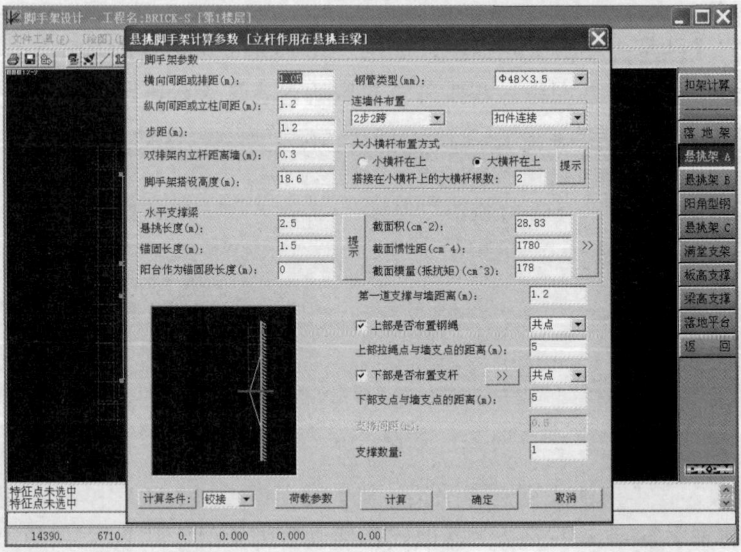

图 2.18

1）水平支撑梁参数。图 2.19 所示为带联梁悬挑架和无联梁悬挑架的示意图。

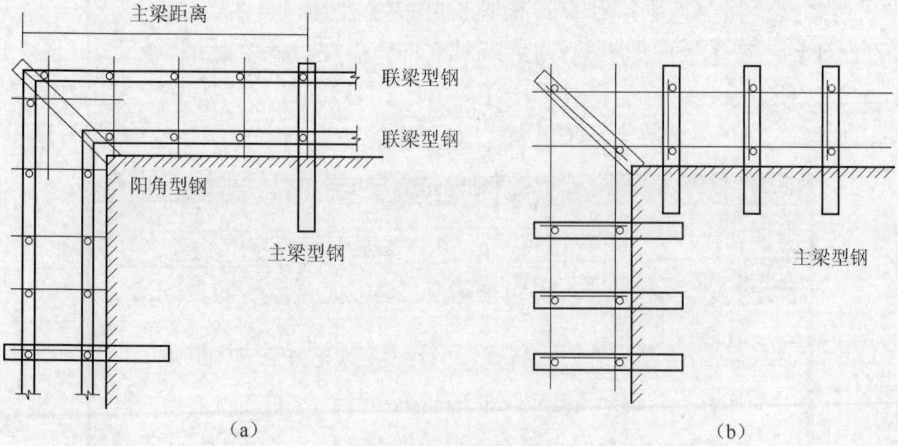

图 2.19

（a）带联梁悬挑脚手架；（b）无联梁悬挑脚手架

a. 水平支撑梁的悬挑长度。水平支撑梁露在建筑物主体结构以外的部分应该略大于内立杆距离墙体长度与脚手架排距之和。

b. 水平支撑梁的锚固长度。是指水平支撑梁嵌入建筑物主体内楼板的连接锚固长度。分为有阳台和无阳台两种情况。一般的阳台不作为锚固受力段考虑，但在阳台比楼板厚或阳台边上有支撑点等特殊情况下，如图 2.20 所示，将阳台作为锚固段长度。

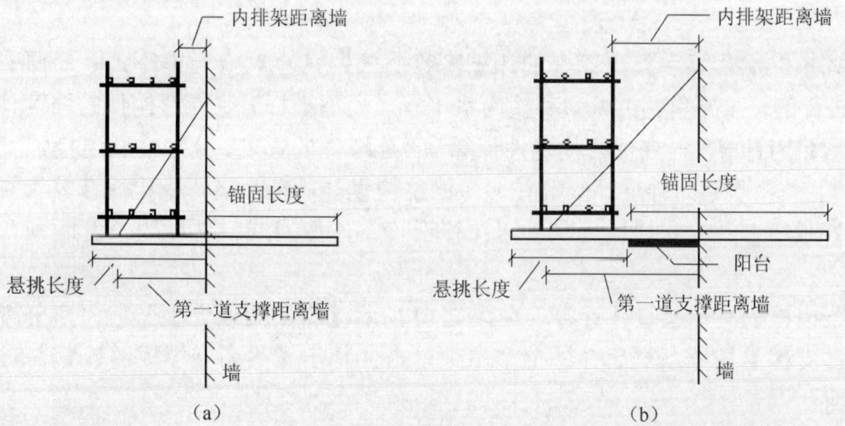

图 2.20

（a）无阳台情况；（b）有阳台情况

c. 水平支撑梁的截面特征。参数表中提供了热轧工字钢和槽钢两种类型作为可选项，然后再进一步选定型号。

2）布置参数。布置参数中提供了水平支撑梁的多种拉支方式，包括第一道支撑与墙距离、上部是否布置一道或多道钢丝拉绳、下部是否布置一道或多道支杆等。

3）计算条件。水平支撑梁与建筑物主体结构的连接分为铰接和固结两种计算条件。当采用螺栓或钢筋与楼板相连接时，按铰接计算，此时水平支撑梁的锚固长度参数取值应大于 0；当采用焊接连接时按固接计算，锚固长度参数取值等于 0。

4）设计计算。在【悬挑脚手架计算参数[立杆作用在悬挑主梁]】对话框（图 2.18）中，单击【计算】按钮，系统进行运算并弹出【模板计算书】窗口，生成的悬挑式扣件钢管脚手架计算书，如图 2.21 所示，在此窗口中可以对形成的计算书进行保存、编辑和打印等操作。

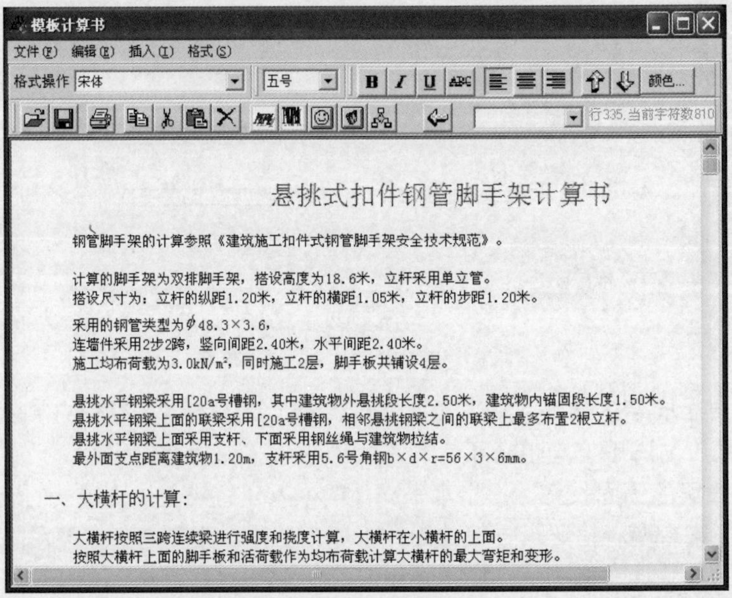

图 2.21

悬挑式扣件钢管脚手架计算书的计算内容是依据《建筑施工扣件式钢管脚手架安全技术规范》进行的。主要包括“纵向和横向水平杆（大小横杆）等受弯构件的强度计算”、“扣件的抗滑承载力计算”、“立杆的稳定性计算”、“连墙件的强度、稳定性和连接强度的计算”、“悬挑水平主梁和联梁的强度计算和按照《钢结构设计规范》整体稳定性计算”、“锚固段与楼板连接处压环、螺栓和楼板局部受压计算”、“钢丝拉绳或斜支杆的强度计算”等几个方面内容。

（3）梁模板的支撑架设计计算。在图 2.10 所示【脚手架设计】窗口中，单击右侧菜单中的【梁高支撑】按钮，然后在图上空白处单击，弹出【梁高支撑板的计算】对话框，如图 2.22 所示。

1） 脚手架参数。图 2.22 中梁底扣件钢管【承重架支设】选项对应有七个不同方案，右侧的示意图与之对应。图 2.22 是选择“2 根承重立杆，木方垂直梁截面”方案的示意图；其中，梁跨度方向是指垂直梁截面的方向，脚手架搭设高度为 H。

a. 立柱梁跨度方向间距 l（m）。在计算前面三种承重架的支设方案时，此参数应与梁底支撑小横杆间距（m）保持一致；在计算第四种支设方案时，是对梁底方木的支撑。

b. 梁两侧立柱间距（m）。通常梁两侧承重立杆梁截面以外 200～300mm 与梁截面宽度 B（m）之和即为梁两侧立柱间距。此项用来计算连续梁的跨度。在计算前面三种承重架支设方案时此参数需要进行设置。

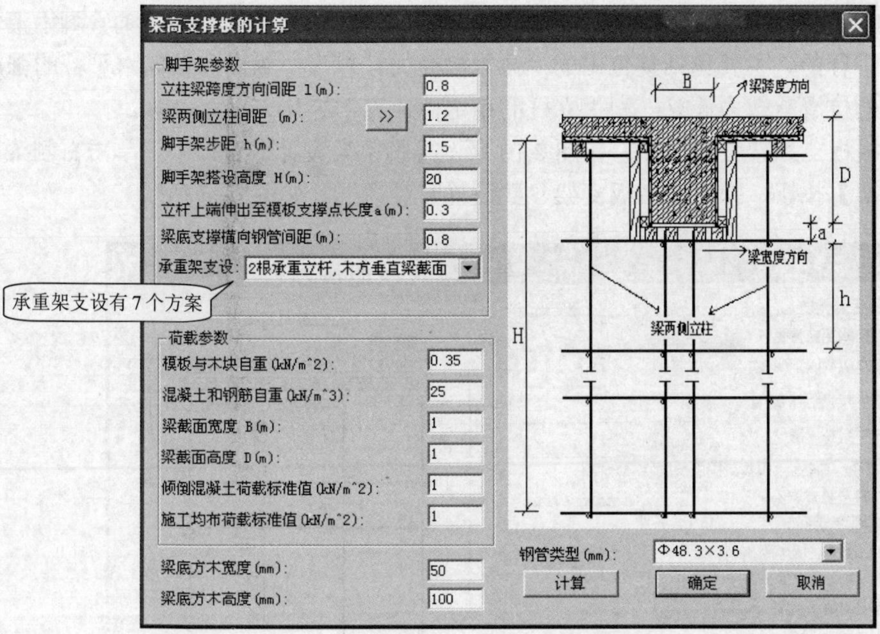

图 2.22

c. 立杆上端伸出至模板支撑点长度 a（m）。此为限制施工现场任意增大钢管伸出的长度而导致难以保证支架稳定性的。脚手架规范中规定稳定性计算长度 $l=h+2a$，其中 h 为步距。

2）设计计算。在图 2.22 所示【梁高支撑板的计算】对话框中，单击【计算】按钮，系统将进行运算并弹出【模板计算书】窗口，生成“梁模板扣件钢管高支撑架计算书”，如图 2.23 所示，在此窗口中可以对形成的计算书进行保存、编辑和打印等操作。

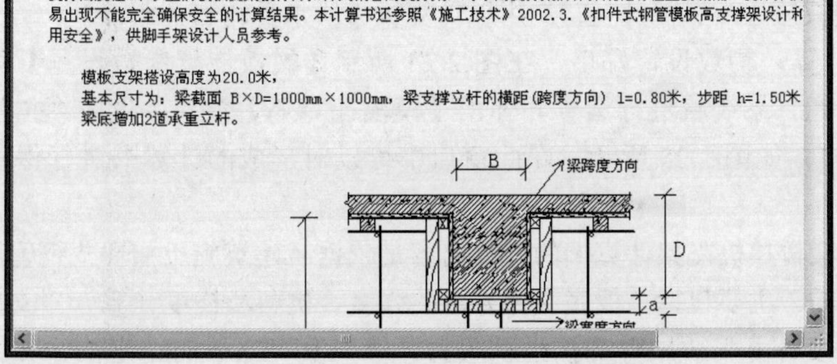

图 2.23

“梁模板扣件钢管高支撑架计算书”的计算内容是依据《建筑施工扣件式钢管脚手架安全技术规范》进行的。主要包括规范中的“方木的受力计算”、“纵向和横向水平杆的强度计算”、“扣件的抗滑承载力计算”和“立杆的稳定性计算”等几个方面内容。

（4）楼板模板支撑架设计计算。在图 2.10 所示【脚手架设计】窗口中，单击右侧菜单中的【满堂支架】按钮，弹出【模板支架参数设置】对话框，如图 2.24 所示。

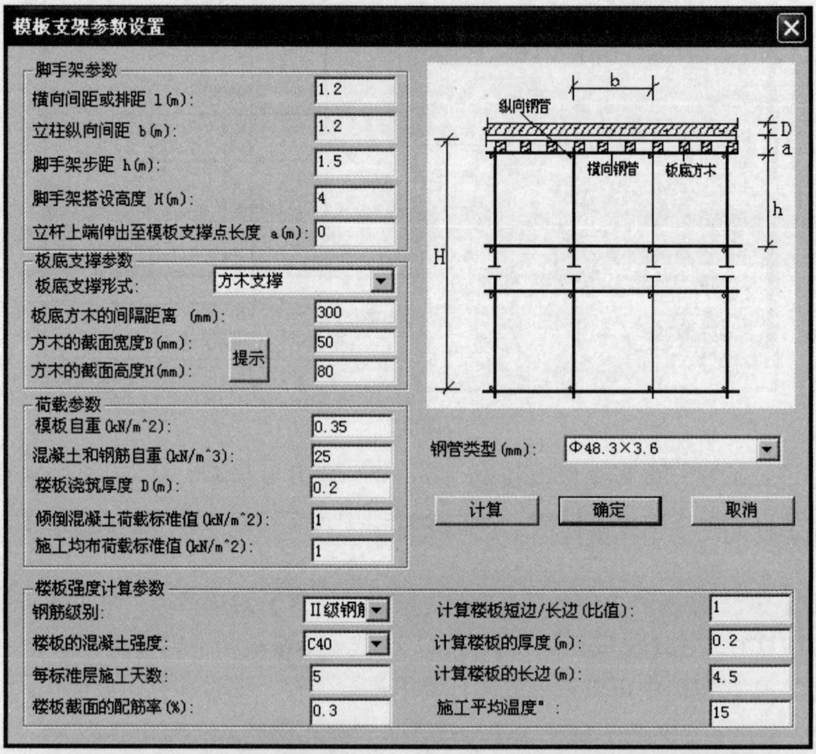

图 2.24

1）几个参数说明。

a. 楼板截面配筋率（%）。用于计算楼板的最大承受弯矩。

b. 施工平均温度。指施工时室外的平均温度，与混凝土的强度计算有关。

c. 计算楼板短边/长边（比值）。用以计算板带所承受均布荷载。

2）设计计算。参数设定好后，在图 2.24 所示【模板支架参数设置】对话框中，单击【计算】按钮，系统将进行运算并弹出【模板计算书】窗口，生成“扣件钢管楼板模板支架计算书”，如图 2.25 所示，在此窗口中可以对形成的计算书进行保存、编辑和打印等操作。

扣件钢管楼板模板支架计算书的计算内容是依据《建筑施工扣件式钢管脚手架安全技术规范》进行的。主要包括“板底支撑方木的强度、抗剪和挠度计算”、“支撑方木下面钢管的强度和挠度计算”、“扣件的抗滑承载力计算”及“立杆的稳定性计算”等几个方面内容。

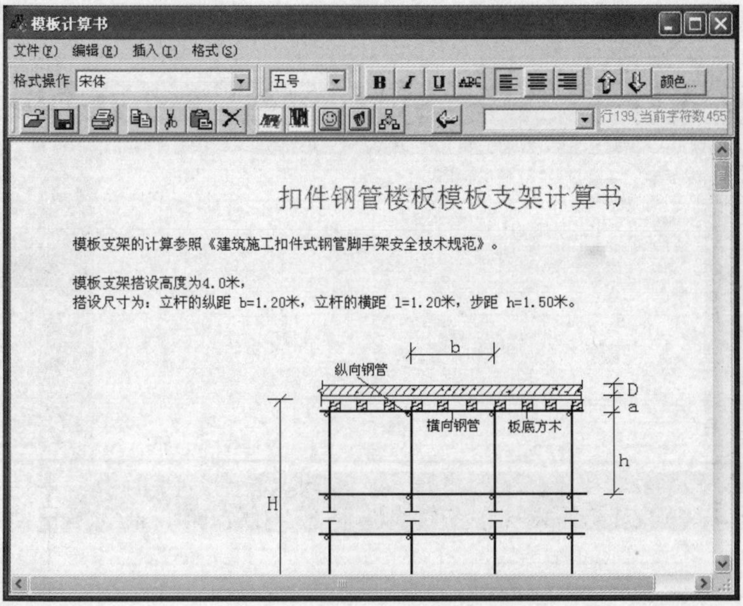

图 2.25

2.3.2.3　碗扣式

在图 2.2 中单击右侧菜单【碗扣式】按钮，出现如图 2.26 所示窗口。此项窗口界面及功能键使用方法与【扣件式】脚手架的基本相同，可参照操作。

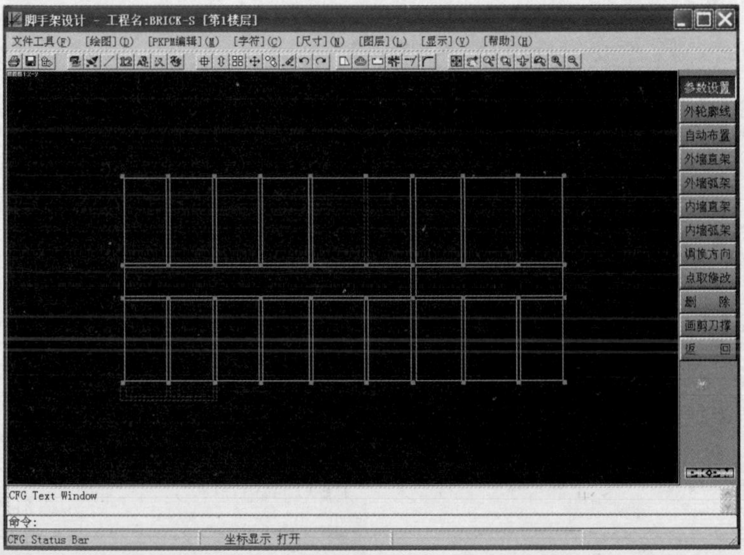

图 2.26

2.3.2.4　门架

在图 2.2 中单击右侧菜单【门架】按钮，弹出右侧带“门架计算”菜单的窗口。

1. 落地外架

单击右侧菜单中的【落地外架】按钮，弹出如图 2.27 所示【门架规格】对话框。

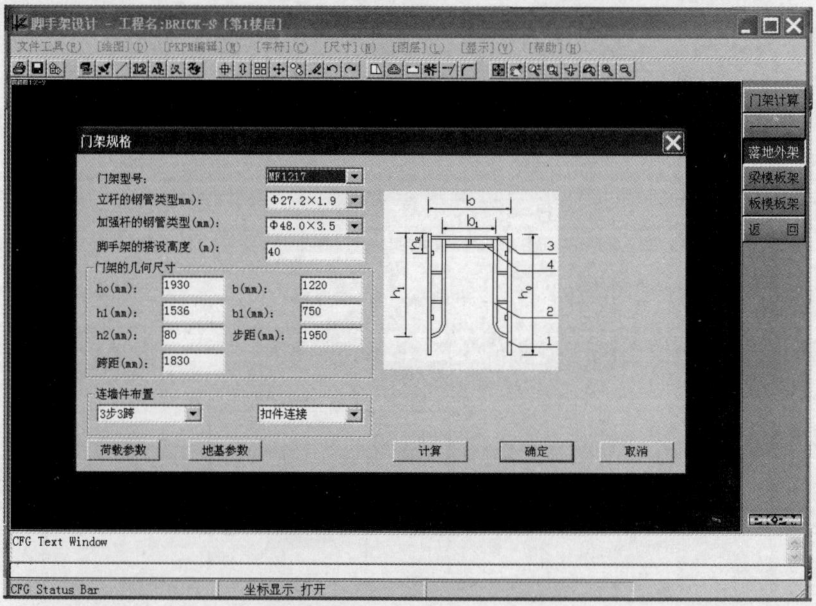

图 2.27

（1）对话框中的几个参数说明。对“连墙件布置”提供了“2 步 3 跨”、“3 步 3 跨”及“4 步 3 跨”三种形式，连墙件的形式包括“扣件连接”、“焊缝连接”、“螺栓连接”和“膨胀螺栓”四种连接形式。

（2）荷载参数。单击【荷载参数】按钮，弹出【荷载参数设置】对话框，如图 2.28 所示。

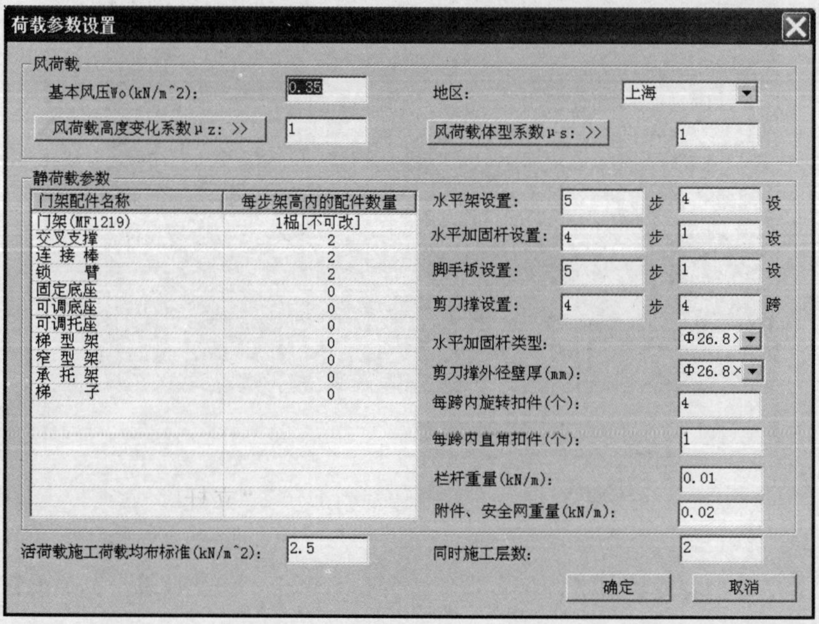

图 2.28

（3）设计计算。参数设定好后，在图 2.27【门架规格】对话框中，单击【计算】按钮，系统将进行运算并弹出【模板计算书】窗口，在此窗口中可以对形成的计算书进行保存、编辑和打印等操作。

“门式钢管脚手架计算书”的计算内容是依据《建筑施工门式钢管脚手架安全技术规范》进行的。主要包括“立杆的稳定性计算”、“最大搭设高度计算”、“连墙件的强度、稳定性和连接强度的计算”及“立杆的地基承载力计算”等几个方面内容。

2. 梁模板架

单击图 2.27 所示窗口右侧菜单中的【梁模板架】项，弹出如图 2.29 所示【梁模板支架门架计算参数】对话框。

（1）对话框的有关参数如图 2.29 所示。

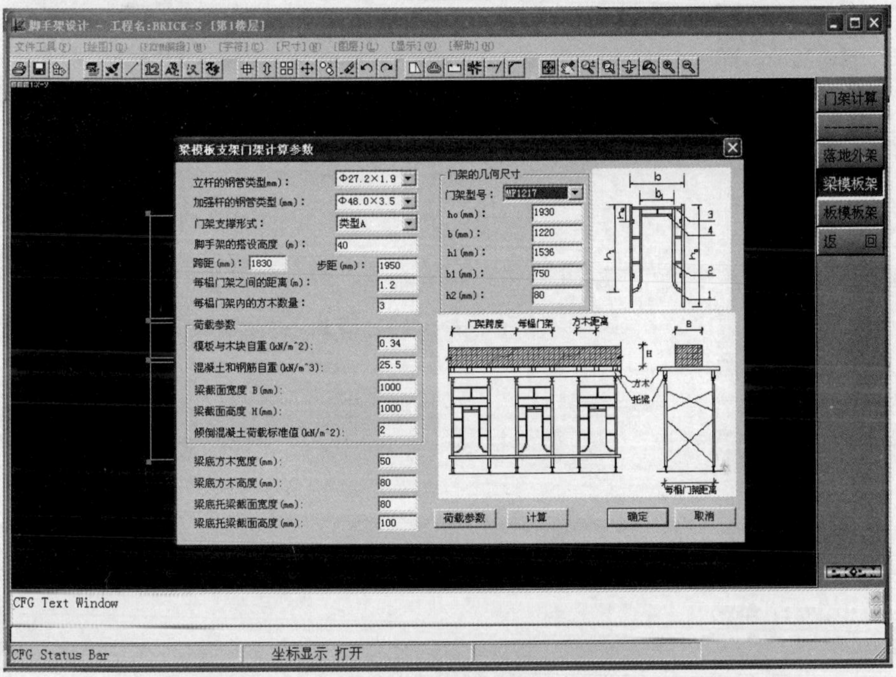

图 2.29

（2）设计计算。参数设定好后，如图 2.29 所示【梁模板支架门架计算参数】对话框中，单击【计算】按钮，系统将进行运算并弹出【模板计算书】窗口，在此窗口中可以对形成的计算书进行保存、编辑和打印等操作。

计算书的计算内容是依据《建筑施工门式钢管脚手架安全技术规范》进行的。主要包括规范中的“梁底方木的计算“、“梁底托梁的计算”、“立杆的稳定性计算”等几个方面内容。

3. 板模板架

单击图 2.27 所示窗口右侧菜单中的【板模板架】按钮，出现如图 2.30 所示【楼板模板支架门架计算参数】对话框。

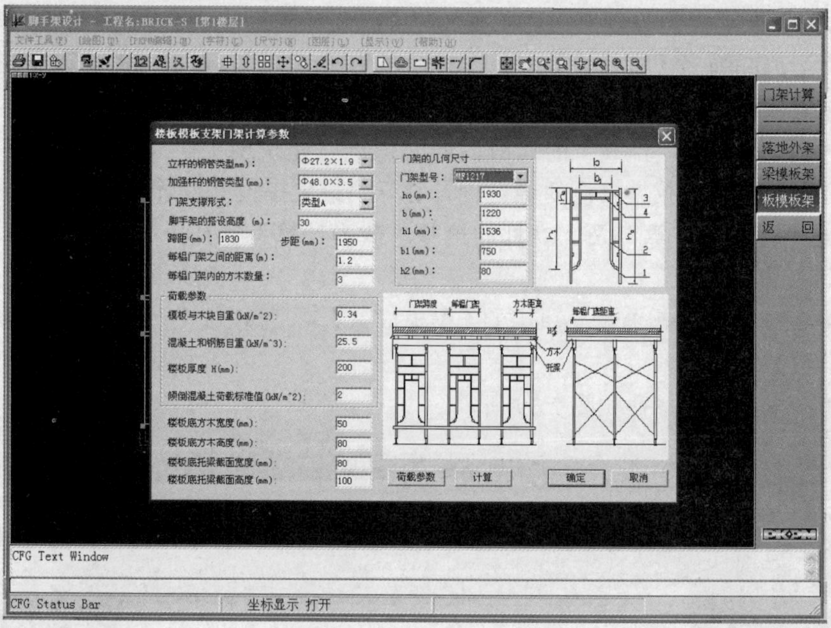

图 2.30

参数设定好后，在图 2.30 所示【楼板模板支架门架计算参数】对话框中，单击【计算】按钮，系统将进行运算并弹出【模板计算书】窗口，在此窗口中可以对形成的计算书进行保存、编辑和打印等操作。

计算书的计算内容是依据《建筑施工门式钢管脚手架安全技术规范》进行的。主要包括“楼板底方木的计算“、“楼板底托梁的计算”、“立杆的稳定性计算”等几个方面内容。

2.3.2.5 悬挂吊篮

在图 2.2 所示窗口中单击右侧菜单【悬挂吊篮】按钮，弹出【悬挂式吊篮脚手架计算】对话框，如图 2.31 所示。

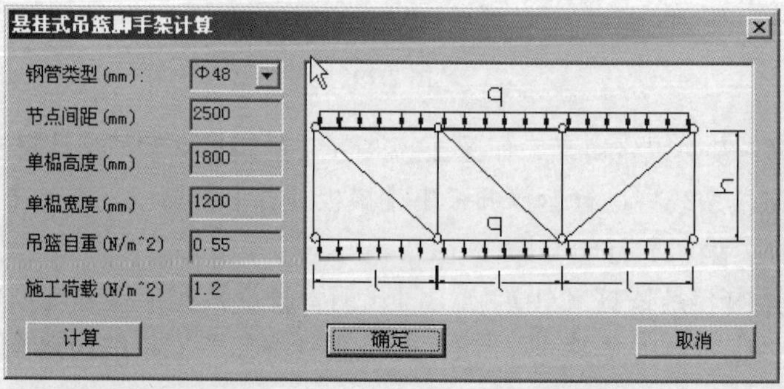

图 2.31

单击对话框中【计算】按钮，可输出依据《钢结构设计规范》进行计算的悬挂式吊篮脚手架计算书。

2.3.2.6　扶墙脚手

在图 2.2 所示窗口中单击右侧菜单【扶墙脚手】按钮，弹出【扶墙三角挂脚手架计算】对话框，如图 2.32 所示。

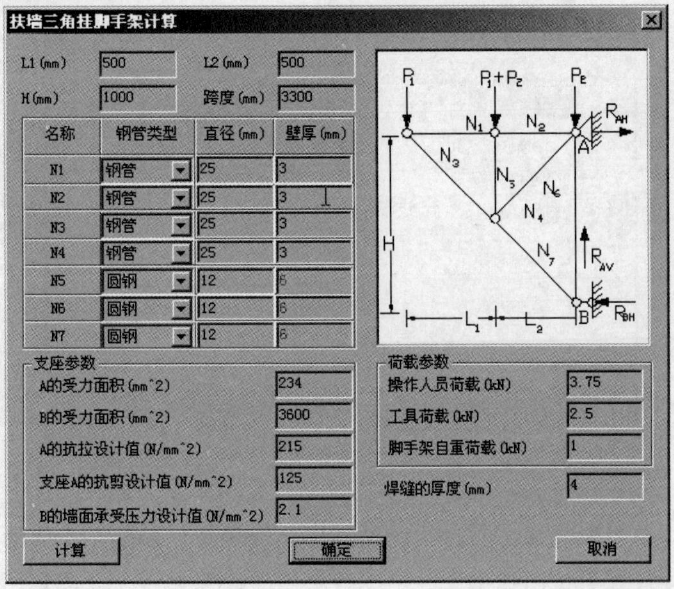

图 2.32

输入相关参数数据后，单击【计算】按钮，输出“扶墙三角挂脚手架计算书”，如图 2.33 所示。“扶墙三角挂脚手架的计算书”内容包括荷载计算、内力计算和杆件截面验算等。

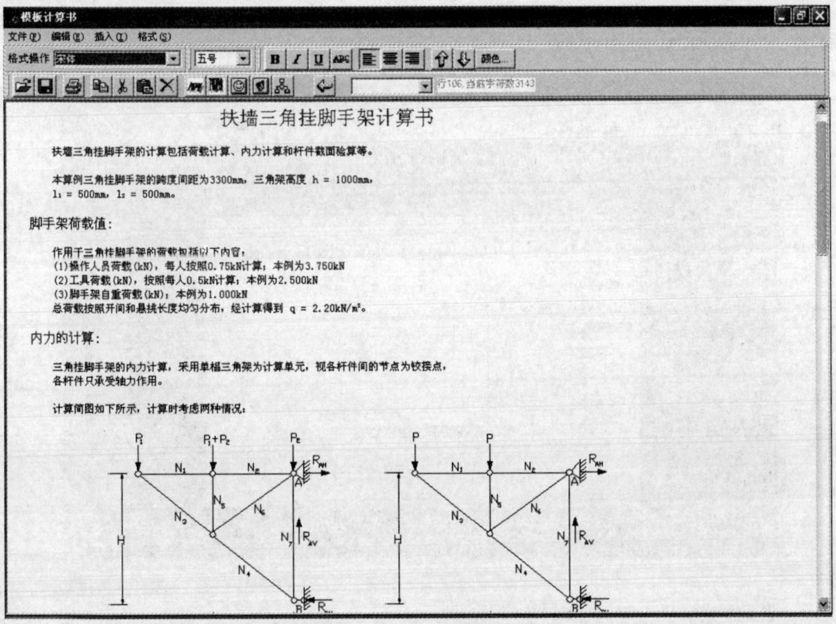

图 2.33

2.3.2.7 钢管井架

在图 2.2 所示窗口中单击右侧菜单【钢管井架】按钮，弹出【钢管井架的计算】对话框，如图 2.34 所示。

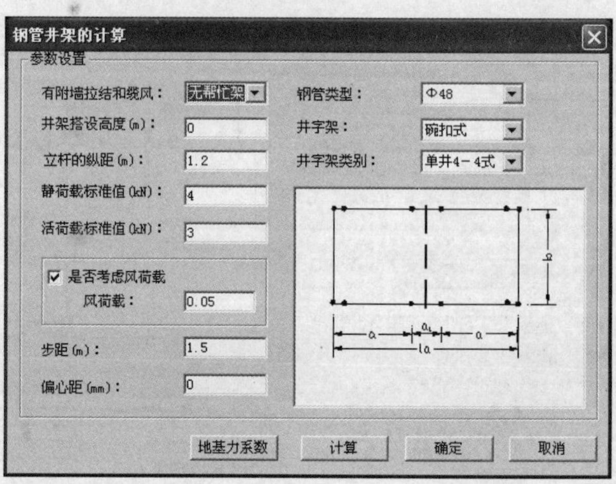

图 2.34

风荷载参数应根据实际情况，按《建筑结构荷载规范》中的规定取值。在输入相关参数数据后，单击【计算】按钮弹出“井字钢管脚手架计算书”。此计算项目主要包括井架的整体稳定计算与地基承载力计算。

2.3.2.8 统计

统计功能可对本层所布置的钢管脚手架的脚手架编号、柱和杆的根数、钢管管径、对接扣件及连墙件个数等数据信息进行统计。例如，从图 2.8 中返回上一层界面，单击【统计】按钮，弹出【钢管脚手架统计表】窗口，如图 2.35 所示。如果没有对当前层进行脚手架布置，则单击【统计】按钮无效。

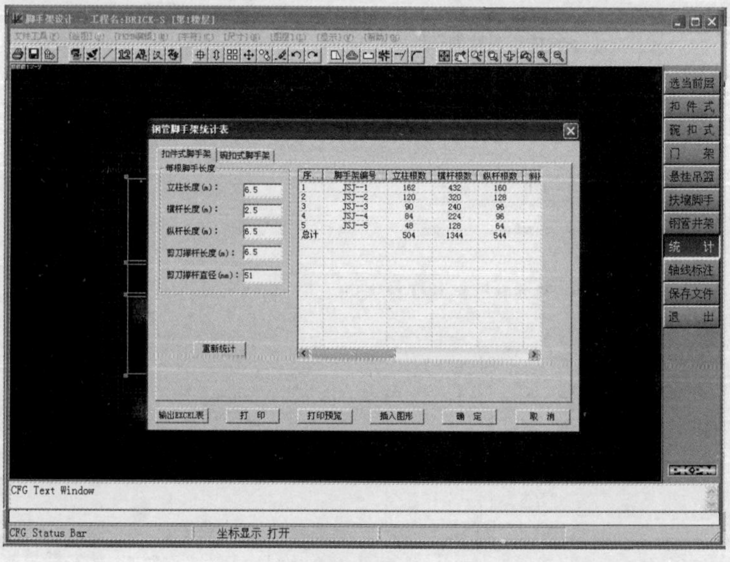

图 2.35

在【钢管脚手架统计表】窗口中，可以对统计结果进行打印或预览打印效果、以 EXCEL 表格形式输出、将统计表插入到 CFG 图形平台的图形文件、重新统计等操作。

2.3.3　脚手架的施工图绘制

在程序主菜单图 2.1 中，选择第三模块“脚手架施工图绘制”，当前工作目录仍设置为 C:\PKPM\JSJ\例题 1，单击【应用】按钮，弹出【脚手架图】绘制窗口，如图 2.36 所示。下面对右侧菜单的功能选项进行介绍。

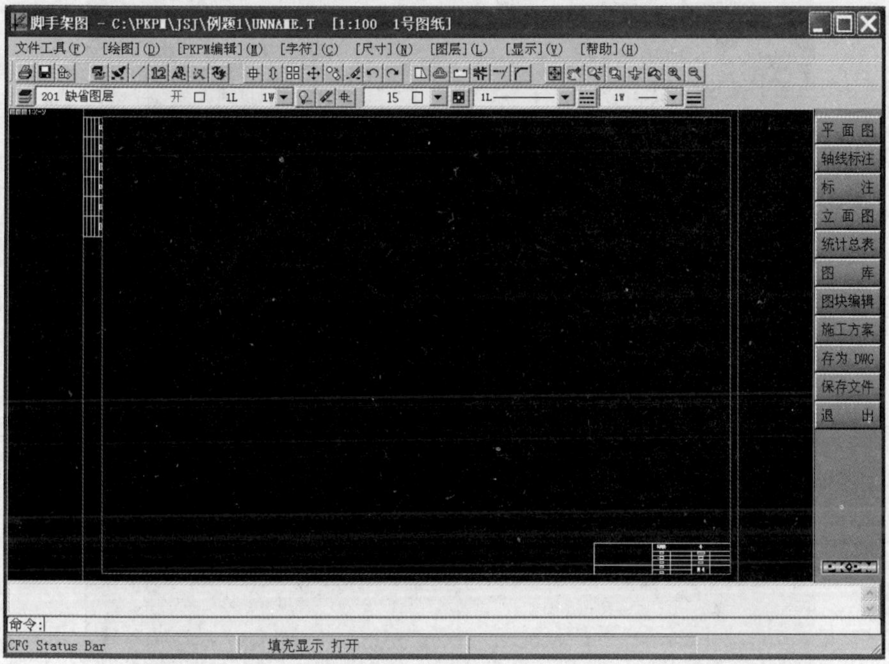

图 2.36

1. 脚手架平面图

单击平面图，弹出【选择当前楼层】对话框，如图 2.37 所示。

单击【确定】按钮后，出现一个表示平面图位置的矩形框随鼠标而移动，可移至合适位置并单击，显示出平面图，如图 2.38 所示。

2. 脚手架轴线标注

脚手架轴线标注功能可以对平面图进行标注。单击【轴线标注】按钮，右侧菜单转为轴线菜单，轴线菜单包括自动标注、交互标注、逐根点取、弧轴线标注四种功能选项。单击【自动标注】按钮，则对平面图进行标注，如图 2.39 所示。

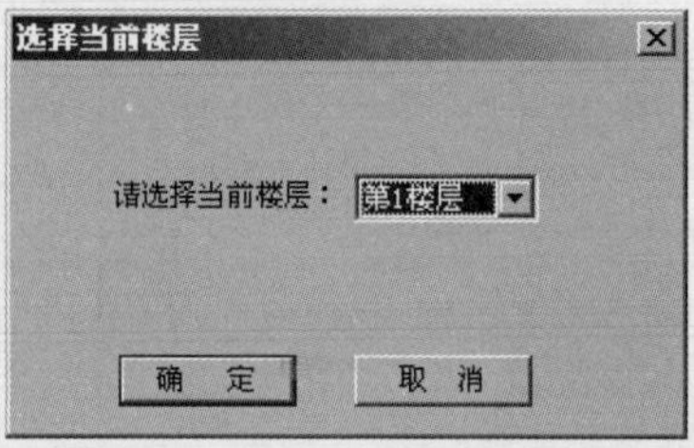

图 2.37

3. 脚手架标注

轴线标注后返回上一层窗口，重复单击【标注】按钮则可隐藏或显示脚手架的标注。

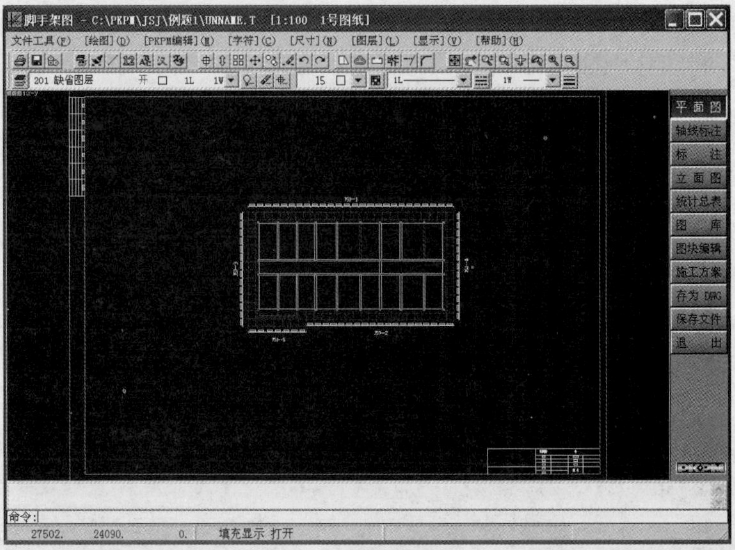

图 2.38

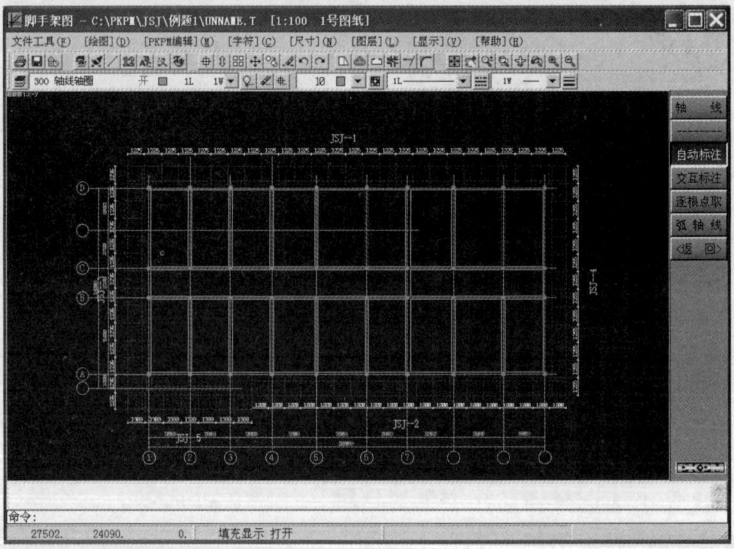

图 2.39

4. 脚手架立面图

单击【立面图】按钮，弹出【设置绘立面图比例】对话框，如图 2.40 所示。

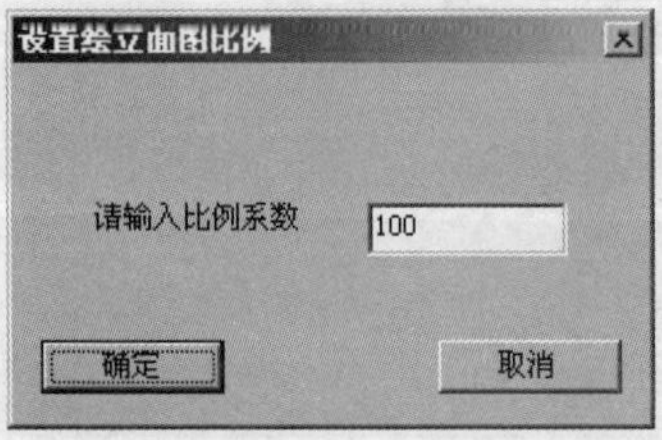

图 2.40

单击【确定】按钮，绘出如图 2.41 所示的脚手架立面图。

5. 脚手架统计总表

单击【统计总表】按钮，弹出【钢管脚手架统计表】窗口，如图 2.42 所示。此统计表与图 2.35 所示【钢管脚手架统计表】窗口的不同在于可按层统计或全楼统计。

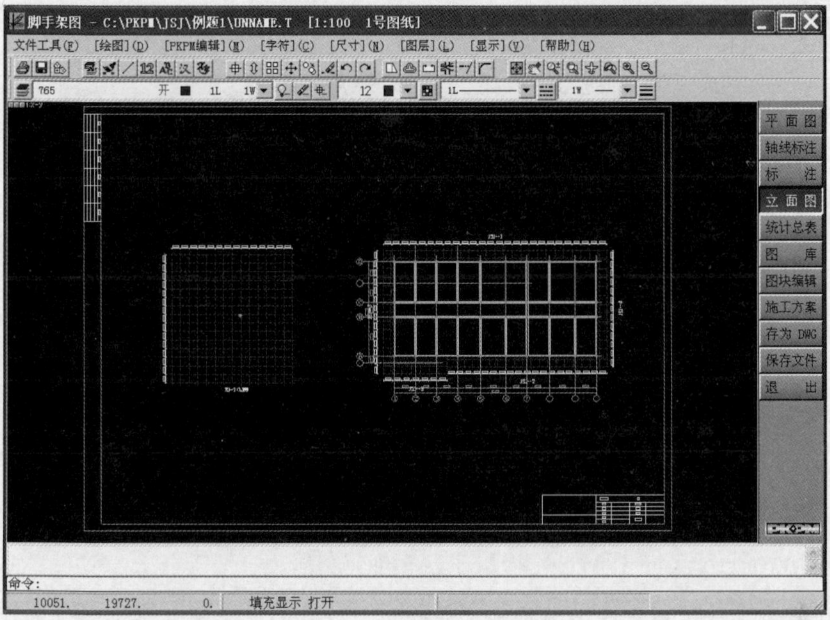

图 2.41

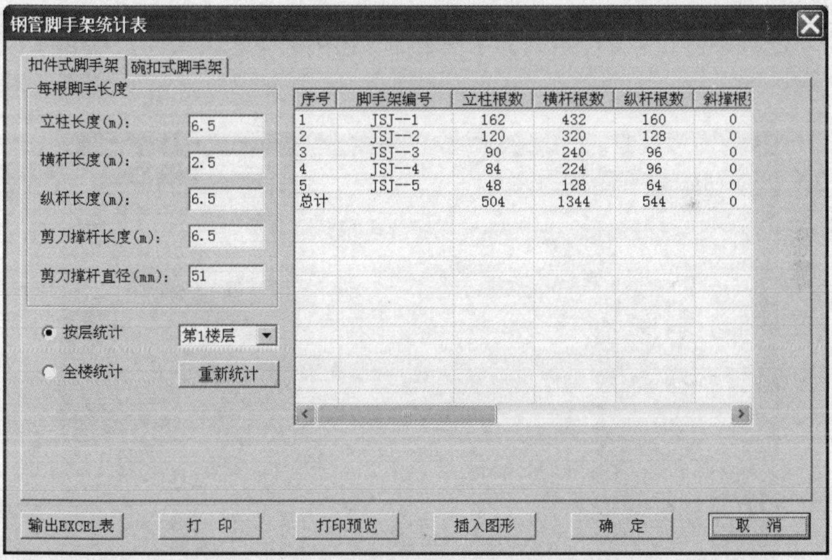

图 2.42

6. 图库

单击【图库】按钮，弹出【图库管理】对话框，如图 2.43 所示。该图库包括了脚手架构造图、基底构造、钢脚手板、连墙件、洞口构造和连墙点等几个方面内容。

7. 其它

图 2.36 脚手架施工图绘制窗口的右侧菜单除上述功能选项外，还提供了“图块编辑”、“施工方案”、“保存文件”及“存为 DWG”等功能。

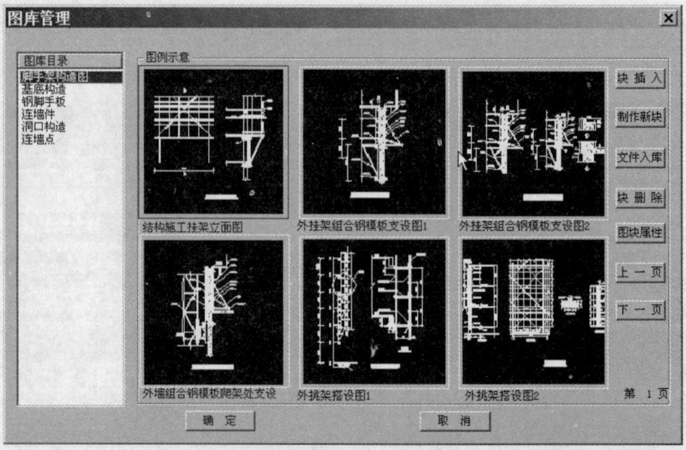

图 2.43

2.3.4 PKPM 施工软件 CMIS_2011 版界面介绍

在使用 PKPM 施工系列软件对脚手架进行设计计算时，应注意软件中计算所依据的规范时间。下面对 PKPM 施工软件 CMIS_2011 版进行简要介绍。

启动 PKPM 施工软件 CMIS_2011 版系统，弹出界面如图 2.44 所示，软件包括【投标系列】、【工程资料系列】、【管理系列】、【安全计算系列】、【岩土系列】和【施工技术系列】六大模块内容。

图 2.44

2.3.4.1 安全计算系列

选择如图 2.45 所示主菜单【安全计算系列】中的【建筑施工安全设施计算 2011 版】项。

图 2.45

单击【建筑施工安全设施计算 2011 版】项，弹出建筑施工安全设施计算软件界面如图 2.46 所示。

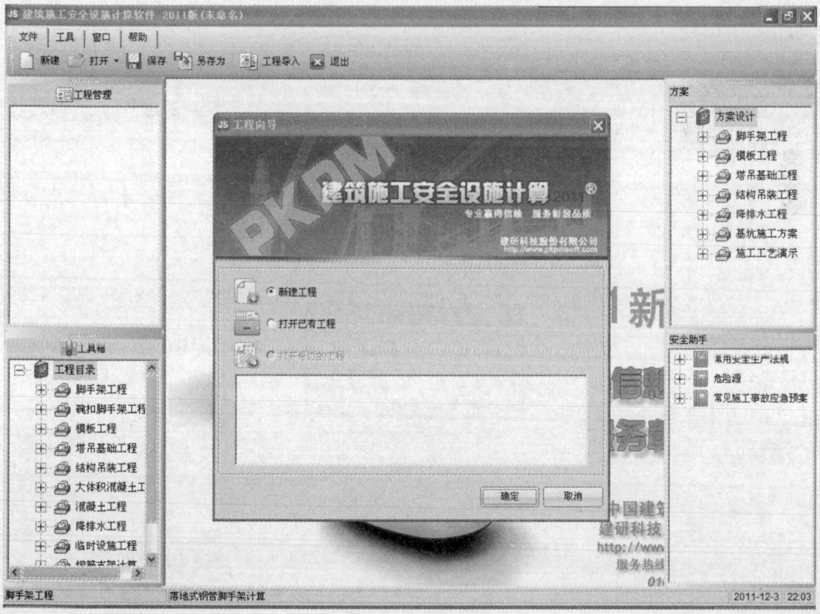

图 2.46

2.3.4.2　脚手架专业设计

选择主菜单【施工技术系列】中的【脚手架专业设计】项，程序主菜单如图 2.47 所示。

图 2.47

1. 脚手架施工安全计算

单击图 2.47 所示窗口中的【扣件脚手架规范计算】项，弹出【施工安全计算】界面，如图 2.48 所示。

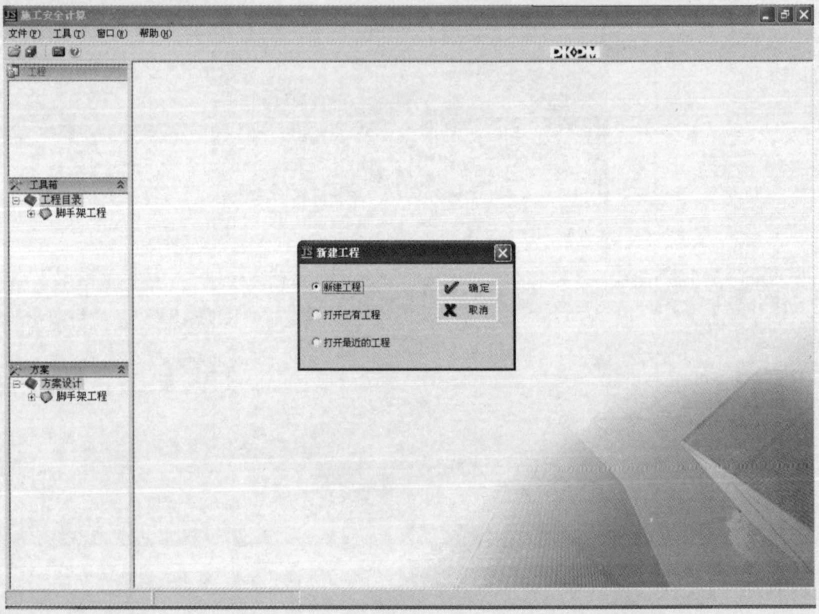

图 2.48

新建工程后，如对落地式扣件钢管脚手架进行计算，其计算界面如图 2.49 所示。

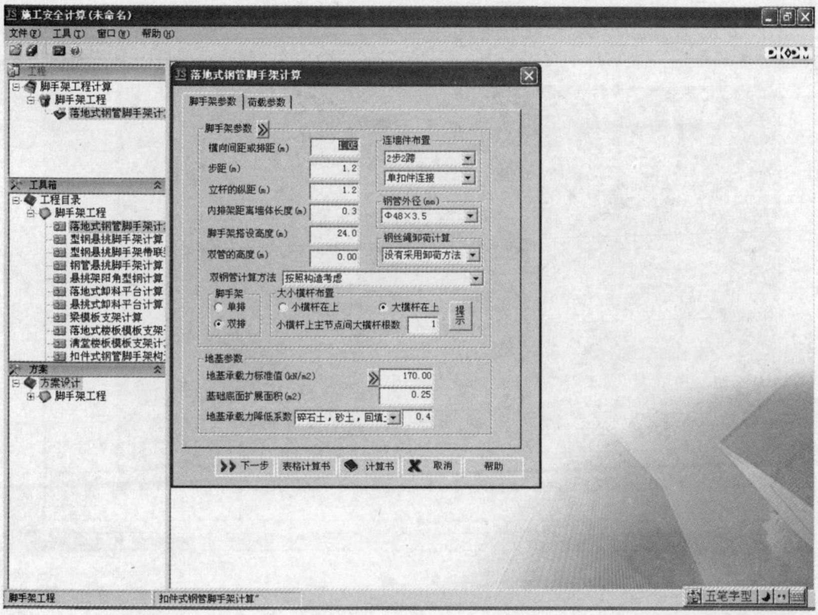

图 2.49

2. 脚手架设计

单击图 2.47 所示窗口中的【扣件脚手架立面图】项或【扣件脚手架施工图】项，弹出【脚手架设计】界面如图 2.50、图 2.51 所示界面。

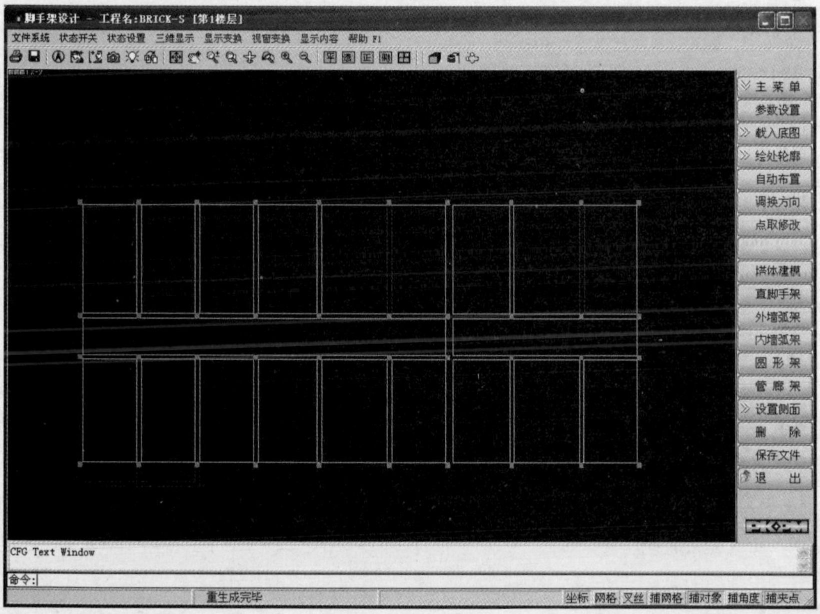

图 2.50

PKPM 施工软件 CMIS_2011 版的脚手架计算规范采用《建筑施工扣件式钢管脚手架安全技术规范》，其操作过程可以参照本节前述内容进行。

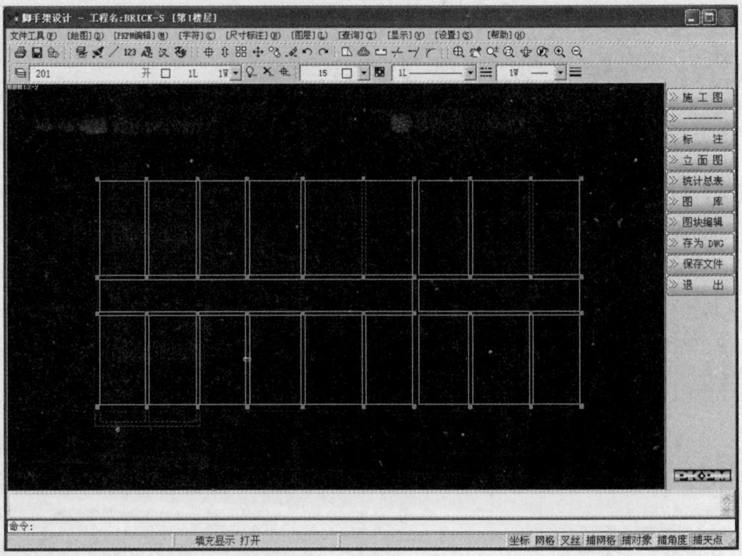

图 2.51

2.4 任务解决方案的评估

2.4.1 PKPM 系列软件脚手架设计软件进行某建筑工程的脚手架设计

2.4.1.1 工程概况

本工程主楼外架高度约为 57.22m，采用扣件式双排钢管脚手架进行搭设，其钢管立杆间距 1.3m，排距 0.8m，钢管大横杆步距 1.8 m，剪刀撑按 45º ～60º 进行搭设。在脚手架外侧面的大横杆按 60cm 一道进行搭设。为保证架体的整体承载力和稳定性，在各层结构处按规定设置连墙杆，以保证架体的稳定性。

主楼外架分两段搭设：第一段为落地式，高度 30m；第二段为悬挑式，高度为 27.22m。

在 4 轴、11 轴的斜侧板的部位，采用分段悬挑，每三层为一悬挑段，脚手架搭设尺寸按悬挑段部分搭设。

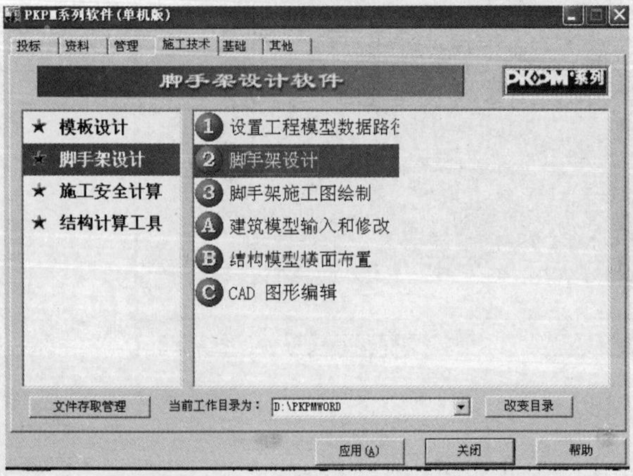

图 2.52

2.4.1.2 软件操作步骤简介

1. 脚手架设计

进入脚手架设计软件主界面，如图 2.52 所示。

进入界面以后，会看见在 PmCAD 中输入的模型，如图 2.53 所示。

单击【扣件式】中的【参数设置】按钮，确定脚手架搭设方案如图 2.54 所示。

单击【外轮廓线】按钮，弹出图 2.55 所示窗口。

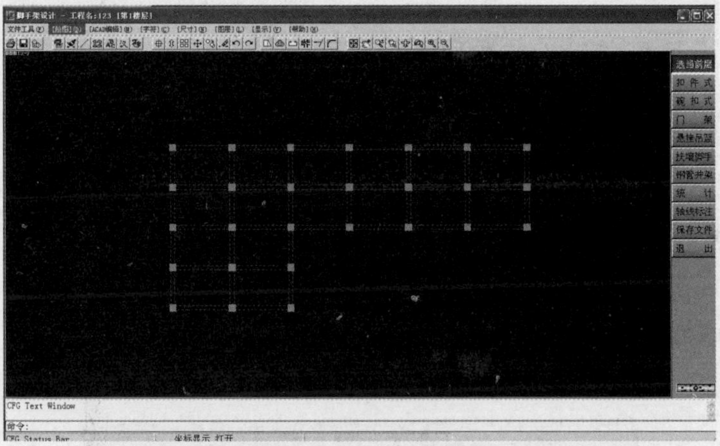

图 2.53

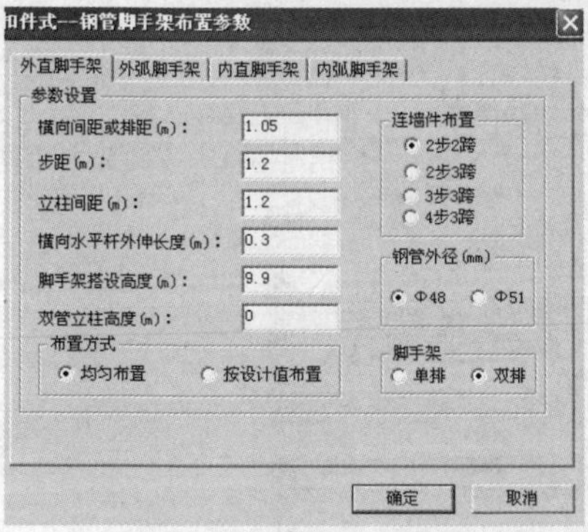

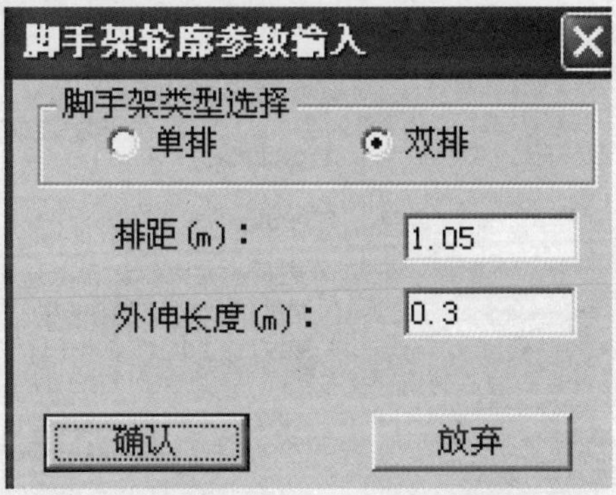

图 2.54　　　　　　　　　　图 2.55

输入脚手架轮廓线参数后会在图 2.56 中显示建筑物外轮廓线。

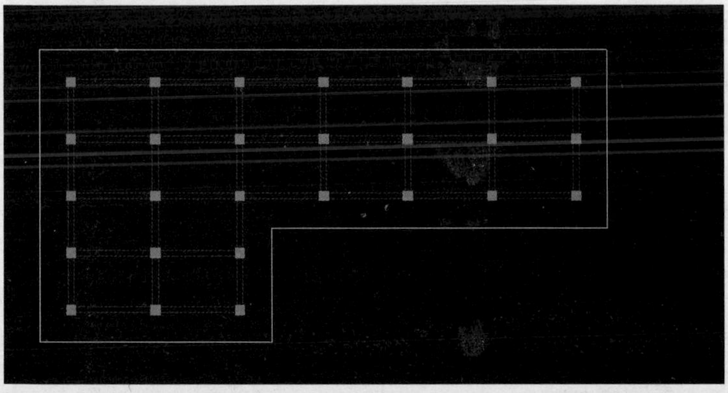

图 2.56

单击【自动布置】按钮，布置脚手架如图 2.57 所示。

单击【计算】按钮，弹出图 2.58 所示【扣件式钢管脚手架计算】窗口。

参数输入后，单击【计算】按钮可以生成计算书。

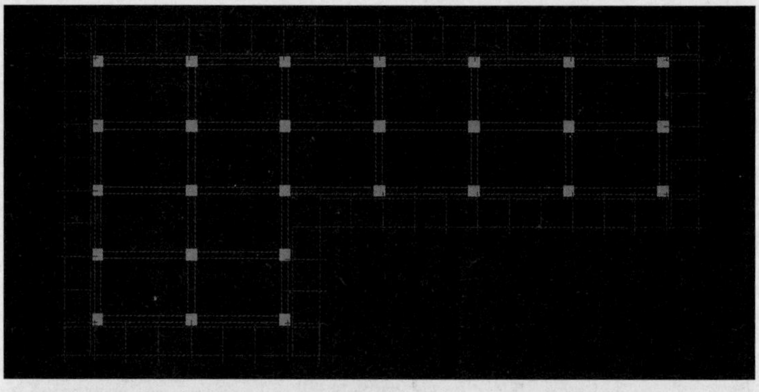

图 2.57

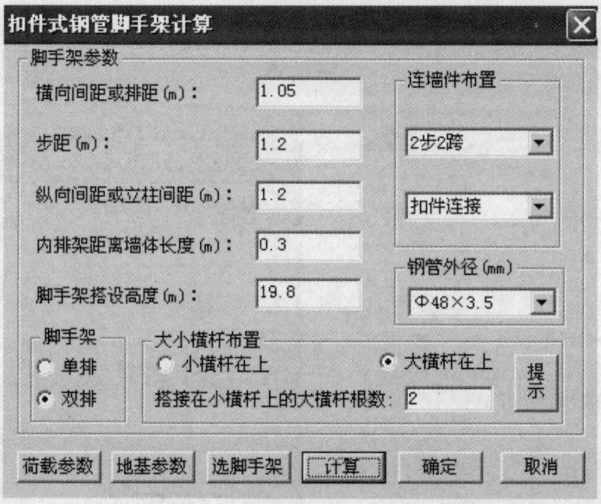

图 2.58

单击【统计】按钮，弹出【钢管脚手架统计表】窗口，如图 2.59 所示，对工程量进行统计。

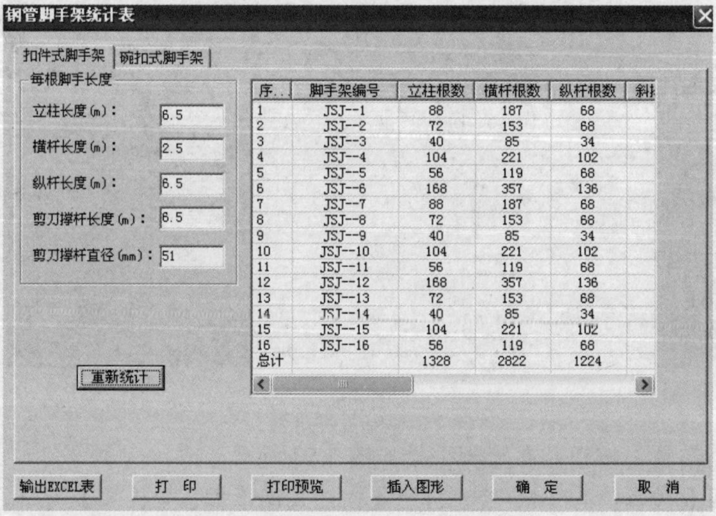

图 2.59

单击【落地平台】，弹出【落地平台支撑架的计算】对话框，如图 2.60 所示，单击【计算】按钮，可以进行落地平台计算。

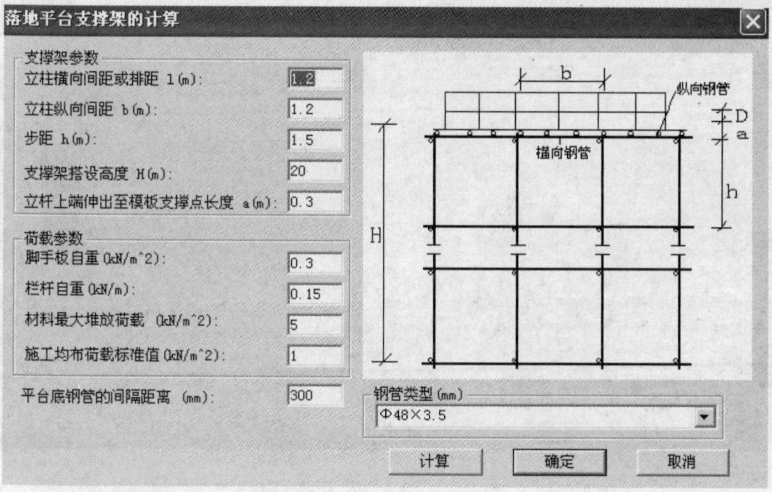

图 2.60

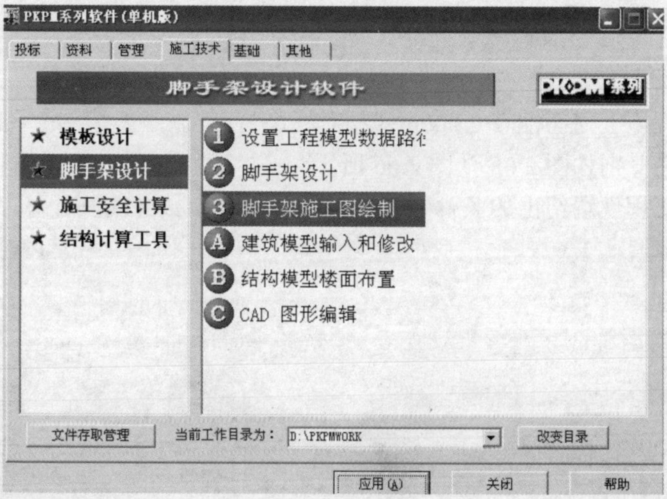

图 2.61

2. 脚手架施工图绘制

脚手架设计计算完成后，可进行施工图绘制。进入图 2.61 所示窗口。

单击【平面图】按钮，弹出【选择当前楼层】对话框，如图 2.62 所示，输入当前楼层。

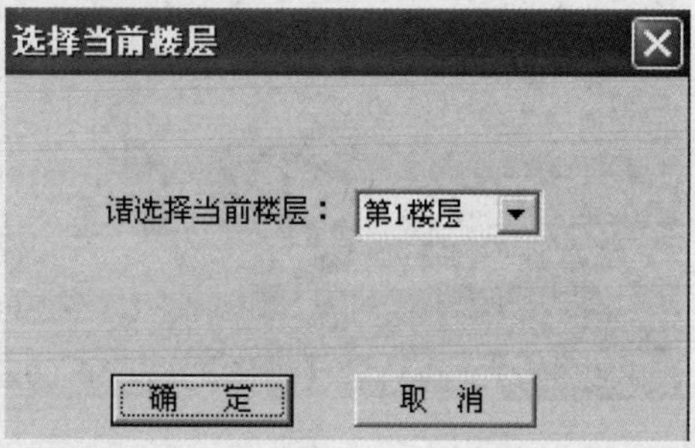

图 2.62

绘制完的平面图如图 2.63 所示。

单击【存为 DWG】按钮，存储成“.DWG”文件，此文件可用 CAD 打开。

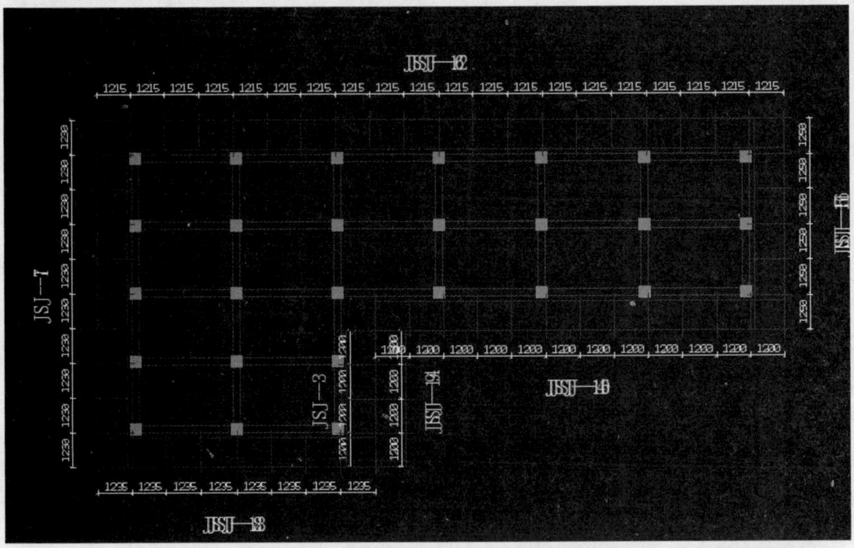

图 2.63

2.4.2 品茗施工安全设施计算软件进行某建筑工程的脚手架设计

2.4.2.1 工程资料

某工建筑工程施工屋面标高 22.00m（相对标高），其施工现场图如图 2.64 所示，脚手架剖面图、立面图分别如图 2.65 及图 2.66 所示。

要求：根据工程现场给出的条件、图纸及图片查找参数并编制计算书（注：横向斜撑布置为 5 跨一设）。

图 2.64

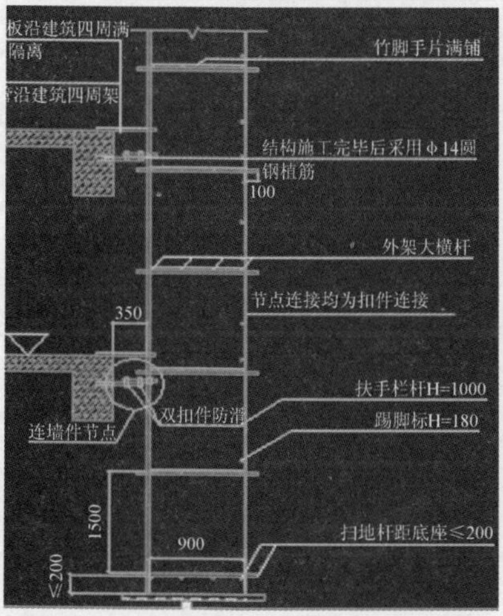

图 2.65

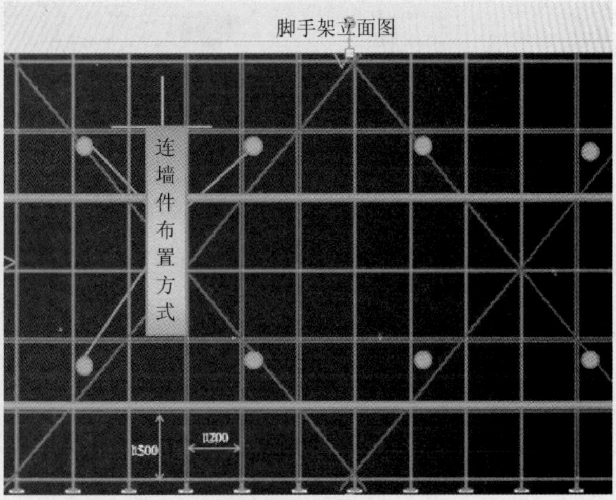

图 2.66

2.4.2.2　品茗施工安全设施计算软件操作步骤新建工程

1. 新建工程

启动品茗施工安全设施计算软件，出现主界面窗口如图 2.67 所示。

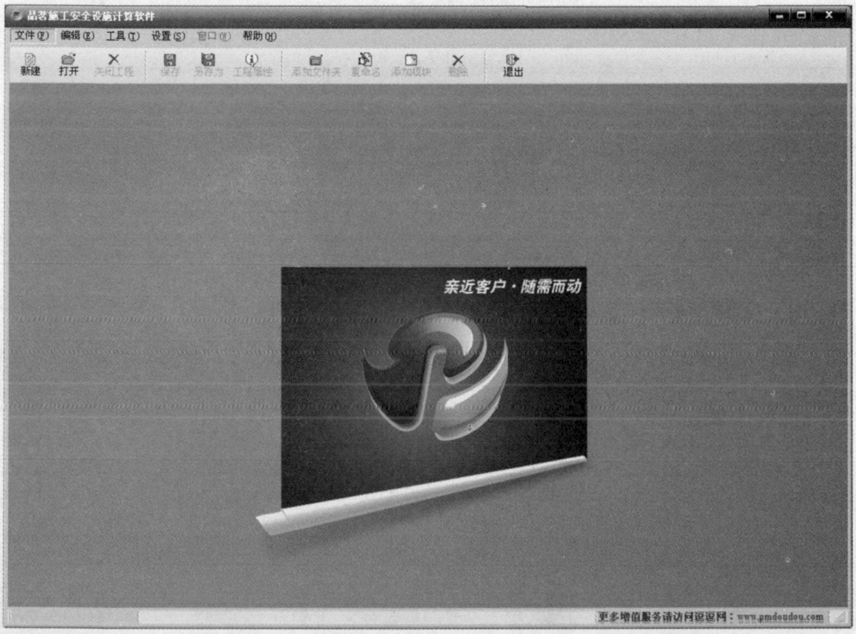

图 2.67

单击工具栏新建，会弹出【工程属性】对话框，如图 2.68 所示。

输入工程名称“某建筑工程脚手架设计计算实例”等参数确定后，弹出【模块选择】界面，如图 2.69 所示。

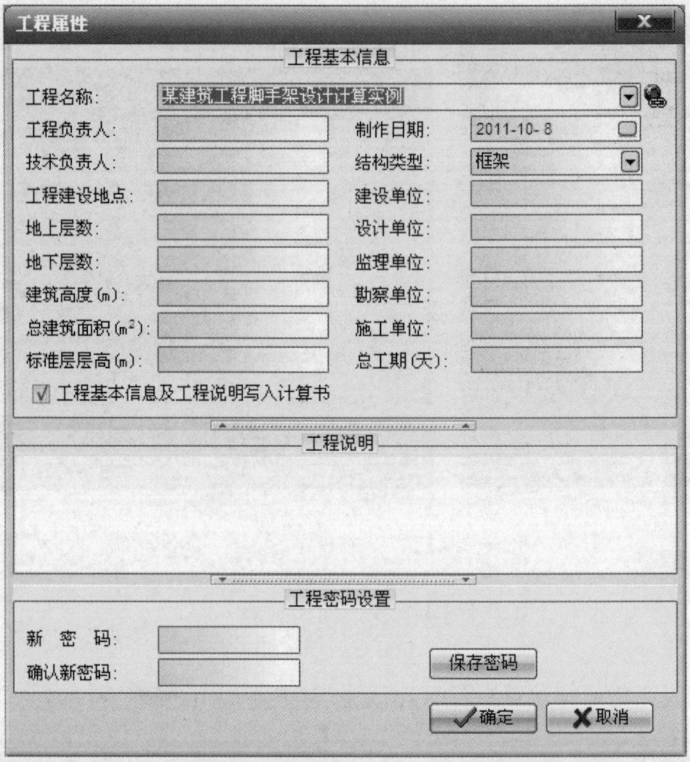
工程属性
工程基本信息
工程名称:
某建筑工程脚手架设计计算实例
工程负责人:
制作日期:
2011-10- 8
技术负责人:
结构类型:
框架
工程建设地点:
建设单位:
地上层数:
设计单位:
地下层数:
监理单位:
建筑高度(m):
勘察单位:
总建筑面积(m²):
施工单位:
标准层层高(m):
总工期(天):
工程基本信息及工程说明写入计算书
工程说明
工程密码设置
新 密 码:
确认新密码:
保存密码
确定
取消

图 2.68

文件(F) 编辑(E) 工具(T) 设置(S) 窗口(W) 帮助(H)
新建
打开
关闭工程
保存
另存为
工程属性
添加文件夹
重命名
退出
工程树图
模块选择
回收站
脚手架工程
模板工程
临时工程
爆破工程
塔吊计算
降排水工程
吊装工程
冬期施工
混凝土工程
钢筋支架
基坑工程
垂直运输设施
危险源辨识与评价
设计计算
施工方案
技术交底
界面参数表
计算审核表
节点详图集
应急预案
检查管理用表

图 2.69

2. 模块选择

选择脚手架模块，弹出【脚手架工程】窗口如图 2.70 所示。

据工程条件选择钢管落地脚手架，确定后会自动进入钢管落地脚手架窗口，如图 2.71 所示。

3. 参数输入

钢管落地脚手架窗口包括基本参数、连墙件和荷载参数三个页面。

（1）基本参数页面（图 2.71）。

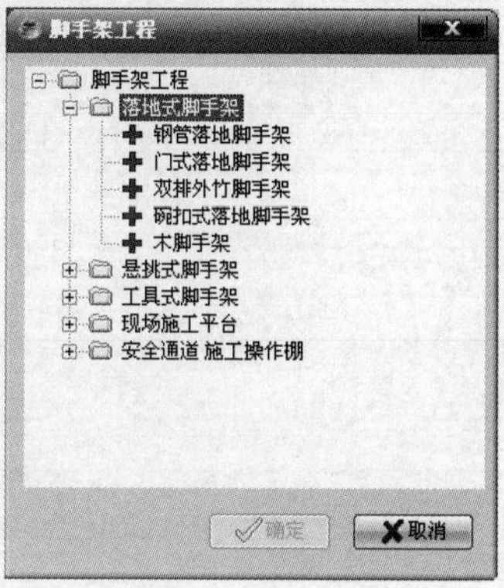

图 2.70

1）脚手架搭设方式。软件提供单排、双排可供选择，鼠标放到输入框边会自动弹出针对该参数的规范提示说明，如图 2.72 所示。根据工程条件选择双排脚手架。

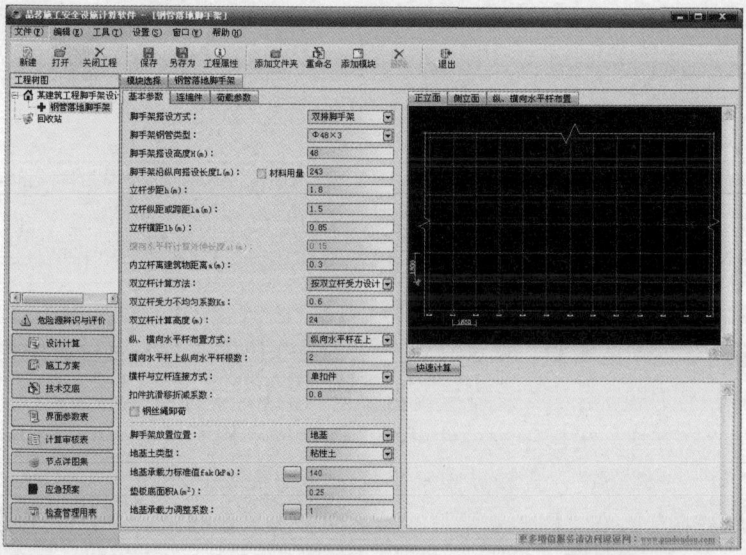

图 2.71

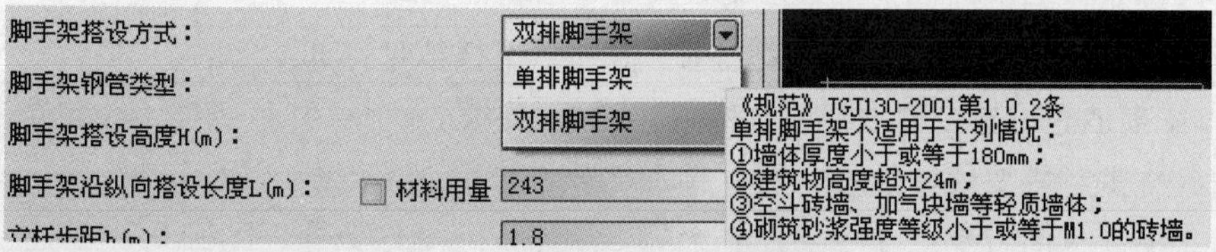

图 2.72

2）钢管类型。本工程钢管规格为 $\phi 48\times 3.6$，发现参数默类型中，无该类型钢管，则需要在菜单的

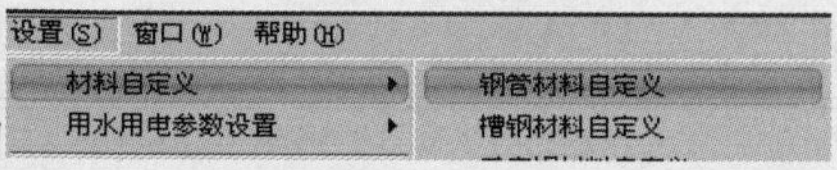

中进行设置，单击【钢管材料自定义】选项后，会自动弹出【钢管材料自定义】对话框，如图 2.73 所示。单击【增加】按钮后输入自定义的一种钢管类型，保存后退出。

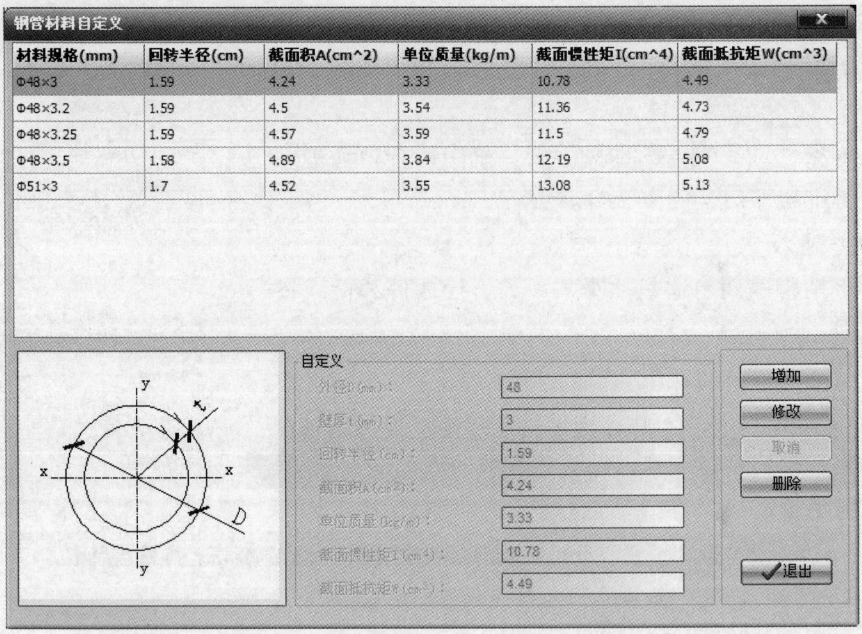

材料规格(mm)	回转半径(cm)	截面积A(cm^2)	单位质量(kg/m)	截面惯性矩I(cm^4)	截面抵抗矩W(cm^3)
Φ48×3	1.59	4.24	3.33	10.78	4.49
Φ48×3.2	1.59	4.5	3.54	11.36	4.73
Φ48×3.25	1.59	4.57	3.59	11.5	4.79
Φ48×3.5	1.58	4.89	3.84	12.19	5.08
Φ51×3	1.7	4.52	3.55	13.08	5.13

图 2.73

3）脚手架搭设高度。在 脚手架搭设高度H(m): 48 参数输入框中，会显示搭设高度规范（要高出檐口 1.5m^2），工程中的脚手架搭设高度为 22.00 m^2，故输入 23.5。

4）脚手架纵向搭设长度。在 脚手架沿纵向搭设长度L(m): 材料用量 243 中勾选 ☑材料用量，计算脚手架外围周长，可在软件中计算出脚手架材料用量。

5）立杆步距、纵距或跨距、横跨。这三个参数在已知工程条件中分别为 1.5m、1.2m 和 0.9m，输入时在右侧的示意图会随着输入的数据变化。

6）双立杆计算方法。根据工程条件可知，选择该工程不设置双立杆。

7）纵、横向水平杆布置方式和纵向水平杆上横向水平杆根数。纵、横向水平杆布置方式有“纵向水平杆在上”和“横向水平杆在上”两种方式可供选择；从图纸中可得知纵向水平杆在上，且横向水平杆上纵向水平杆根数为 2。因此，选择纵向水平杆在上，输入横向水平杆上纵向水平杆根数为 2。

8）横杆与立杆连接方式。从中得知，选择单扣件连接方式。

9）脚手架放置位置。脚手架放置位置包括地基和混凝土板两种选项，目前许多地方性强制规定脚手架基础要硬化处理。所以脚手架放置位置选用混凝土板形式。

（2）连墙件页面。单击【连墙件】选项卡，进入连墙件页面，如图 2.74 所示。

1）连墙件布置方式。上下为步，左右为跨。从图 2.66 中可以看出连墙件设置为 3 步 3 跨。

2）连墙件连接方式。从设计图 2.65 所示的连墙件节点中可知，选扣件连接。

3）材料类型参数。材料类型参数如图 2.75 所示，属于计算参数，如连墙件是钢管可以在图 2.76 中查询。

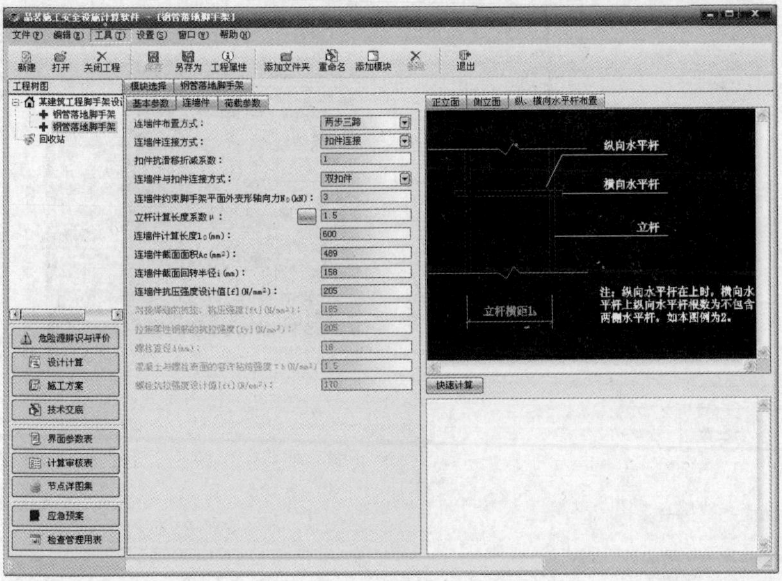

图 2.74

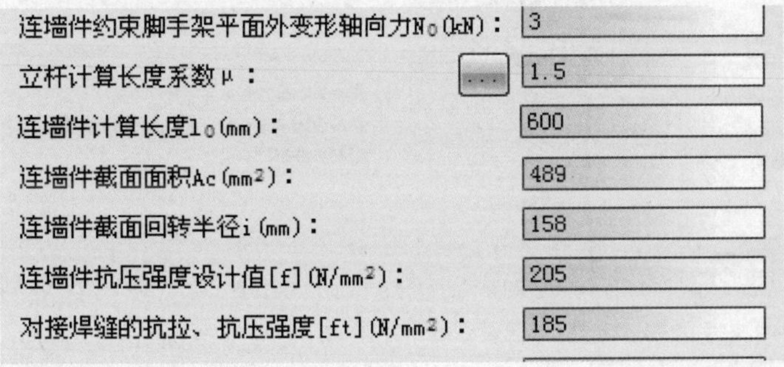

图 2.75

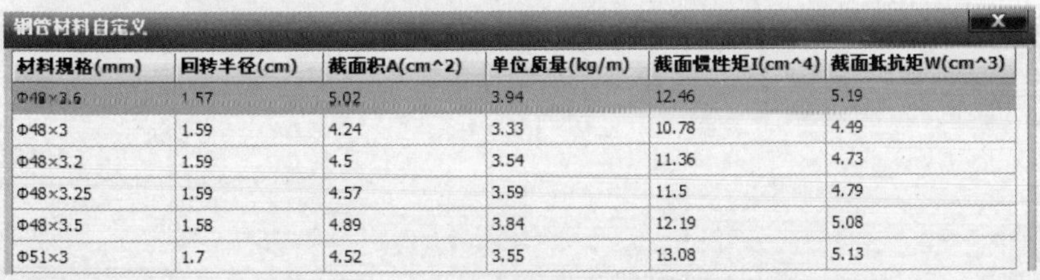

材料规格(mm)	回转半径(cm)	截面积A(cm^2)	单位质量(kg/m)	截面惯性矩I(cm^4)	截面抵抗矩W(cm^3)
Φ48×3.6	1.57	5.02	3.94	12.46	5.19
Φ48×3	1.59	4.24	3.33	10.78	4.49
Φ48×3.2	1.59	4.5	3.54	11.36	4.73
Φ48×3.25	1.59	4.57	3.59	11.5	4.79
Φ48×3.5	1.58	4.89	3.84	12.19	5.08
Φ51×3	1.7	4.52	3.55	13.08	5.13

图 2.76

（3）荷载参数页面。单击【荷载参数】选项卡，进入荷载参数页面，如图 2.77 所示。该页面分为“施工荷载”、“脚手架自重荷载”及“风荷载”三个参数区块。

1）施工荷载区块。该区块按使用阶段分为“结构脚手架”、“装修脚手架”、“其它用途脚手架”三项内容。本工程选用结构脚手架。

2）脚手架自重荷载区块。脚手架材料对安全稳定性的影响，参数选择如图 2.78 所示。铺设方式从图 2.66 中可以查出，横向斜撑布置为已知 5 跨 1 设，如图 2.79 所示。

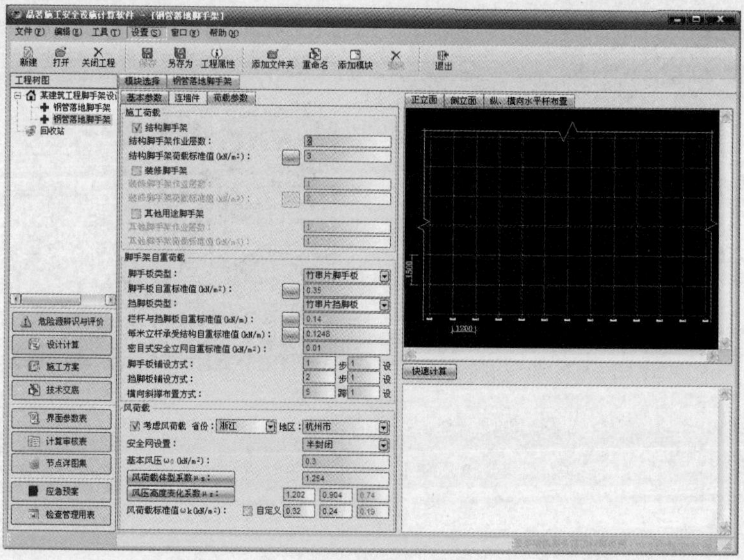

图 2.77

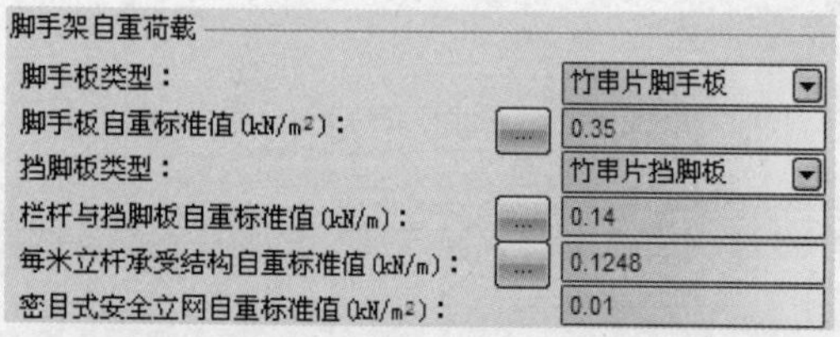

图 2.78

图 2.79

3）风荷载区块。选择工程地区为浙江杭州市，在市区为全封闭安全网设置。参数设置如图 2.80 所示。如果工程不考虑风荷载，则去除考虑风荷载前面的勾选，将不作任何参数输入。

4. 设计计算

参数输入完之后单击图 2.71 左侧的功能表（图 2.81）中的【设计计算】按钮，进行脚手架安全稳定性验算。

图 2.80

图 2.81

计算生成“钢管落地脚手架计算书”，如图 2.82 所示。

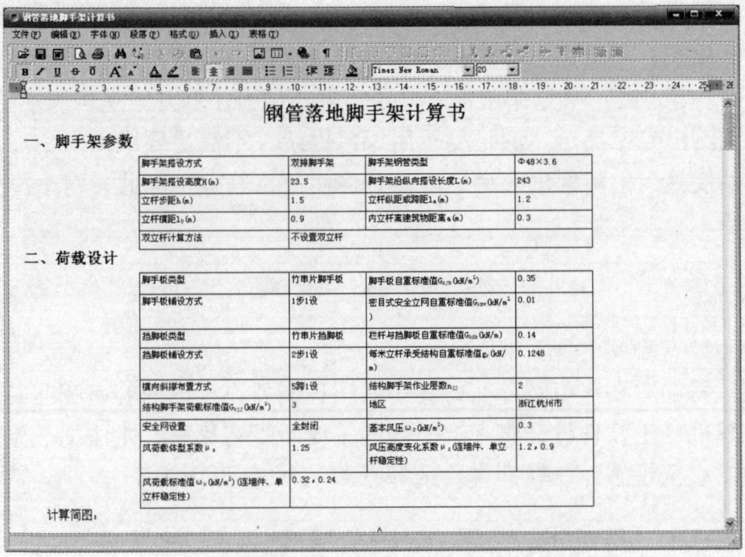

钢管落地脚手架计算书

一、脚手架参数

脚手架搭设方式	双排脚手架	脚手架钢管类型	Φ48×3.6
脚手架搭设高度H(m)	23.5	脚手架沿纵向搭设长度L(m)	243
立杆步距h(m)	1.5	立杆纵距或跨距l_a(m)	1.2
立杆横距l_b(m)	0.9	内立杆离建筑物距离a(m)	0.3
双立杆计算方法	不设置双立杆		

二、荷载设计

脚手板类型	竹串片脚手板	脚手板自重标准值G_{kjb}(kN/m²)	0.35
脚手板铺设方式	1步1设	密目式安全立网自重标准值G_{kmw}(kN/m²)	0.01
挡脚板类型	竹串片挡脚板	栏杆与挡脚板自重标准值G_{kdb}(kN/m)	0.14
挡脚板铺设方式	2步1设	每米立杆承受结构自重标准值g_k(kN/m)	0.1248
横向斜撑布置方式	5跨1设	结构脚手架作业层数n_{jj}	2
结构脚手架荷载标准值G_{kjj}(kN/m²)	3	地区	浙江杭州市
安全网设置	全封闭	基本风压ω_0(kN/m²)	0.3
风荷载体型系数μ_s	1.25	风压高度变化系数μ_z(连墙件、单立杆稳定性)	1.2，0.9
风荷载标准值ω_k(kN/m²)(连墙件、单立杆稳定性)	0.32，0.24		

计算简图：

图 2.82

如验算通过，计算书中会显示“满足要求！”；反之则会先显示“不满足要求，减小立杆纵横向间距、增加上部横杆根数!”，需调整参数。

可以将钢管落地脚手架计算书编辑、保存或打印。也可以用工具栏中的按钮形成 WORD 形式的计算书。

单击图 2.77 右下方的 快速计算 ，可以快速显示计算结果，如图 2.83 所示。

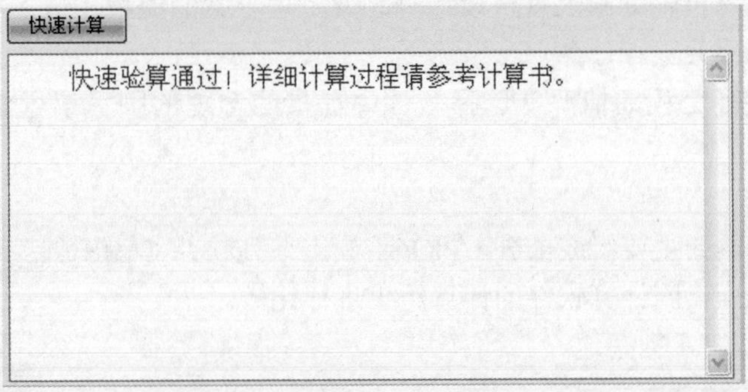

图 2.83

单　元　小　结

目前市场上有很多计算机辅助施工软件可以用来满足脚手架的设计计算。主要典型的软件为 PKPM 建筑施工技术系列软件 CMIS。该系列软件能直接读取 PKPM 软件的结构平面图，或采用系统提供的快速建模工具完成平面图输入；学生通过对单元内容任务的学习，能进行脚手架设计计算，完成详细的计算书，并转为 WORD 文件进行保存。其特点之一是可以基于 CAD 图形平台的处理功能，在有建筑模型的基础上，快速绘制脚手架布置平面图、立面图（包括尺寸标注、剪刀撑等）和节点构造图，可将图形转存为AutoCAD的“.DWG”文件，再对钢管用量进行统计。品茗施工安全设施计算软件可以完成脚手架设计计算，并快速自动编制计算书，其特点之一是在计算参数的选择上，软件设计了大量信息提示：悬停提示、单击提示等，提示所见即所得，方便实用。对于计算方案是否满足国家规范要求，软件能够智能地给出专家提示，满足要求用绿色提示，不满足要求用红色显示，对不满足要求部分软件不仅显示出问题出在哪里，而且注明怎么修改，因此，对于脚手架等设施安全计算比较方便。

单元练习题

1. 脚手架主要有哪些类型？
2. 脚手架工程的主要作用是什么？脚手架工程需要设计的内容有哪些？
3. 计算机辅助施工软件设计脚手架工程的主要步骤有哪些？生成的成果有哪些？
4. 品茗施工安全设施计算软件模块选择有哪12个方面内容？

实训 某市医疗卫生中心建安工程脚手架设计

【工程概况】工程概况见附录A某市医疗卫生中心建安工程实训基本资料。

【背景】作为施工技术人员编制某市医疗卫生中心建安工程脚手架施工方案。

【训练任务】通过使用计算机辅助施工软件快速编制某市医疗卫生中心建安工程脚手架施工方案。

【训练目标】

1. 能力目标

（1）能掌握计算机辅助施工软件设计脚手架工程方案的流程。重点对悬挑脚手架或扣件式钢管落地式脚手架进行计算。

（2）能根据实际工程的情况，选择软件中提供的合理的脚手架方案，快速编制施工方案。

2. 知识要点

脚手架施工方案的主要组成部分、PKPM施工系列软件CMIS脚手架模块的操作；并同采用品茗施工安全设施计算软件的计算结果进行比较。

【训练地点】校内实训基地。

【训练类型】设计训练。

【训练成果】某市医疗卫生中心建安工程脚手架施工方案。

【训练步骤】实训步骤以在机房现场操作为主。

第3单元　模板的设计计算及其配板图与统计

任务目标： 运用计算机辅助施工软件模板模块进行模板的设计及绘制。

任务重点： 模板的平面布置方案，支模架的计算。

任务难点： 需要结合所给工程的特点进行分析，选用合适的荷载组合；结合荷载计算结果，进行大模板变形验算；根据模板选择的结果，进行支模架验算。

3.1　任 务 的 导 入

混凝土结构的模板工程是混凝土结构构件施工的重要工具。现浇混凝土结构施工所用模板工程的造价，约占混凝土结构工程总造价的1/3，总用工量的1/2。因此，采用先进的模板技术，对于提高工程质量、加快施工速度、提高劳动生产率、降低工程成本和实现文明施工，都具有十分重要的意义。

模板工程指新浇混凝土成型的模板以及支承模板的一整套构造体系，其中，接触混凝土并控制预定尺寸，形状、位置的构造部分称为模板，支持和固定模板的杆件、桁架、联结件、金属附件、工作便桥等构成支承体系。模板工程在混凝土施工中是一种临时结构。在国内的建筑工程施工过程中，常会使用到各种类型的建筑模板。

组合式模板是现代模板技术中具有通用性强、装拆方便、周转次数多的一种“以钢代木”的新型模板，用它进行现浇钢筋混凝土结构施工，可事先按设计要求组拼成梁、柱、墙、楼板的大型模板，整体吊装就位，也可采用散装散拆方法。

在建筑模板中大模板的使用非常重要，大模板同普通建筑模板的作用大致一样，都是在现浇混凝土中使用，是用于现浇剪力墙结构施工的一种工具式模板，配以相应的起重吊装机械，通过合理的施工组织安排，以机械化施工方式在现场浇筑混凝土竖向（主要是墙、壁）结构构件。

目前，大模板施工已成为高层和超高层剪力墙结构工业化施工的主导方法，由于大模板施工技术难度较大，稍有疏忽，便会导致重大安全事故。因此，大模板施工前必须编制专项施工方案，并经企业技术负责人审批盖章后方可实施。施工方案设计包括模板制作、安装、拆除等施工过程，每一步骤、每一细节的工作均需进行具有时效性、针对性的安全技术交底。由于整个工作过程比较复杂，利用计算机辅助施工软件进行计算就十分有必要。

3.2 任务的分析

大模板由面板系统、支撑系统、操作平台系统及连接件等组成；板面是直接与混凝土接触的部分，要求表面平整，加工精密，有一定刚度，能多次重复使用。面板的材料一般有钢板、木（竹）胶合板等。在进行大模板配板设计时包括的内容有：绘制配板平面布置图；绘制施工节点设计、构造设计和特殊部位模板支、拆设计图；绘制大模板拼板设计图、拼装节点图；编制大模板构、配件明细表，绘制构，配件设计图等。组合模板的设计内容基本与大模板相同。

模板的配板步骤一般如下：

（1）根据施工组织设计对施工区段的划分、施工工期和流水段的安排，首先明确需要配制模板的层段数量。

（2）根据工程情况和现场施工条件，决定模板的组装方法。

（3）根据已确定配模的层段数量，按照施工图纸中梁、柱、墙、板等构件尺寸，进行模板组配设计。

（4）明确支撑系统的布置、连接和固定方法。

（5）进行夹箍和支撑件等的设计计算和选配工作。

（6）确定预埋件的固定方法、管线埋设方法以及特殊部位（如预留孔洞等）的处理方法。

（7）根据所需钢模板、连接件、支撑及架设工具等列出统计表，以便备料。

3.3 任务的解决方案

计算机辅助施工软件 PKPM 系列 CMIS 模板的设计与计算模块主要包括设计和配图两大部分；该软件可以在已有建筑模型的基础上，方便地绘制模板施工图，包括建筑平面图配板图、模板的加工图、统计表和百余个节点详图，图形可以转存为 AutoCAD 的“.DWG”文件，并可以自动统计钢管用量，基本能够满足模板的设计要求。

3.3.1 模板设计模块的功能

1. 软件主界面

启动 PKPM 系统，选择【施工技术】选项卡中的【模板设计】项，程序主菜单如图 3.1 所示。

2. 功能模块

模板设计模块主要功能模块有“设置工程模型数据路径”、“大模板设计”、“大模板施工图绘制”、“组合模板设计”、“组合模板施工图绘制”、“建筑模型输入和修改”、“结构模型楼面布置”和“CAD 图形编辑”八个选项内容。

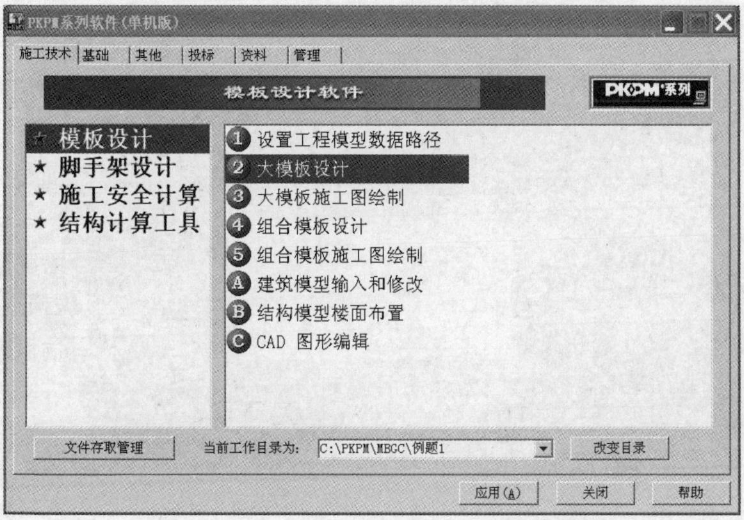

图 3.1

3.3.2　大模板设计

选择第二模块“大模板设计”，本部分以 PKPM 自带的大模板例子为例进行大模板设计介绍，即通过单击图 3.1 中的【改变目录】按钮，将当前工作目录设置为 C:\PKPM\MBGC\例题 1 后，单击【应用】按钮，弹出【大模板设计】窗口，如图 3.2 所示。

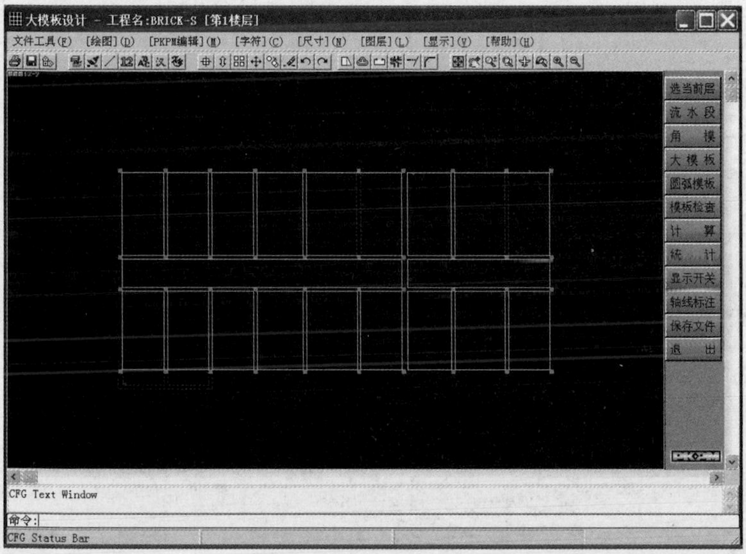

图 3.2

3.3.2.1　楼层选择

单击【选当前层】按钮，弹出【选择当前楼层】对话框，如图 3.3 所示。

图 3.3 所示对话框可以对需要进行大模板设计的楼层号进行选择，默认楼层是第一层，确定后将当前楼层设定为下次进入的默认楼层。

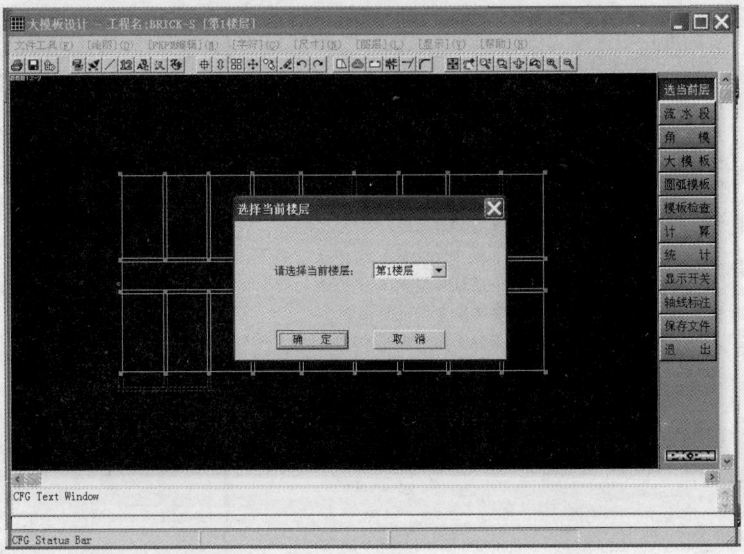

图 3.3

3.3.2.2 流水段

单击【流水段】按钮，弹出流水段菜单参数的相关内容选项，通过将墙线选定到不同的流水段，可以使模板在配板时减少规格和数量。

1. 划分流水段

单击【划分流水】按钮，在图中出现当前施工图流水段的分界线，右击确定，如图 3.4 所示。划分的流水线可以单击【删流水线】按钮删除。

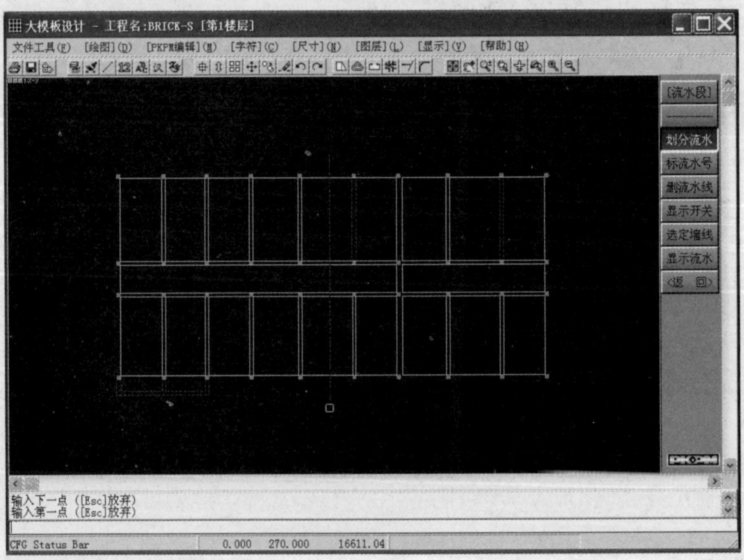

图 3.4

2. 标流水号

标识各流水段的流水号，单击【标流水号】按钮，在图中第一个流水段单击确定标出流水号Ⅰ，然后标出第二段的流水号Ⅱ，如图 3.5 所示。单击【显示开关】按钮，可以控制流水线和流水标号的显示或隐藏。

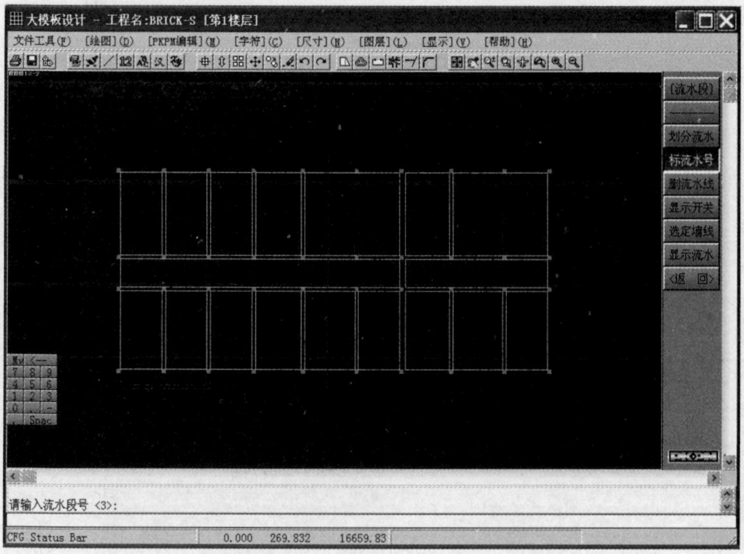

图 3.5

3. 选定墙线

单击【选定墙线】按钮，在图中用光标直接选择每个流水段所包括的墙线，将其加入到已划分的流水段中。也可以用鼠标拖曳围栏的方式框选墙线，如图 3.6 所示。单击【显示流水】按钮可以显示各流水段所包含的墙线。

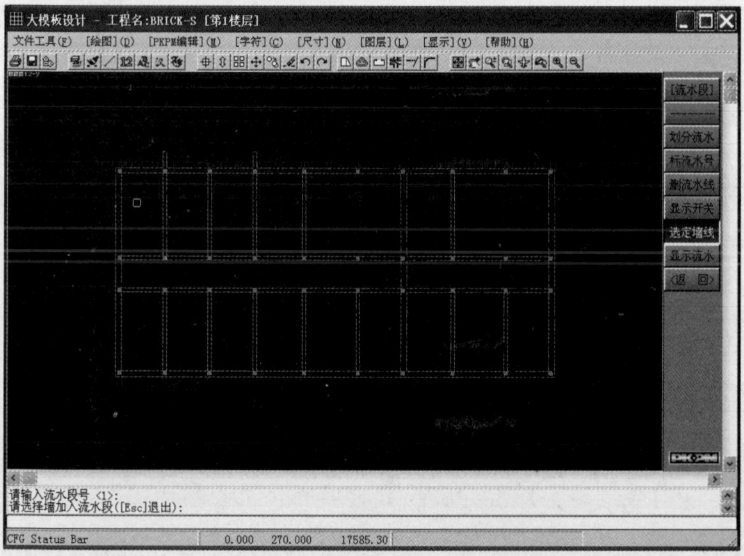

图 3.6

3.3.2.3　角模

在图 3.2 所示【大模板设计】窗口中单击【角模】按钮，此时右侧菜单显示出角模的功能选项，能用于角模的布置和标注。子菜单包括:【角模设置】、【自动布置】、【窗选布置】、【点选布置】、【对齐大模】、【删除】、【删除阳角】、【复制】、【参数编辑】、【标注】、【显示】等功能，相关的说明如下。

1. 角模设置

单击【角模设置】选项弹出【角模参数设置】对话框，如图 3.7 所示，可以选择角模类型或输入相关参数。

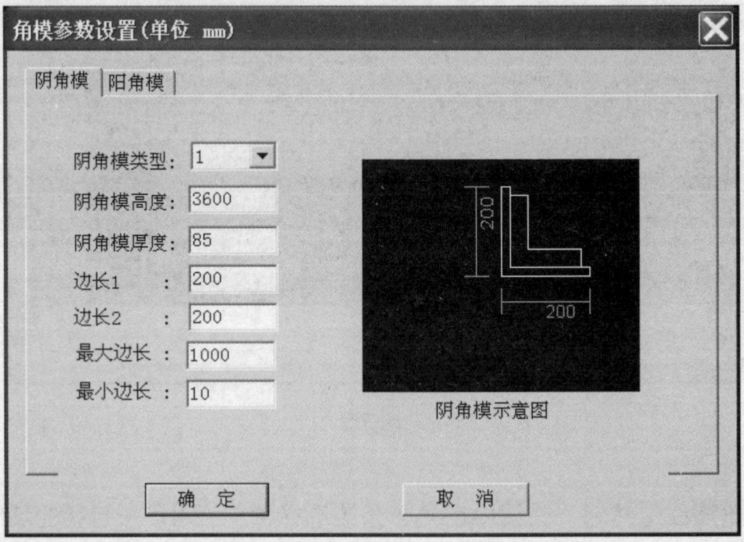

图 3.7

2. 角模布置

单击【自动布置】选项，可以根据已经设置的角模参数，自动布置所有墙角处的阴角模和阳角模，如图 3.8 所示。

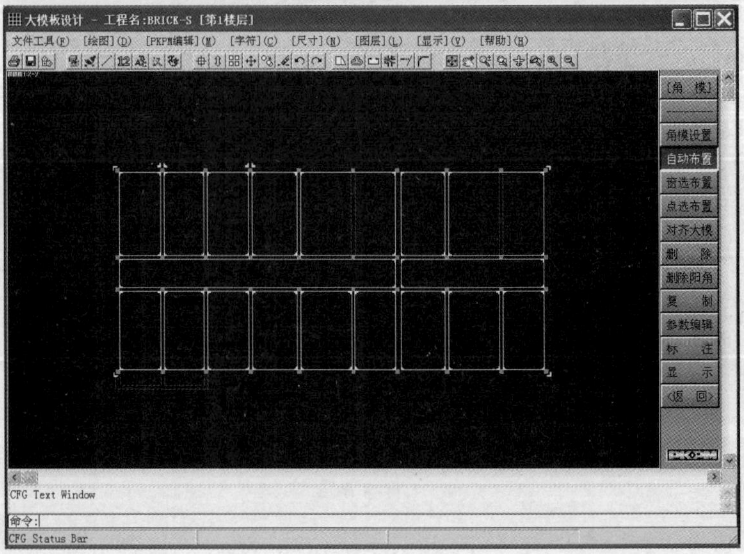

图 3.8

也可以单击【窗选布置】选项，将鼠标拖选图框内的所有墙角处，都布置阴角模和阳角模，或用【点选布置】选项，在某一选定的墙角布置角模。

在先布置大模板后布置角模时，单击【对齐大模】选项，用光标选择角模所在的墙角，可以将角模的两边与对应的大模板对齐。

3. 角模删除

单击【删除】选项，可以用光标或窗口选择角模将其删除。也可以单击【删除阳角】选项，自动删除已经布置的全部阳角模。

4. 复制

单击【复制】选项，将选定的某个角模复制到其它的同类墙角处。

5. 参数编辑

布置好角模后，单击【参数编辑】选项，选择某个角模单击，弹出【角模编辑】对话框如图 3.9 所示，可以进行参数查阅或修改。

6. 标注

单击【标注】选项，右侧转为标注菜单，包括【标注设置】、【自动标注】、【标注放大】、【标注缩小】四个选项。单击【标注设置】选项，弹出【角模标识符】对话框，如图 3.10 所示，可以修改角模标识符或选择标注方式。

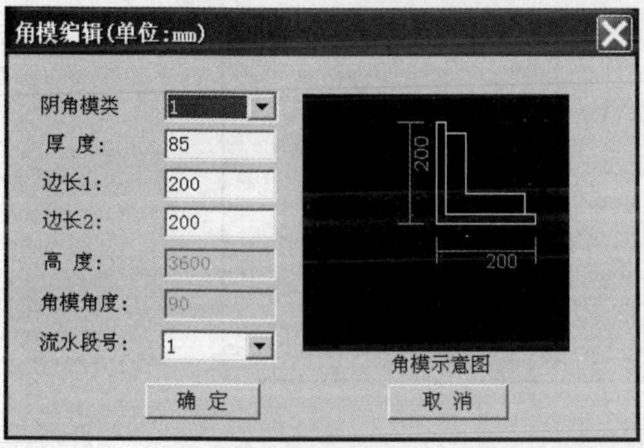

图 3.9

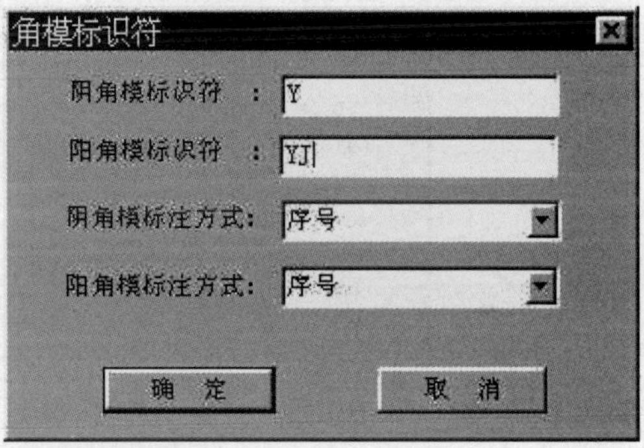

图 3.10

单击【自动标注】选项，会对已布置好的角模进行分类标注；利用【标注放大】或【标注缩小】选项，可以使所有的角模标注字符自动放大或缩小　倍。

7. 显示

单击【显示】选项，右侧转为显示菜单，包括【流水号】、【流水墙】、【阴角模】、【阳角模】、【角模标注】五个选项，可以进行流水标号、各流水段的墙线、所有阴角模的虚显、所有阳角模的虚显及角模标注的显示。

3.3.2.4　大模板

在图 3.2 所示【大模板设计】窗口右侧菜单中单击【大模板】按钮，此时右侧菜单显示出大模板的功能选项，能用于大模板的布置和标注。子菜单包括【定义外墙】、【定义内墙】、【布置】、【参数】、【标注】、【附件】及【显示】等功能，相关的说明如下。

1. 定义外墙或内墙

单击【定义外墙】或【定义内墙】选项，再用光标点取或窗口选择要定义的墙线，将选定的墙线设置为外墙（图形显示为蓝色）或内墙（图形显示为黄色）。内外墙的设定主要是考虑内墙和外墙模板高度不一致时的情况，一般程序会自动搜索模板墙线的外墙体。

2. 布置

单击【布置】选项，右侧转为“布置”菜单，菜单包括【大模板库】、【配板参数】、【自动布置】、【窗选布置】、【点选布置】、【复制】、【删除】、【合并】、【拉伸】、【尺寸检查】、【保存文件】等11个选项，对其说明如下。

（1）大模板库。单击【大模板库】按钮，弹出【定型大模板库】对话框，其中有三个可选模块：“系统定型模板库”、“当前工程定型模板库”和“当前已用大模板”，选“系统定型模板库”的对话框如图3.11所示。它表示系统所拥有的全部定型大模板。

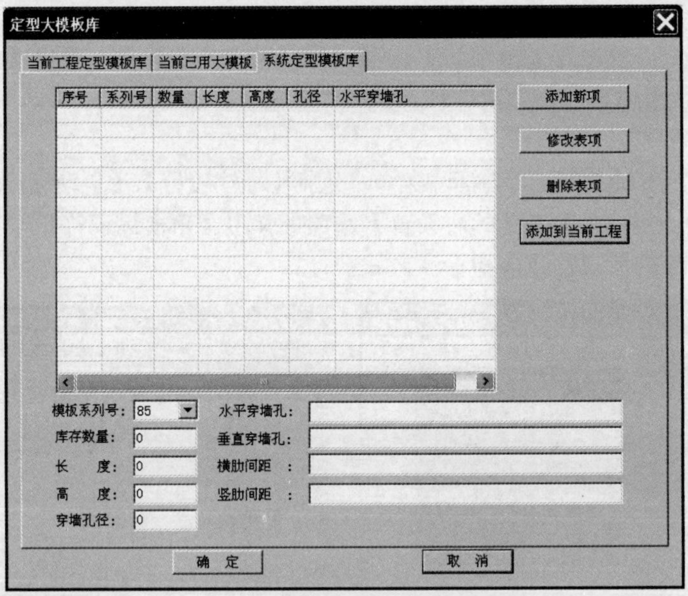

图 3.11

在图 3.11 所示对话框中，有“75”、“ 85”、“86”、“90”四种模板系列号可供选择，并可将其库存数量、长度、高度、穿墙孔径、水平及垂直穿墙孔、横竖肋间距等输入后，单击【添加新项】按钮后，添加到“系统定型模板库”中。单击【添加到当前工程】按钮，也可以将“系统定型模板库”的模板型号添加到“当前工程定型模板库”。单击【修改表项】按钮或【删除表项】按钮就可以对列表中选定的定型大模板进行修改或删除。也可以将“当前已用大模板”对话框中选定的大模板添加到系统库当中，以便以后使用。当使用【自动布置】后，再单击【大模板库】→【当前已用大模板】，窗口将列出当前工程所使用的所有模板情况。

（2）配板参数。单击【配板参数】按钮，弹出【大模板配板设置】对话框，如图 3.12 所示，可以对大模板设计的默认参数进行设置。下面将对话框中的一些参数说明如下。

1）配板尺寸区块。

a. 内外板底部高差。为使外墙大模板下面与外墙面贴紧以防止漏浆，一般应比内墙大模板下端多出 0～150mm 的长度。

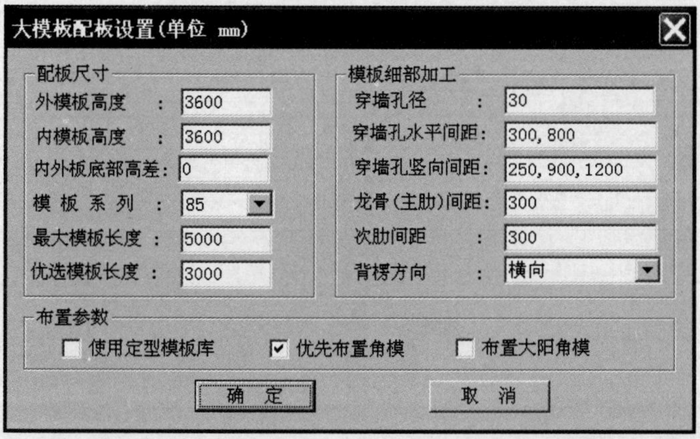

图 3.12

b. 优选模板长度。在选择自动配板时优先考虑使用的长度模板。

2）模板细部加工区块。对于穿墙孔水平间距，自动配板时大模板的穿墙孔水平距离是对称布置的，每个大模板上有多个穿墙孔，其水平间距参数之间用“,”分隔。从大模板的背视图上看，其中第一个参数为第一排穿墙孔与左端间距，第二个参数开始表示为以后的穿墙孔之间的水平间隔距离。

3）布置参数区块。

a. 使用定型模板库。自动配板时大模板优先考虑定型模板库内的已有大模板。

b. 优先布置角模。选定此项则会先布置角模，再通过边上两角模的位置来确定大模板的尺寸，然后才进行大模板的布置；这种布置的角模规格少，但会产生一些异型大模板。反之，则会根据墙体的长度优先布置大模板，然后墙角处用角模对齐，但这样会产生非标准角模。

c. 布置大阳角模。选定此项则将用大阳角设置阳角模板，使内外板大小一致。

（3）大模板布置。单击【自动布置】按钮，可以根据已经设置的大模板配板设置参数，自动布置所有直线墙的大模板，包括丁字墙和墙垛，同时删除以前布置的大模板，但角模保留，如图 3.13 所示。

也可以单击【窗选布置】按钮，将鼠标拖选图框窗口内的所有直线墙，都布置好大模板和角模。或单击【点选布置】按钮，在某一选定的墙线上布置大模板。

（4）复制和删除。单击【复制】按钮，用光标选择墙线上要复制的大模板，也可以选择多块同一墙线上的大模板后，按 Esc 键，选择与源墙线等长的要安装的墙线，左击确定。

对于布置完的大模板，可以单击【删除】按钮，即可将用光标或窗口选定的大模板删除。

（5）合并和拉伸。单击【合并】按钮，用光标选定同一线上的几块大模板，右击确定后，会将其合并为一块。

也可以单击【拉伸】按钮，弹出如图 3.14 所示【大模板拉伸】对话框，输入参数确定后将某一大模板向左或向右拉长（或缩短）一定的距离。

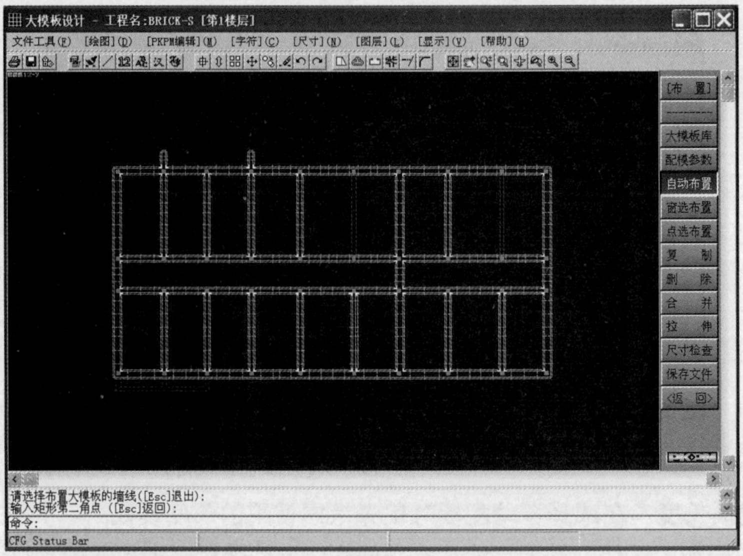

图 3.13

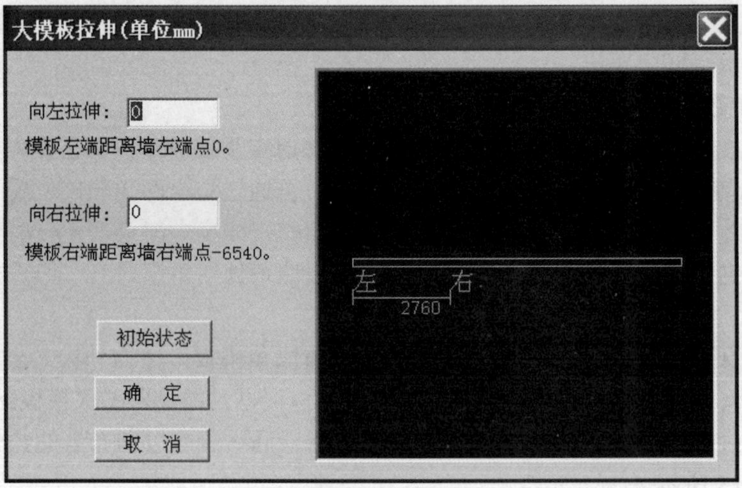

图 3.14

（6）尺寸检查。单击【尺寸检查】按钮，会在图中显示检查出来的大模板与大模板、大模板与角模之间的关系是否正确，有搭接或间隙错误的将显示“×”或间隙的数值。

3. 参数

大模板布置完后，返回上层“大模板”菜单，单击【参数】选项，右侧转为“参数”菜单，菜单包括【穿墙孔】、【单板编辑】、【多板编辑】、【参数复制】四个选项，下面对其作进一步说明。

（1）穿墙孔。单击【穿墙孔】按钮，再用光标选择需要设定穿墙孔的一块大模板，弹出【设置模板穿墙孔】对话框，如图 3.15 所示，输入穿墙孔相关参数，则可调整大模板穿墙孔水平间距，同时修改对面模板的穿墙孔水平间距以保证对齐。

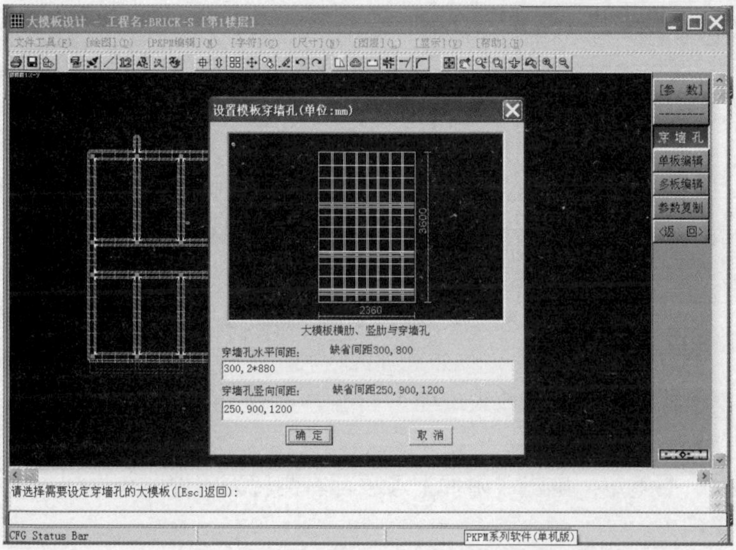

图 3.15

（2）单板或多板编辑。单击【单板编辑】按钮，选择需要修改参数的某块大模板，则弹出【大模板背视图参数】对话框，如图 3.16 所示，输入相关参数后确定，则可以调整选定的该块大模板的各种参数。

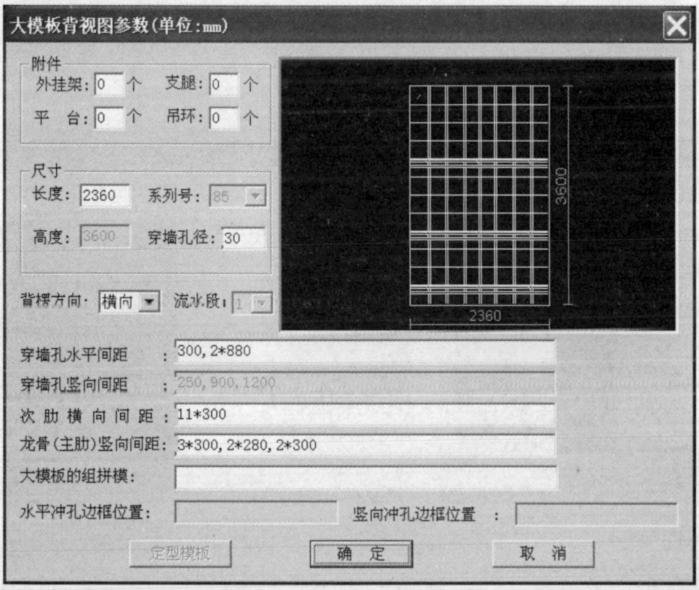

图 3.16

单击【多板编辑】按钮，用光标选择相同类型大模板（长度、高度及穿墙孔间距都相同）中的一块进行编辑，则其它同类模板的参数也被修改。

（3）参数复制。单击【参数复制】按钮，用光标选择大模板，再用光标选择尺寸相同的目标大模板，则将源大模板的各种参数复制到长度与高度相同的另外大模板上。

图 3.17

4. 标注

大模板布置完后，返回上层“大模板”菜单，单击【标注】选项，右侧转为标注菜单，包括【标注设置】、【自动标注】、【标注放大】、【标注缩小】四个选项。单击【标注设置】按钮，弹出【大模板标注参数】对话框，如图 3.17 所示，可以修改内外大模板标识符或选择标注方式。

单击【自动标注】按钮，会对已布置好的大模板进行分类标注；利用【标注放大】或【标注缩小】功能可以使所有的大模板标注字符自动放大或缩小一倍。

5. 附件

在“大模板”菜单中，单击【附件】选项，右侧转为附件菜单，由支腿、平台和外挂架三个部分组成。

（1）支腿部分。单击【支腿设置】按钮，弹出【支腿设置】对话框，如图 3.18 所示，可以对支腿的长度、顶部或底部高度、支腿及支座位置、角度和标注等参数进行设置。

单击【支腿布置】按钮，用光标或窗口选择需要布置支腿的大模板，将对大模板的支脚进行布置。单击 【支腿删除】按钮，可以用光标或窗口选择需要删除支腿的大模板将其删除；单击【支腿显示】按钮，将显示或隐藏大模板的支腿。

（2）平台部分。单击【平台设置】按钮，弹出【平台设置】对话框，如图 3.19 所示，可以对平台的长度、宽度、厚度、支架高度及数量、栏杆高度及间距、标注等参数进行设置。

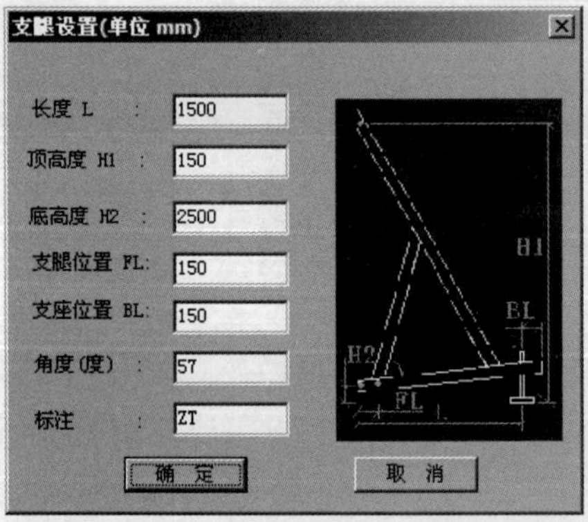

图 3.18

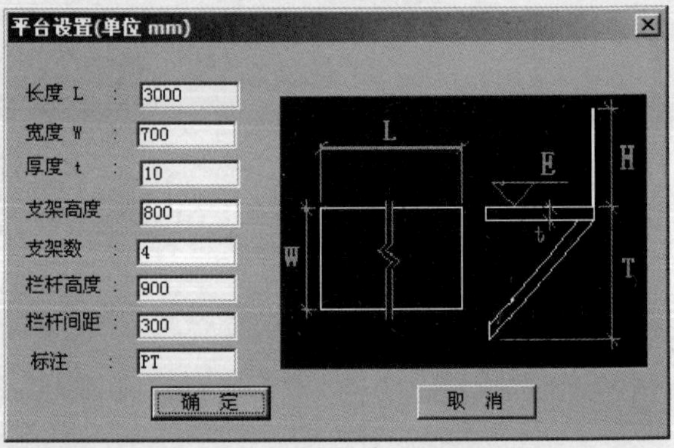

图 3.19

（3）外挂架部分。单击【外挂架布置】按钮，用光标或窗口选择需要布置外挂架的大模板，将对大模板的外挂架进行布置。单击 【外挂架删除】按钮，再用光标或窗口选择需要删除外挂架的大模板，将外挂架删除；单击【外挂架显示】按钮，将显示或隐藏大模板的外挂架。

6. 显示

在“大模板”功能菜单中，单击【显示】选项，右侧转为“显示”菜单，选择对应的功能选项，可以显示流水标号、各流水段的墙线、大模板标注、支腿、平台、外挂架等，还可以虚显所有的内外墙大模板、库模板和新模板。

3.3.2.5　圆弧模板

在图 3.2 所示的【大模板设计】窗口右侧菜单中单击【圆弧模板】按钮，此时右侧菜单显示出“圆弧模板”的功能选项，能用于圆弧模板的布置和标注，子菜单包括【点选布置】、【删除】、【复制】、【参数编辑】、【标注】、【标注放大】、【标注缩小】和【保存文件】等功能，相关说明如下。

1. 点选布置

单击【点选布置】选项，用光标选择模板所在的圆弧墙线，弹出【圆弧模板参数】对话框，如图 3.20 所示，输入所选单件圆弧模板的参数，将其布置在选择的圆弧墙线上。注意：在选择圆弧墙线时，如果光标点靠近圆弧墙的起点，则圆弧模板插入靠近圆弧墙起点处，终点反之。如果有角模或其它圆弧模板，则插入时会自动让出角模或圆弧模板的位置后再顺序布置。

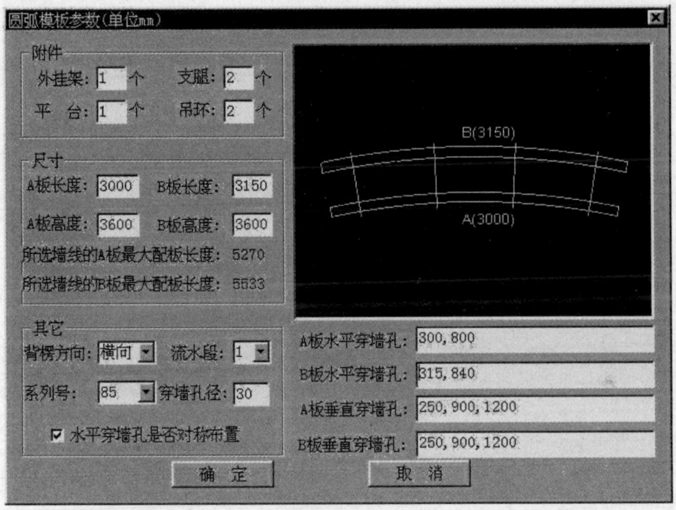

图 3.20

2. 复制和删除

单击【复制】选项，用光标选择圆弧模板，然后选择同类弧墙圆弧模板的插入位置后单击，则将圆弧模板复制到新的位置。

单击【删除】选项，再用光标选择要删除的圆弧模板将其删除。

3. 参数编辑

单击【参数编辑】选项，用光标选择圆弧模板，在弹出的圆弧模板参数对话框中，输入需要修改的圆弧模板参数。

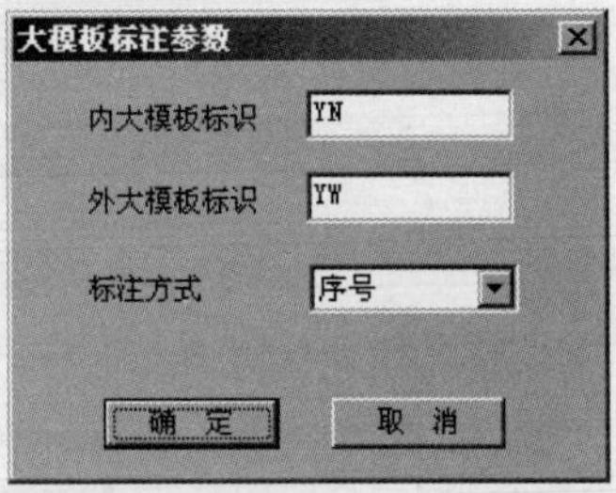

图 3.21

4. 标注

单击【标注】选项，弹出【大模板标注参数】对话框，如图 3.21 所示，输入参数确定后自动对所有的圆弧模板进行分类标注。

利用【标注放大】或【标注缩小】选项，可以使所有的圆弧模板标注字符自动放大或缩小一倍。

3.3.2.6 模板检查

在图 3.2 所示的【大模板设计】窗口右侧菜单中单击【模板检查】按钮，会检查所有模板之间是否有重叠的情况，有模板碰撞时会在图中标“×”号进行显示，没有模板碰撞则在命令行上方显示“没有出现模板碰撞的情况”。同时会在图示中检查所有墙体没有布置模板部分的剩余长度。

3.3.2.7 计算

在图 3.2 所示的【大模板设计】窗口右侧菜单中单击【计算】按钮，此时右侧菜单转为“计算”功能选项，能够完成大模板的有关计算。子菜单包括【计算参数】、【单板计算】、【多板计算】、【定型板】、【单板编辑】、【多板编辑】及【保存文件】等功能，相关的说明如下。

1. 计算参数

单击【计算参数】按钮，弹出“计算参数设定”对话框，如图 3.22 所示，可以输入大模板计算所需要的几何和力学参数。

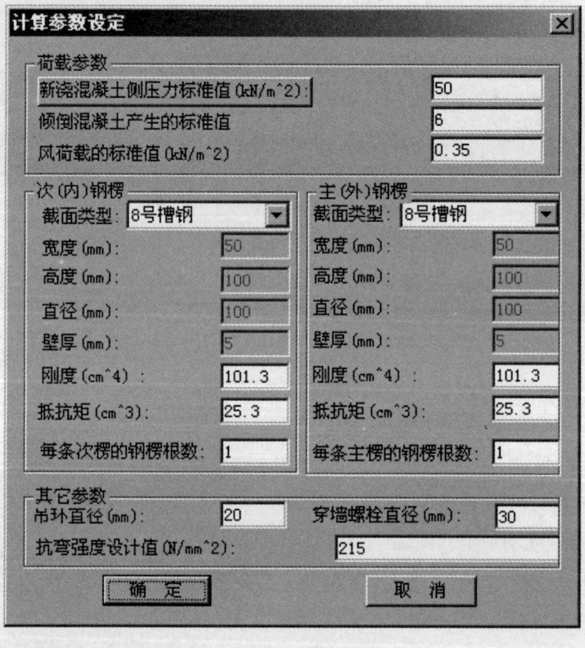

图 3.22

2. 单板和多板计算

单击【单板计算】按钮，弹出【模板计算书】窗口，生成相应的计算书。大模板的有关计算包括板面的强度与挠度、与板面直接焊接的纵横肋的强度与刚度计算、穿墙螺栓的强度、吊装大模板的吊环强度、大模板自稳角的计算等。如图 3.23 所示为一块大模板计算书，在此窗口中可以对形成的计算书进行保存、编辑和打印等操作。

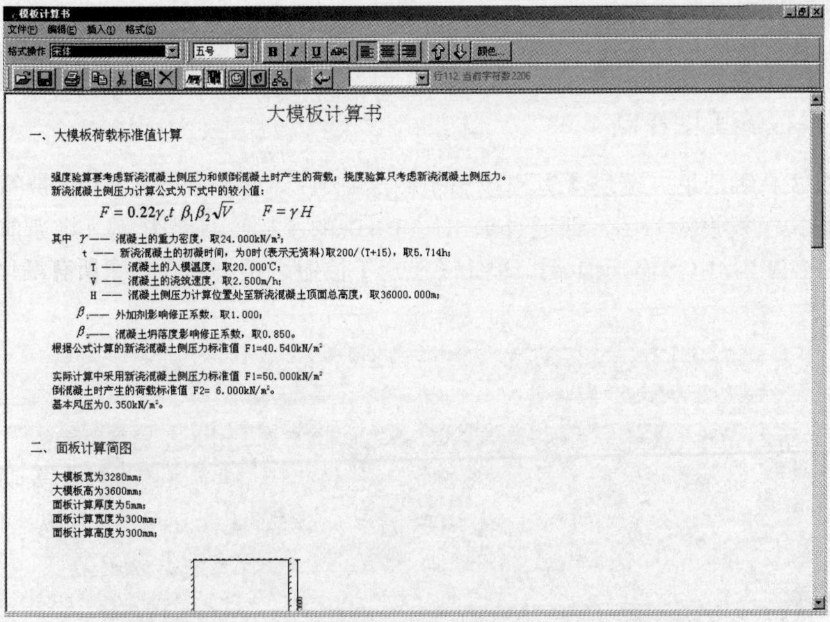

图 3.23

也可以单击【多板计算】按钮，将计算选择的所有大模板，不合格的大模板标“O”号显示。

3. 定型板计算

单击【定型板】按钮，弹出【大模板背视图参数】对话框，如图 3.24 所示，可以输入计算所需要的有关参数，确定后用来计算一块大模板的各种数据，也可以在定型库选择定型大模板，并生成相应的计算书。

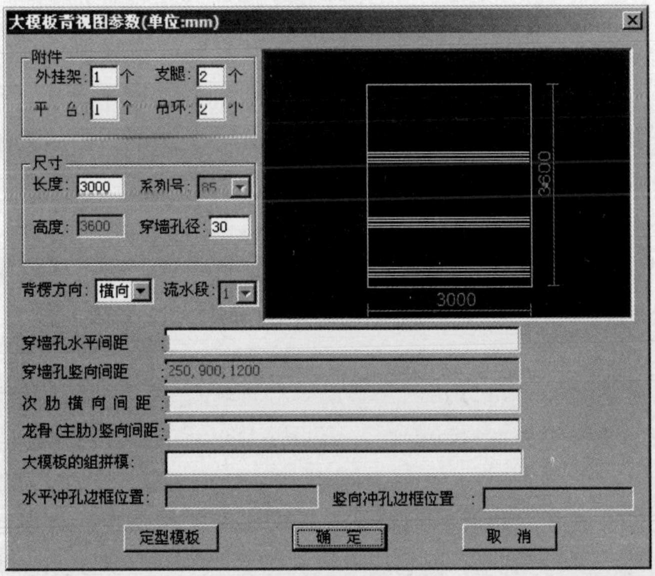

图 3.24

4. 单板和多板编辑

单板和多板编辑部分参见大模板部分的单板或多板编辑内容。

3.3.3 大模板施工图绘制

选择图 3.1 所示第三模块“大模板施工图绘制”，本部分以 PKPM 自带的大模板例子为例进行大模板设计介绍，即通过单击图 3.1 中的【改变目录】项，将当前工作目录设置为 C:\PKPM\MBGC\例题 1 后，单击【应用】按钮，弹出【模板图】窗口，如图 3.25 所示。

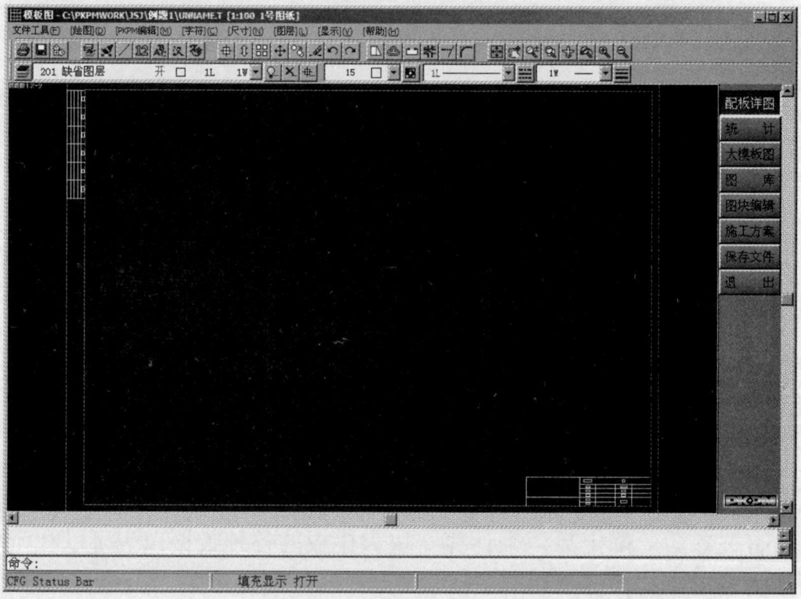

图 3.25

3.3.3.1 配板详图

在图 3.25 所示窗口中单击【配板详图】按钮，此时右侧菜单转为“配板详图”功能选项，子菜单包括【插入楼层】、【轴线标注】、【模板标注】、【节点大样】、【方案说明】、【显示开关】及【保存文件】等功能，能完成大模板配板图的设置，相关的说明如下。

1. 插入楼层

单击【插入楼层】按钮，弹出选择当前楼层对话框窗口，单击确定将第 1 楼层（或某个楼层）已经配好的大模板配板图和标注插入图形，如图 3.26 所示。

2. 轴线和模板标注

单击【轴线标注】按钮，可以对插入楼层进行轴线标注。单击【模板标注】按钮可以对大模板、圆弧板和角模等进行自动标注、标注放大或缩小。具体操作同前。

3. 节点大样

单击【节点大样】按钮，用光标选择大模板配板图的墙交点；如果选择节点不合适，会弹出【选择节点大样图】对话框，提示用户选择节点大样图的形式和插入角度，如图 3.27 所示。

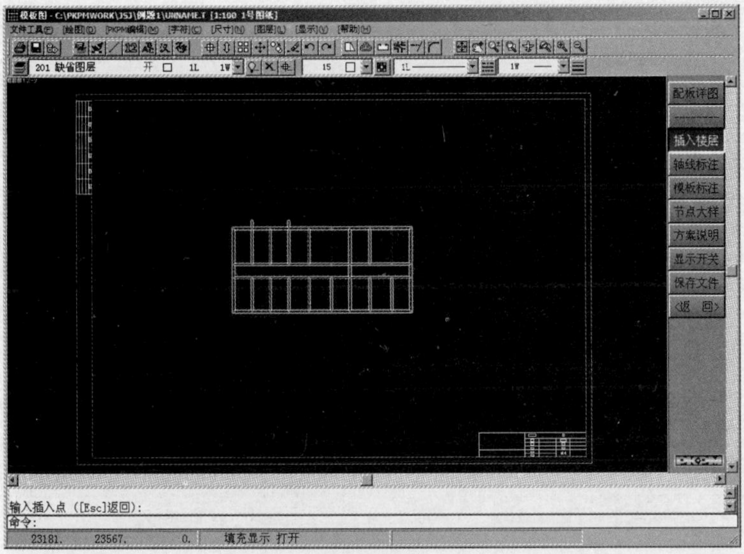

图 3.26

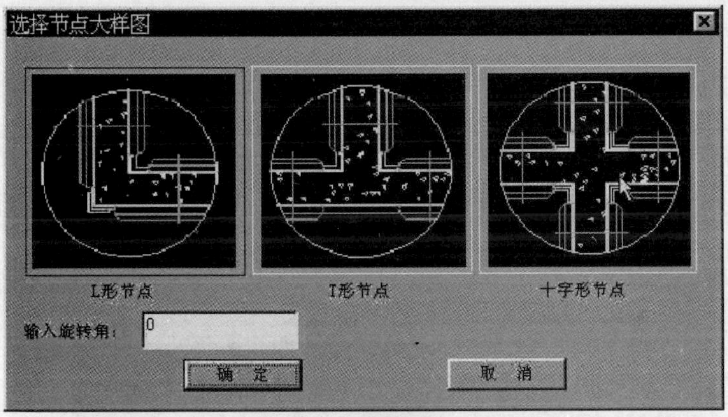

图 3.27

4. 方案说明

单击【方案说明】按钮，弹出【方案说明】对话框，可以对其进行编辑，确定后移动光标至选定位置，单击后在图中插入有关模板配板施工方案说明的文字。

5. 显示开关

单击【显示开关】按钮，右侧菜单转为“显示”菜单。包括的子项有【轴线】、【流水线】、【大模标注】、【圆弧标注】、【角模标注】、【支腿】、【平台】和【外挂架】等，单击后，可以完成相应的显示功能。

3.3.3.2　统计

在图 3.25 所示窗口中单击【统计】按钮，弹出【模板用量统计表】对话框，如图 3.28 所示，按大模板、圆弧模板及角模分类进行统计，可以将统计内容进行打印、以 EXCEL 表形式输出、将模板统计表插入到 CFG 图形平台的图形文件等操作，也可以清空输出项后重新确定输出项目及顺序。

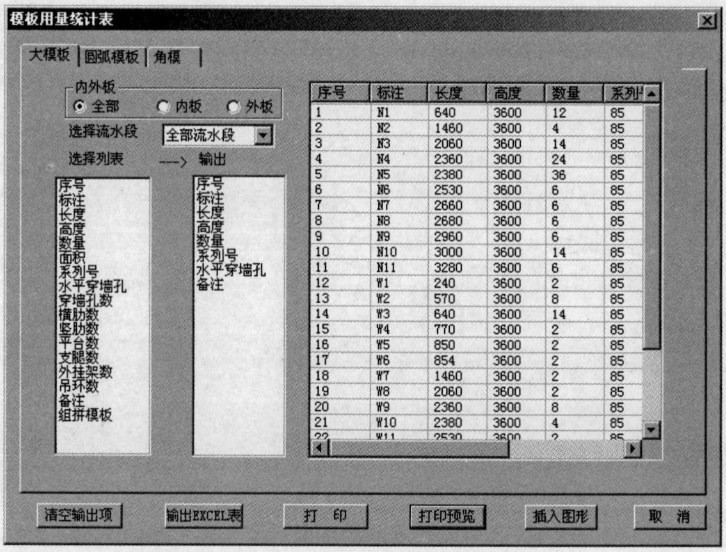

图 3.28

3.3.3.3 大模板图

在图 3.25 所示窗口中单击【大模板图】按钮，右侧菜单转为“大模板图”子菜单，包括【大模板图】、【技术说明】及【标注文字】三个选项。

1. 大模板图

单击【大模板图】按钮，弹出【大模板背视图参数】对话框，如图 3.29 所示，输入相关参数确定后，在图中插入大模板单件图，包括背视图和两个侧面剖视图。

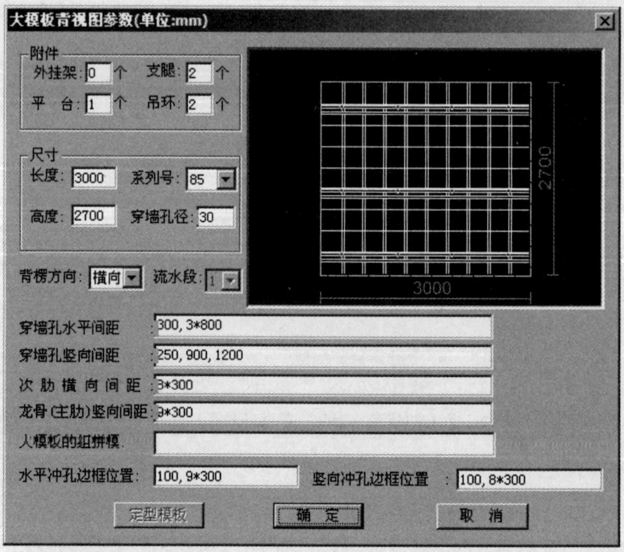

图 3.29

2. 技术说明

单击【技术说明】按钮，弹出【方案说明】对话框，可以对其进行编辑，确定后移动光标至选定位置，单击后在图形文件中插入大模板技术要求的说明文字。

3. 标注文字

单击【**标注文字**】按钮，弹出【模板文字标注】对话框，选择标注文，再用光标点取大模板的背视图标注位置，移动光标点取标注文字的位置。

3.3.3.4　图库

在图 3.25 所示窗口中单击【图库】按钮，弹出【图库管理】对话框，如图 3.30 所示，图库目录中包括内外墙剖面图、节点大样图、门窗模板图、附件加工图、模板安装图等，可以方便地实现图块的插入、删除、查看图块属性、制作新块及文件入库等各种操作，下面对图库管理的具体功能操作进行介绍。

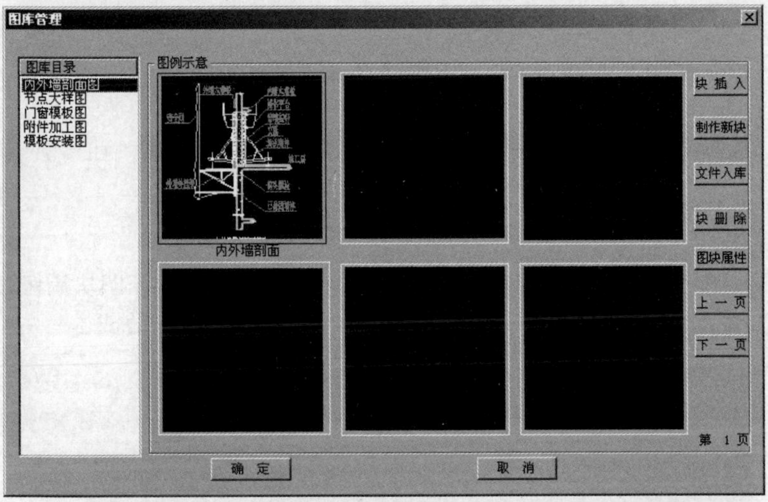

图 3.30

1. 块插入

单击其中一个库块后，再单击【块插入】按钮，会弹出【插入图块的参数设置】对话框，如图 3.31 所示，输入库块的相关参数后，单击【执行插入】按钮，通过鼠标拖曳可以将它插在图形中的某一选定位置。

2. 制作新块

单击【制作新块】按钮，弹出【制作新块】对话框，输入新制作图块名称后，进入 CFG 平台，再用光标从图形中选取要存入图库的图素，被选到的图素直接进入图库。

3. 文件入库

单击【文件入库】按钮，弹出【打开】文件选择对话框，可以从其中选择某一“.T”文件将其存入图库当中。

4. 块删除

单击【块删除】按钮，用光标选择要删除的某一库块，将其从图库中删除。

5. 图块属性

单击【图块属性】按钮，弹出【插入图块的参数设置】对话框，如图 3.31 所示，可以查得图块的基本属性，但此时的【执行插入】按钮不可选。

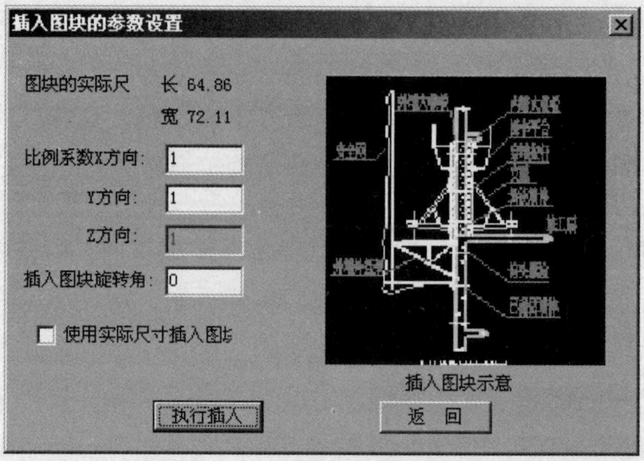

图 3.31

3.3.3.5 图块编辑

在图 3.25 所示窗口中单击【图块编辑】按钮，右侧菜单转为“图块”子菜单，包括【拉伸图块】、【图块炸开】、【改块尺寸】及【改块角度】四个选项。

1. 拉伸图块

单击【拉伸图块】按钮，用光标点取需要进行编辑的图块，在图块周围出现九个小方格，如图 3.32 所示，用光标点取其中方格的内点，可以对图块缩放或旋转方向。

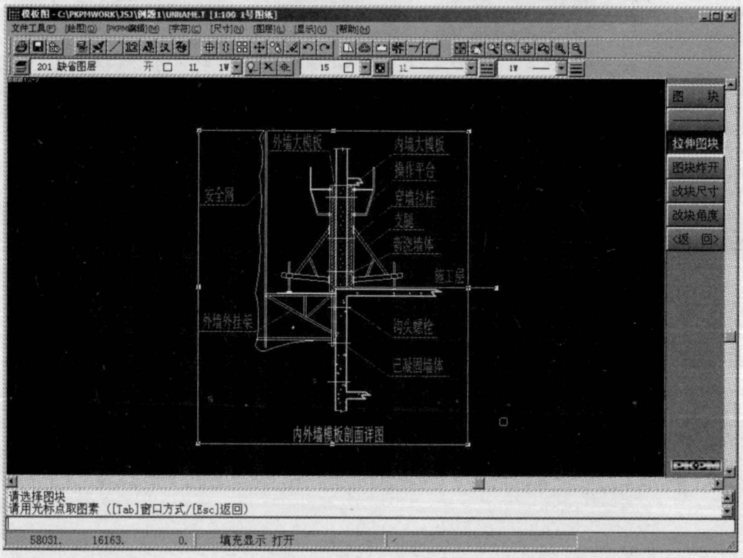

图 3.32

2. 图块炸开

单击【图块炸开】按钮，点取要炸开的图块，将被炸开的图块转换为基本图素。

3. 改块尺寸

单击【改块尺寸】按钮，点取要修改尺寸的图块，弹出对话框如图 3.33 所示，要求输入图块修改后的 *X*、*Y* 方向尺寸，图块会自动更新。

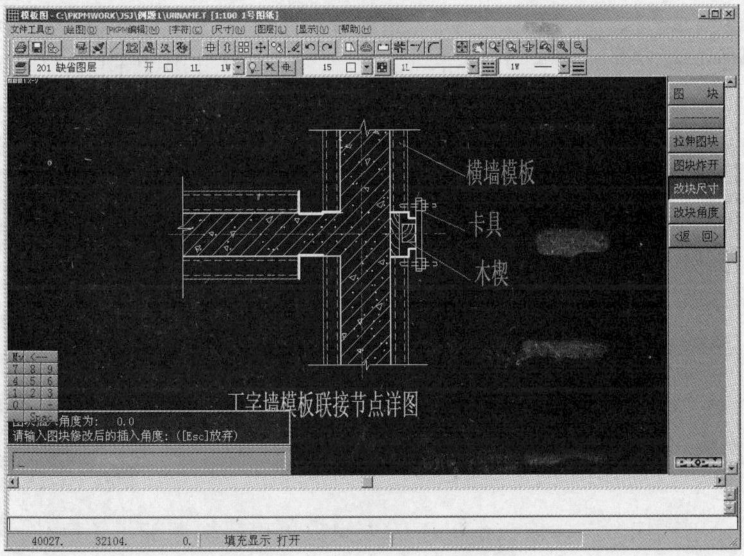

图 3.33

4. 改块角度

单击【改块角度】按钮，点取要修改尺寸的图块，弹出对话框，要求输入图块修改后的插入角度，图块会自动更新。

3.3.4　组合模板设计

选择图 3.1 所示窗口中第四模块组合模板设计，本部分以 PKPM 自带的大模板例子为例进行大模板设计介绍。即通过单击图 3.1 中的【改变目录】按钮，将当前工作目录设置为 C:\PKPM\MBGC\例题 1 后，单击【应用】按钮，弹出【模板设计】窗口，如图 3.34 所示。

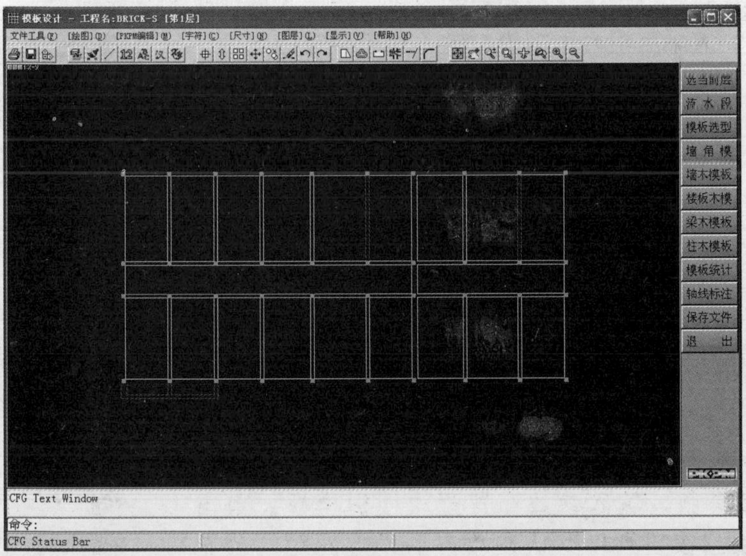

图 3.34

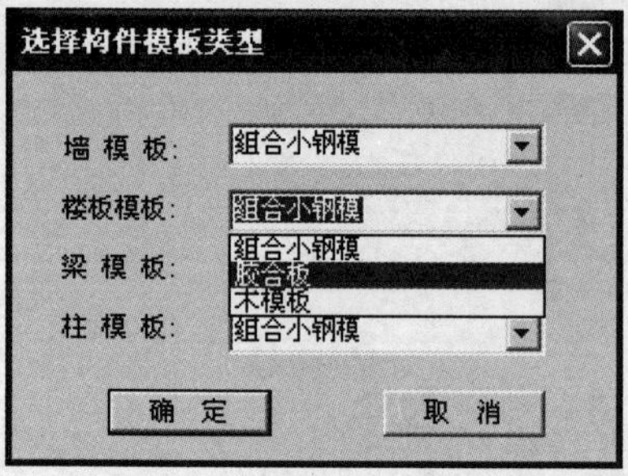

图 3.35

此部分选项基本上可以参照 3.3.2 中的类似选项进行操作。下面仅对其中的不同部分予以说明。

1. 模板选型

单击【模板选型】按钮，弹出【选择构件模板类型】对话框，如图 3.35 所示，可以根据设计要求对墙、楼板、梁及柱模板进行选择。据此对话框选择不同的类型确定后，则右侧的菜单所对应的墙、楼板、梁、柱的功能名称不同，例如，在墙模板的类型选择中，选“组合小钢模”，则其右侧菜单的功能选项对应【墙小钢模】，若选择“胶合板”，则其右侧菜单的功能选项对应【墙胶合板】等，默认“木模板”则为墙木模板。

2. 墙模板

“墙模板”选项模块较大，模板部分中的大模板菜单模块增加了【自动配模】、【配模编辑】两个功能选项。

（1）自动配模。在墙模板自动布置操作后，单击【自动配模】按钮，系统将自动用《组合钢模板技术规范》中规定的小钢模板，以大块规格错缝排列拼接成整块模板，如 P3015 配板，对于不满足 50mm 模数的剩余部分，将用拼木块搭接以保证整块模板是满配的。

（2）配模编辑。如果不希望小钢模自动配模，则可单击【配模编辑】按钮，弹出【手工配模参数】对话框，如图 3.36 所示，在对话框内输入相关参数，小钢模能动态插入到整块模板当中。当拼模材料选择拼木块时，对应的模板组合编辑框可以用木块的“长度×宽度”表示，如“30*500”等；也可以在此对话框中点击【自动布置】按钮，其效果同上面的【自动配模】功能。

（3）支撑计算。单击【支撑计算】按钮，弹出【墙模板参数】对话框，若采用组合小钢模，输入相应参数确定后，则生成组合小钢模墙模板计算书如图 3.37 所示，该计算书是按照《组合钢模板技术规范》来计算墙组合钢模板，包括墙模板荷载标准值、墙模板面板、墙模板内外楞、穿墙螺栓等内容的计算。

3. 楼板模板

单击【楼板模板】按钮，进入【楼板模板】子菜单，通过参数输入布置整块的楼板模板。按照《组合钢板技术规范》的要求给出了楼板模板的组合钢模板配板。

（1）布置。单击【布置】按钮，弹出【楼板模板的参数设置】对话框，如图 3.38 所示，图中尺寸表示整块模板的背部支撑参数，输入参数布置整块楼板模板。单击【自动设置间距】按钮则以默认参数自动设置间距的分布情况。

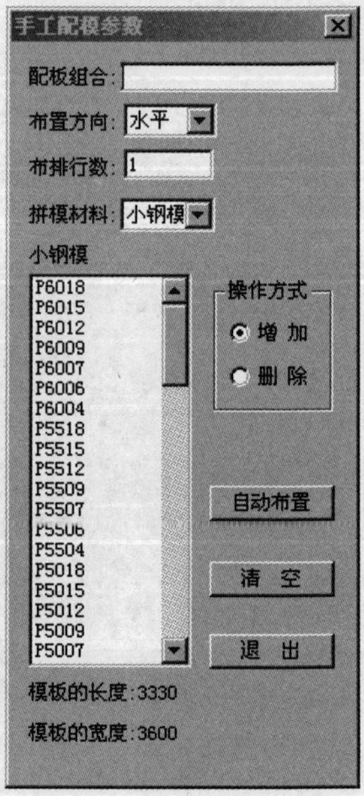

图 3.36

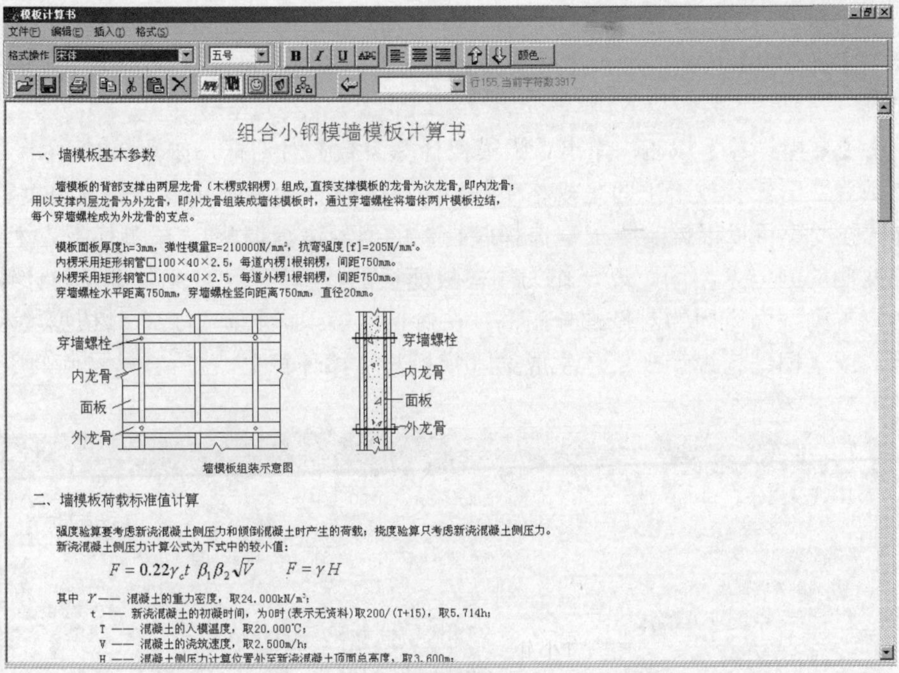

图 3.37

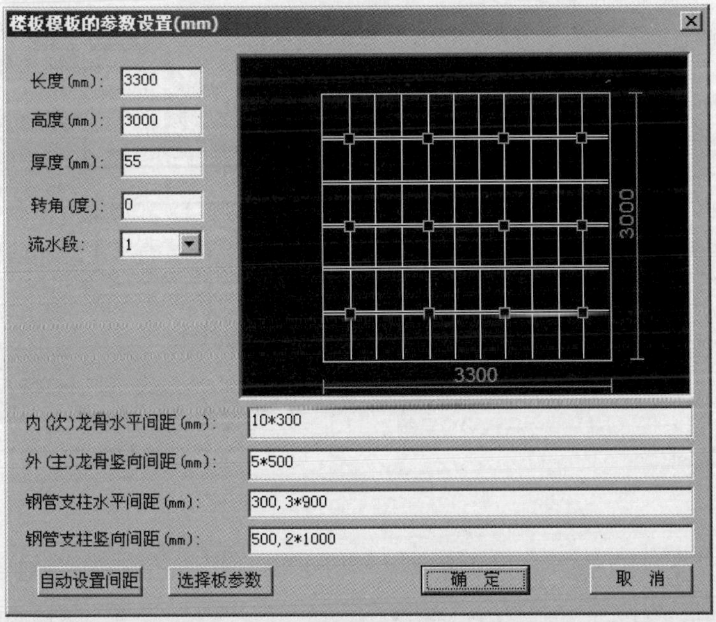

图 3.38

（2）支撑计算。支撑计算分为钢管支撑和门架支撑计算两部分，单击【钢管支撑】或【门架支撑】按钮，在弹出的【楼板模板高支撑架的计算】对话框或【楼板模板支架门架计算参数】对话框输入有关参数后，可进行相关支撑的计算。

4. 梁模板

单击【梁模板】按钮，进入【梁模板】子菜单，通过自动配板、配板编辑等对梁模板进行布置。

单击【梁模计算】按钮，弹出【梁模板计算参数】对话框，如图 3.39 所示，其中的一些参数为：面板参数给出的是规格 1830×915×18 胶合板截面参数，其厚度、弹性模量、抗弯强度等可以根据实际工程选择胶合板的型号进行调整。“梁侧模板方木的间距”是指梁两侧的立方木挡的距离，作为侧模板面板的计算跨度；“穿梁螺栓的计算跨度”是指垂直于梁截面方向的对拉螺栓距离；在对话框输入参数确定后，将依据《木结构设计规范》或《钢结构设计规范》生成梁木模板与支撑计算书。

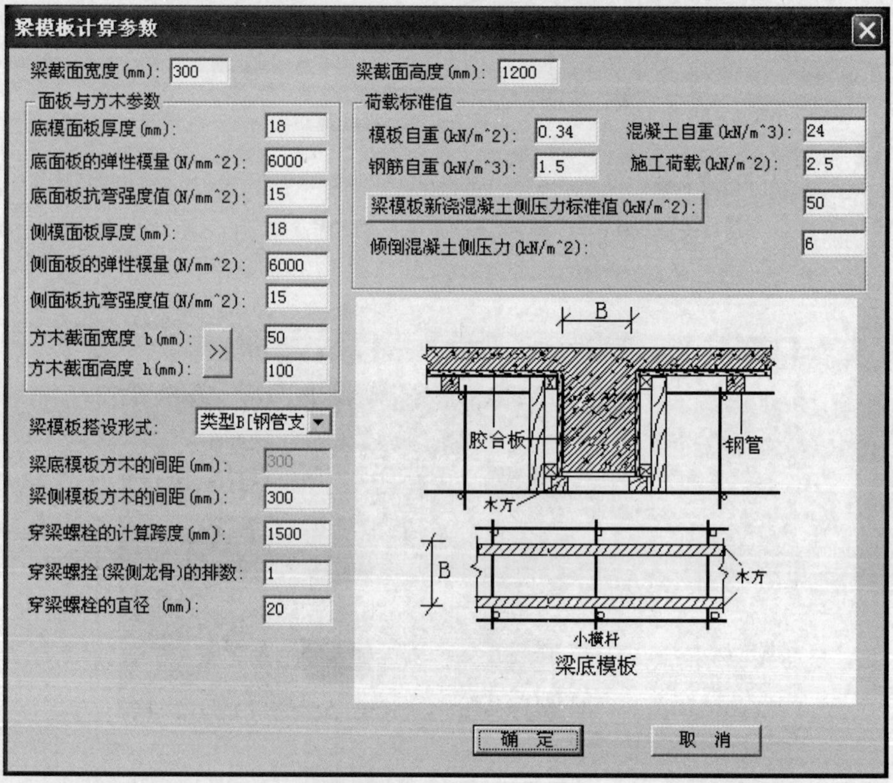

图 3.39

5. 柱模板

单击【柱模板】按钮，进入【柱模板】子菜单，通过自动配板、配板编辑等对柱模板进行布置。

单击【柱模计算】按钮，弹出【柱模板计算参数】对话框，如图 3.40 所示，其中如果选择钢管作为柱箍，可能需要两根 $\phi48\times3.5$ 夹对拉螺栓作为每根柱箍支撑楞根数：其它情况柱箍根据具体数量填入 1 或 2。

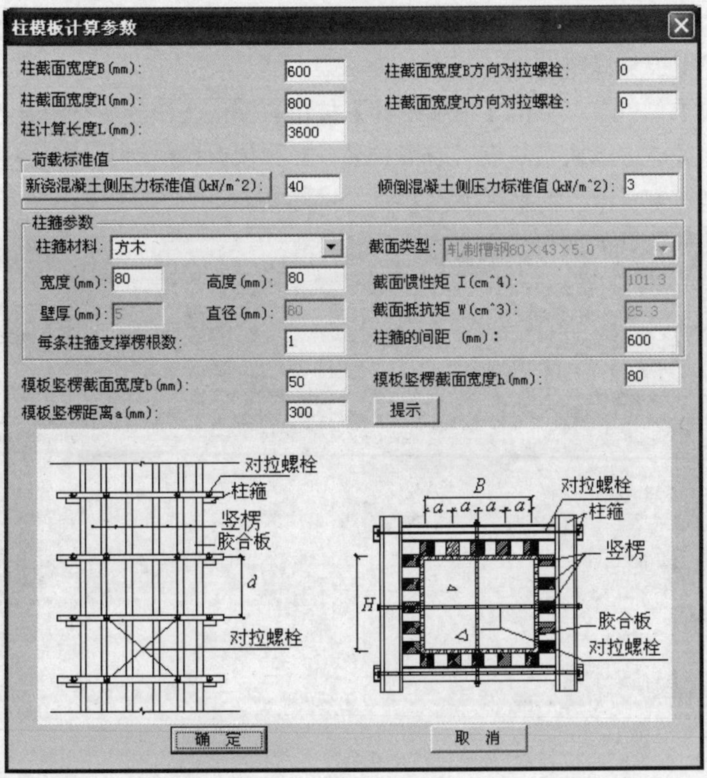

图 3.40

3.3.5　组合模板施工图绘制

选择图 3.1 所示窗口中第五模块“组合模板施工图绘制”，单击【应用】按钮，弹出模板图窗口，右侧菜单包括【配板图】、【轴线标注】、【组合钢模】、【模板统计】、【标注文件】、【显示开关】、【图库】、【图块编辑】、【存为 DWG】、【保存文件】等功能，除【组合钢模】部分外，其功能与大模板施工图绘制完全相同，下面对【组合钢模】作说明。

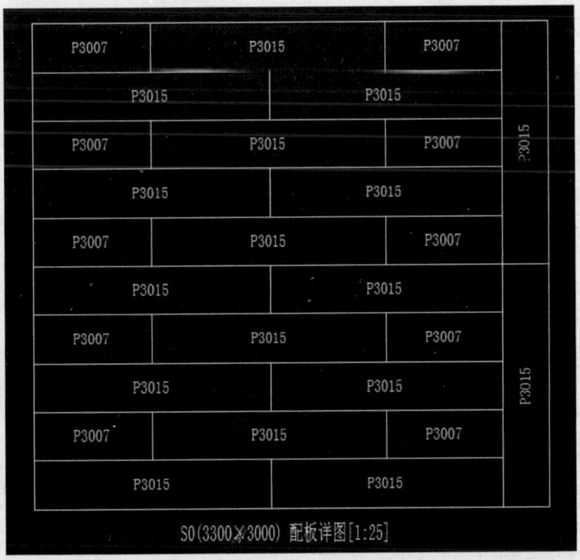

图 3.41

单击【配板图】按钮并选定位置确定后，单击【组合钢模】按钮，右侧菜单转为组合钢模子菜单，包括【配板大样】、【小钢模表】及【保存文件】等功能选项。单击【配板大样】按钮，弹出【配板详图比例】对话框，输入配板详图比例放大倍数并确定后，用光标选择模板，会动态插入选定结构的小钢模组合拼板结果，图 3.41 所示为组合楼板模板的小钢模配板大样图。

在组合钢模子菜单下，单击【模板统计】按钮，弹出【统计所有组合模板】对话框，选择流水段号确定后，统计当前楼层的墙、梁、柱和楼板模板的各种规格小钢模的全部用量，同时分别统计所有的模板总重量，如图 3.42 所示。

组合模板统计总表					
项目	楼板模板	墙模板	梁模板	柱模板	合计
总面积(m2)	10	1464	20	138	1633
总重量(kg)	380	54327	727	4040	59474
小钢模用量	P3015 17块 P3007 10块	P3015 2200块 P3009 504块 P3007 336块 P3006 384块 P3004 216块 P2015 288块 P1515 148块	P3015 12块 P3006 10块 P2015 12块 P2006 7块 P1515 16块 P1509 2块 P1506 3块 P1015 16块 P1009 2块 P1006 2块	P2015 320块 P2006 160块	P3015 2229块 P3009 504块 P3007 346块 P3006 394块 P3004 216块 P2015 620块 P2006 167块 P1515 164块 P1509 2块 P1506 3块 P1015 16块 P1009 2块 P1006 2块

图 3.42

3.4 任务解决方案的评估

本节以某住宅小区二期高层结构模板工程为例进行说明。

3.4.1 工程概况

工程概况见表 3.1。

表 3.1 某住宅小区二期高层结构模板工程概况

1	建筑面积（m^2）	总建筑面积	47669.12	地下建筑面积	3607.21
2	层数	楼号	地下		地上
		18 号楼	2		18.5
		19 号楼	2		18.5
		20 号楼	2		18.5
		21 号楼	2		18.5
3	层高（m）	地下 1	2.6	首层	2.9
		地下 2	2.8	标准层	2.9
4	结构形式	基础类型		板式筏基	
		结构类型		剪力墙	

续表

<table>
<tr><td rowspan="5">5</td><td rowspan="5">结构断面
尺寸（mm）</td><td colspan="2">基础底板厚度</td><td colspan="5">900</td></tr>
<tr><td colspan="2">外墙厚度</td><td colspan="5">300、250、200</td></tr>
<tr><td colspan="2">内墙厚度</td><td colspan="5">200、250</td></tr>
<tr><td colspan="2">梁断面</td><td colspan="5">200×300、200×400、300×400、300×300</td></tr>
<tr><td colspan="2">楼板厚度</td><td colspan="5">120、150、180</td></tr>
<tr><td>6</td><td>楼梯结构形式</td><td colspan="7">板式楼梯</td></tr>
<tr><td rowspan="6">7</td><td rowspan="6">混凝土强度等级</td><td colspan="2">地下部分</td><td colspan="5">地上部分</td></tr>
<tr><td>垫层</td><td>C15</td><td>楼层</td><td>剪力墙、
连梁</td><td>楼板、梁</td><td>楼梯、坡道</td><td>圈梁、过梁、
构造柱</td></tr>
<tr><td>底板</td><td>C35</td><td>基础顶至首
层楼面</td><td>C40</td><td>C30</td><td>C30</td><td>C25</td></tr>
<tr><td>外墙</td><td>C40</td><td>−0.100～
11.500</td><td>C35</td><td>C30</td><td>C30</td><td>C25</td></tr>
<tr><td>梁、板</td><td>C30</td><td>11.500 至屋顶</td><td>C30</td><td>C30</td><td>C30</td><td>C25</td></tr>
<tr><td></td><td></td><td></td><td></td><td></td><td></td><td></td></tr>
<tr><td>8</td><td>钢　筋</td><td colspan="7">HPB300、HRB335、HRB400</td></tr>
<tr><td rowspan="2">9</td><td rowspan="2">钢筋接头型式</td><td colspan="3">机械连接</td><td colspan="4">直径 16 以上（含 $\phi 16$）</td></tr>
<tr><td colspan="3">绑扎搭接</td><td colspan="4">直径 16 以下（不含 $\phi 16$）</td></tr>
<tr><td>10</td><td>钢筋规格</td><td colspan="7">Φ6、Φ8、Φ10、Φ12、Φ14、Φ16、Φ18、Φ20、Φ22、Φ25、Φ28 等</td></tr>
</table>

3.4.2　操作步骤

1. 启动大模板设计软件模块

启动 PKPM 系列软件 CMIS 模块的大模板设计模块，如图 3.43 所示。当前工程目录设为 C：PKPM\MBGC\例 2。

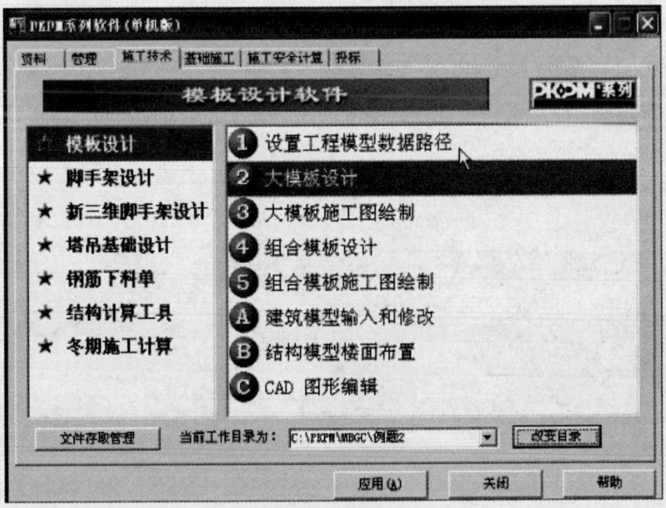

图 3.43

2. 楼层选择

单击【应用】按钮，进入【大模板设计】主窗口。单击右侧菜单中的【选当前层】按钮，弹出【选择当前楼层】对话框，如图 3.44 所示，可以对当前操作楼层进行选择。

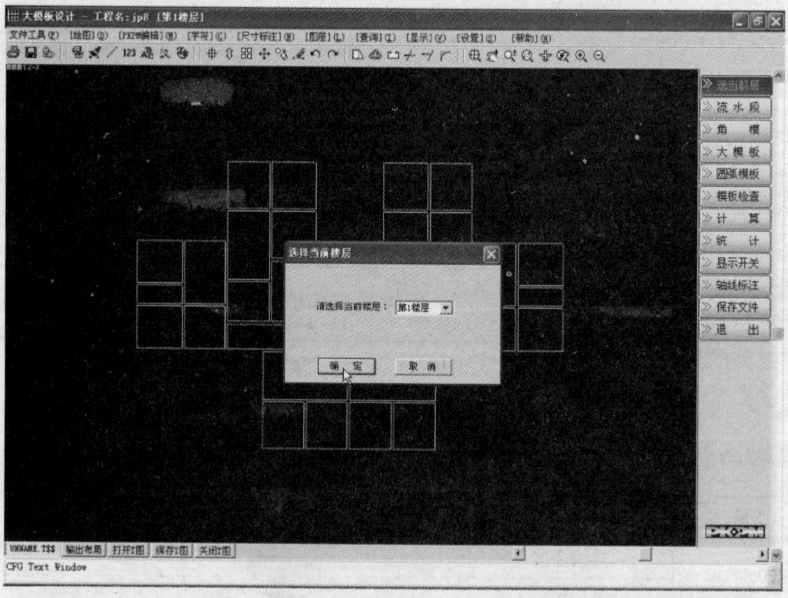

图 3.44

3. 划分流水段

单击右侧菜单中的【流水段】按钮，弹出窗口如图 3.45 所示。

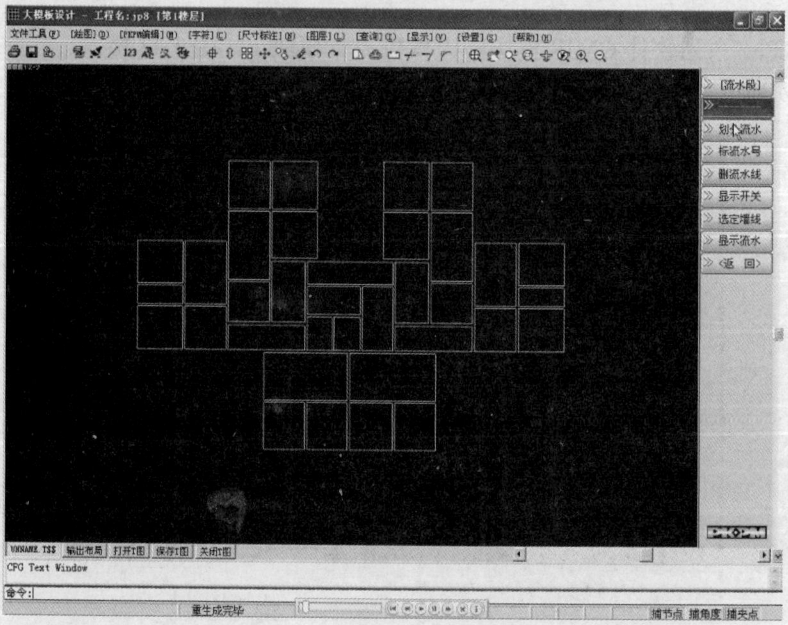

图 3.45

单击【划分流水】按钮，如图 3.46 所示。

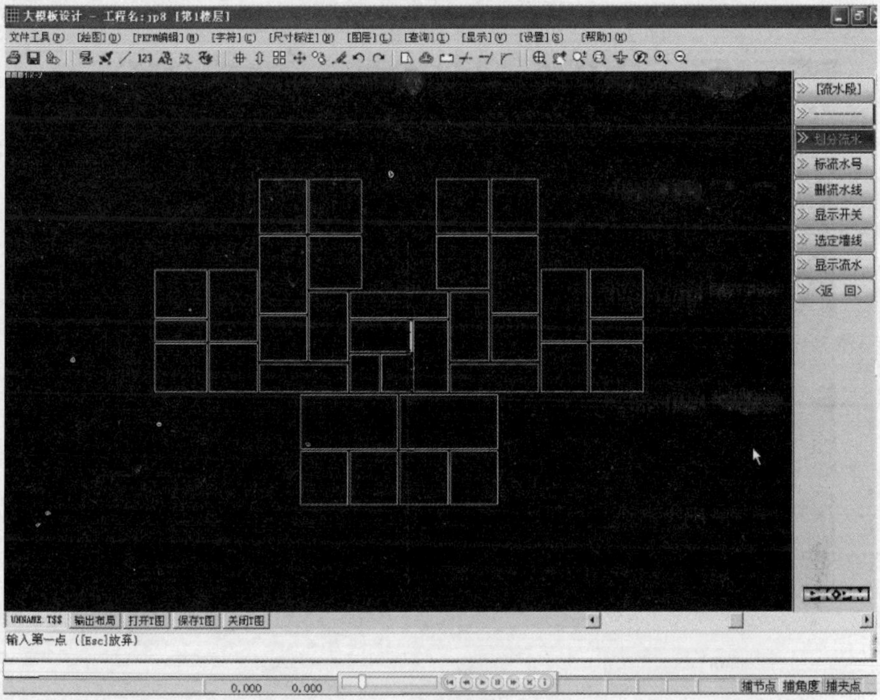

图 3.46

标定流水号以后，设定墙线如图 3.47 所示。

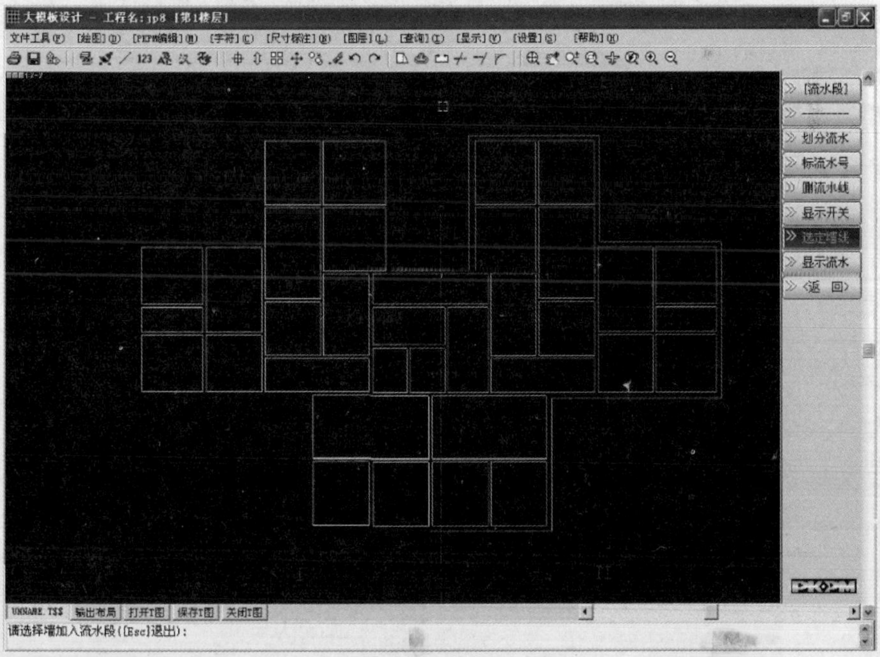

图 3.47

4. 布置角模

单击【自动布置】按钮后，角模布置如图 3.48 所示。

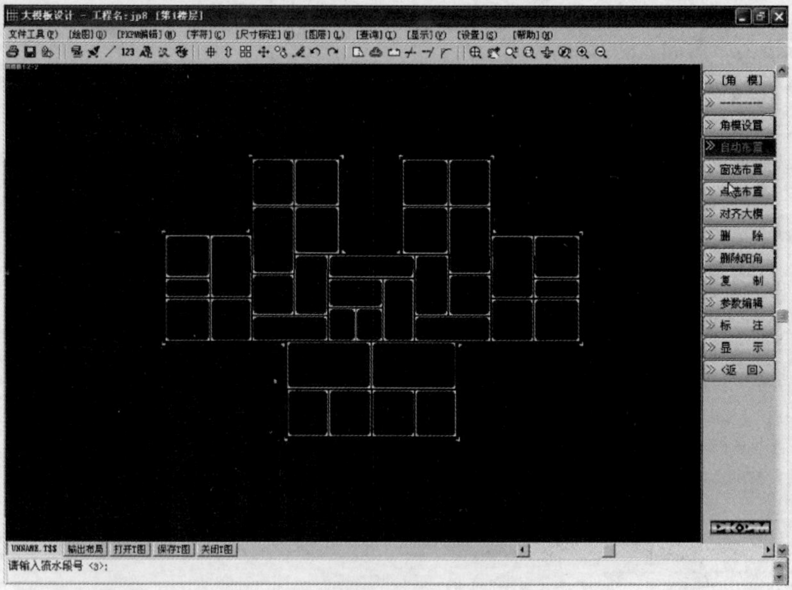

图 3.48

5. 进行大模板布置

自定义的模板库如图 3.49 所示。

图 3.49

自动布置大模板如图 3.50 所示。

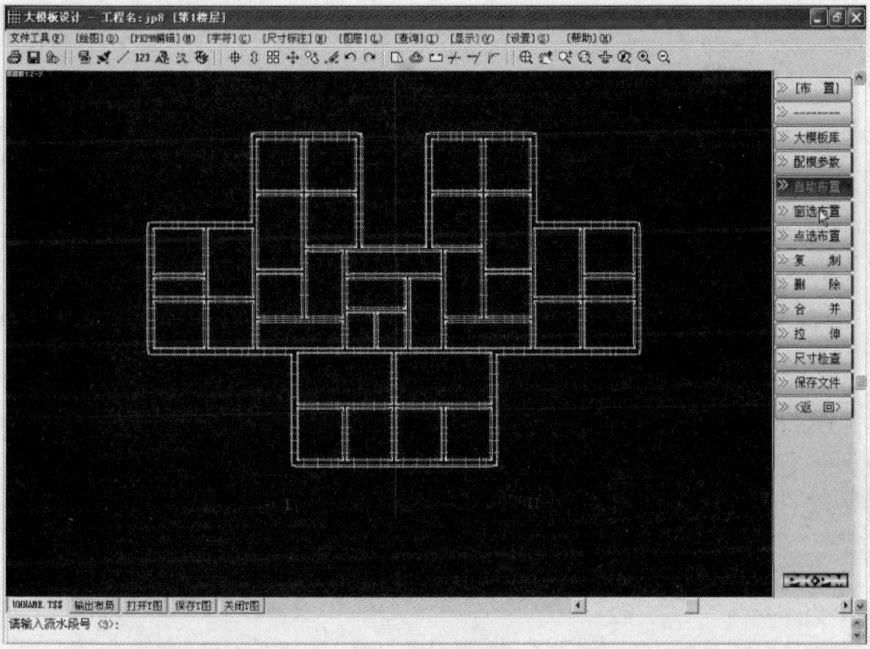

图 3.50

6. 模板统计

单击右侧菜单中的【统计】按钮，如图 3.51 所示。

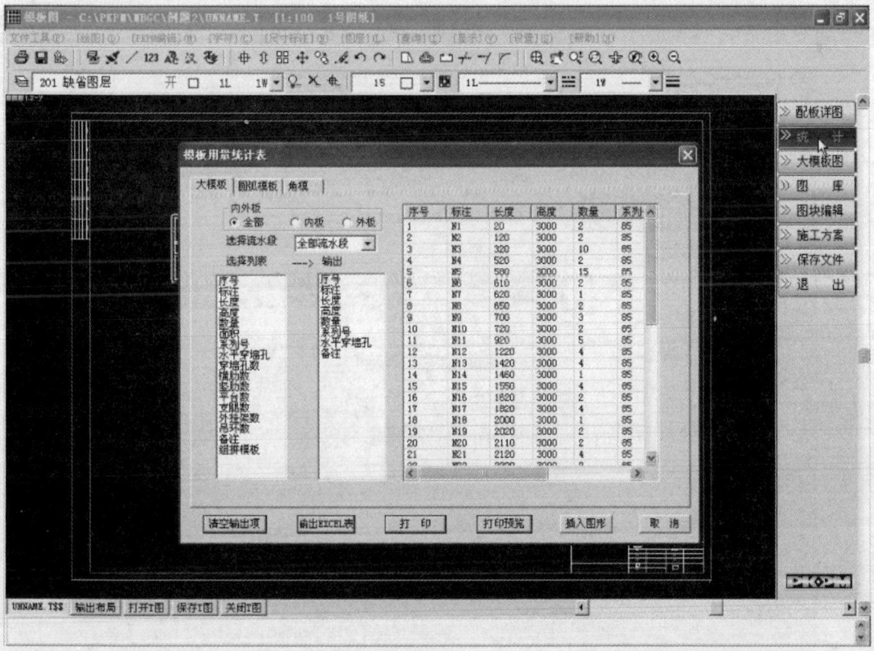

图 3.51

将统计结果插入图中，如图 3.52 所示。

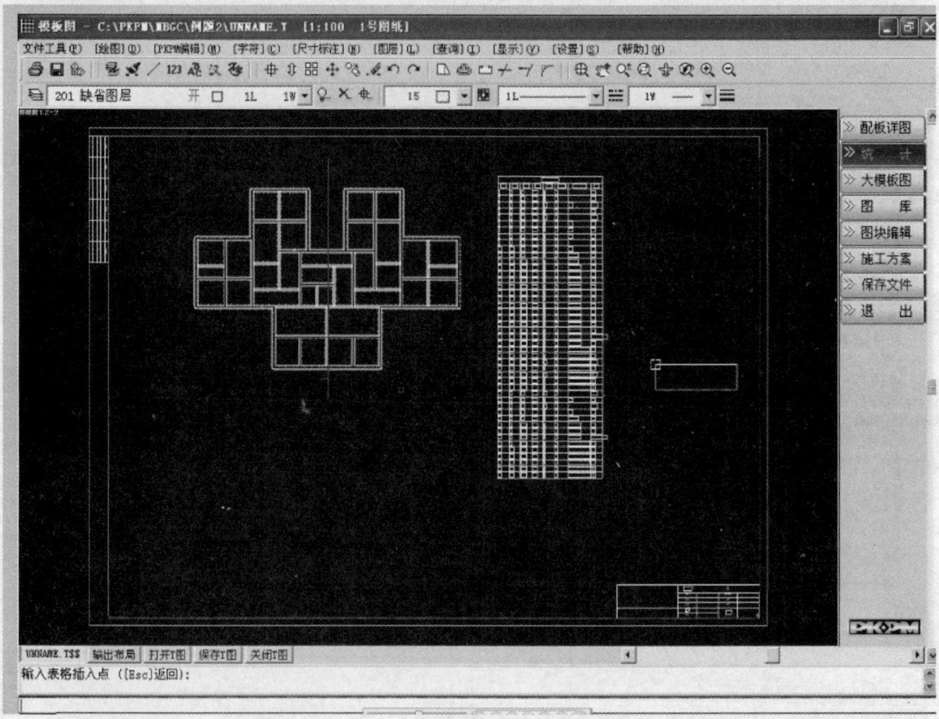

图 3.52

7. 大模板施工图绘制

统计完后切换到“模板设计”模块，如图 3.53 所示，选择“大模板施工图绘制”。

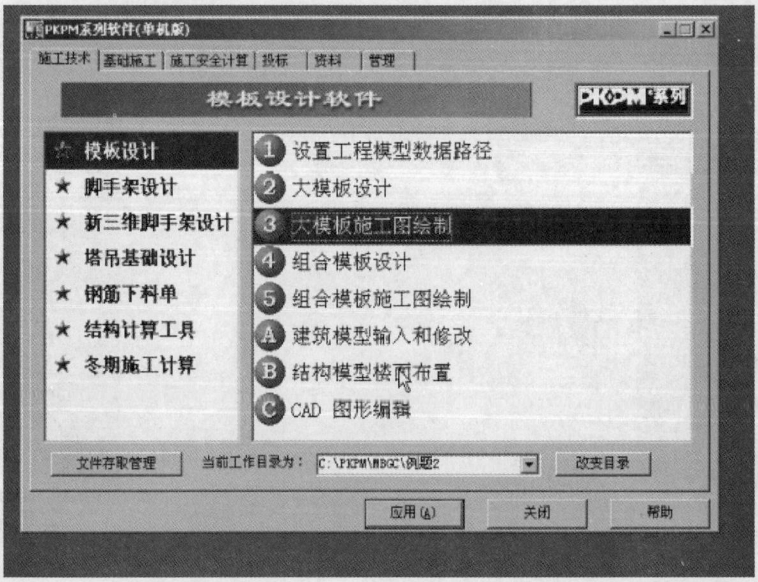

图 3.53

选择“大模板施工图绘制”以后选择楼层，如图 3.54 所示。

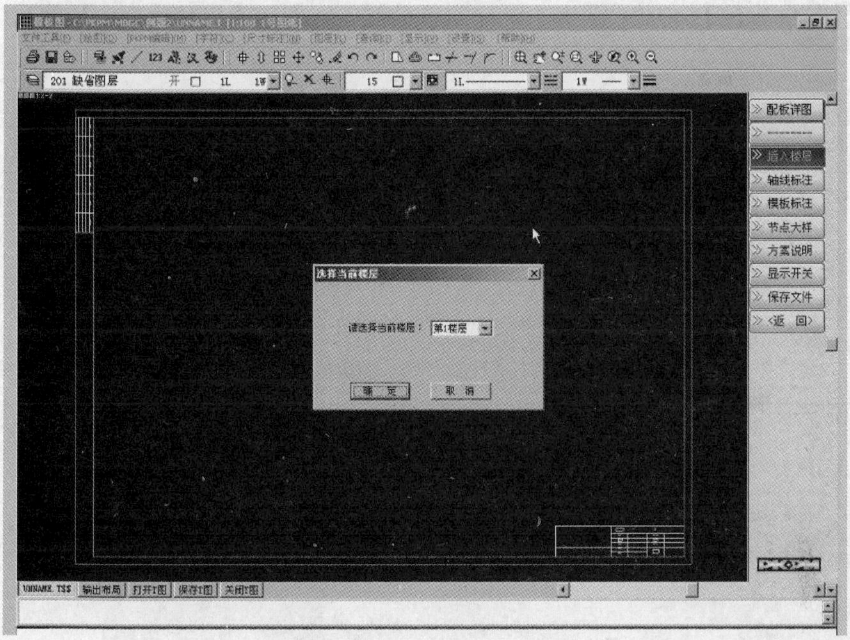

图 3.54

8. 布置细部节点大样图

单击【配板详图】按钮进入配板详图窗口，单击【节点大样】按钮，插入所选节点的大样图，如图 3.55 所示。

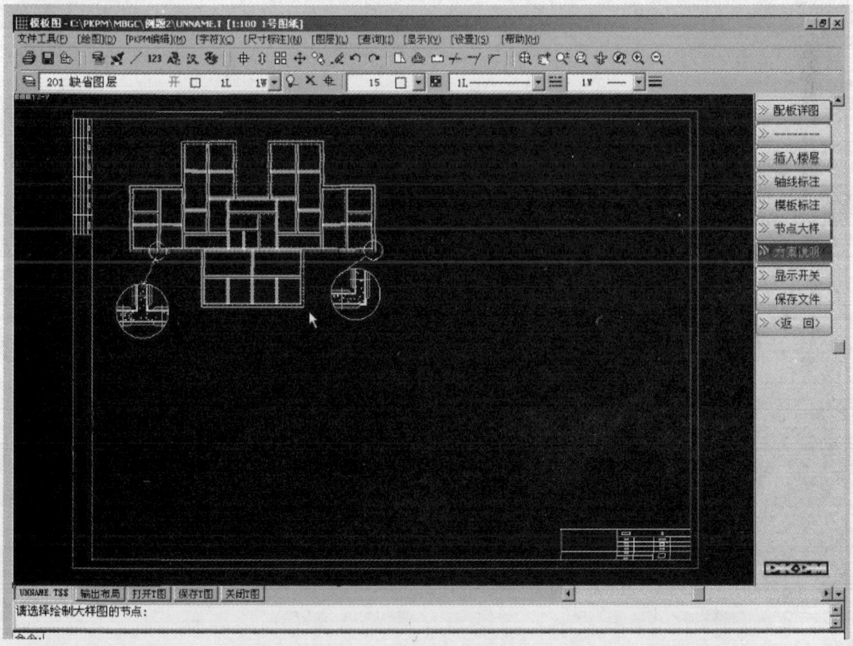

图 3.55

9. 节点输入后插入大模板图

单击【大模板图】按钮，进入大模板图菜单窗口，单击【大模板图】按钮，如图 3.56 所示。

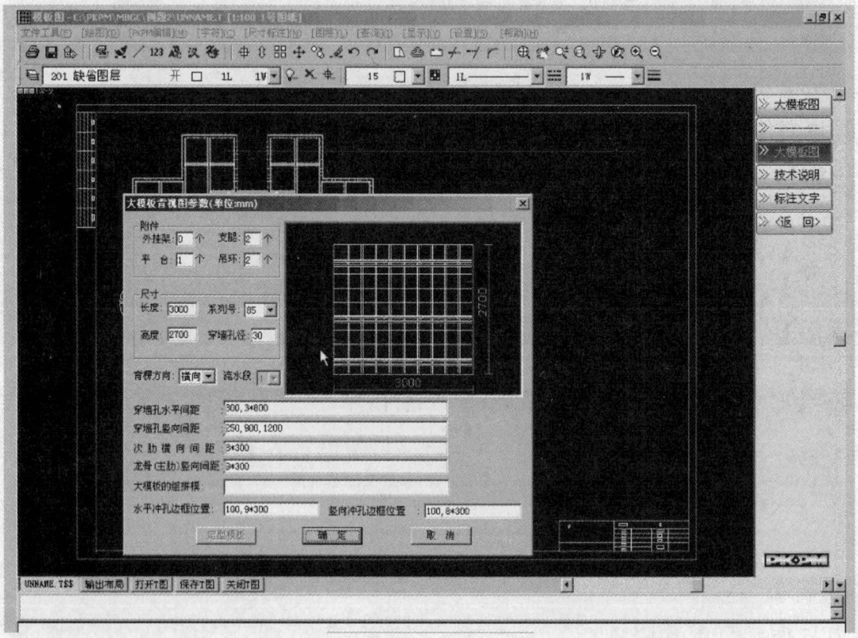

图 3.56

输入参数确定，插入技术说明、图库等，完成后的图如图 3.57 所示。

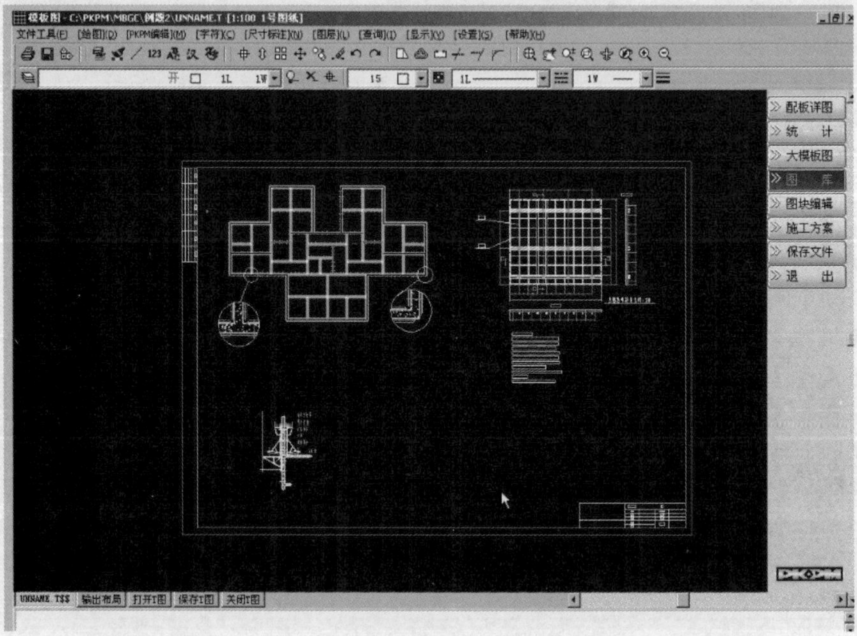

图 3.57

单 元 小 结

目前市场上有很多计算机辅助施工软件可满足大模板设计计算。本单元主要介绍了最典型的软件 PKPM 建筑施工技术系列软件 CMIS。这类工程软件功能主要包括大钢模板的设计计算；组合小钢模的墙、梁、楼板模板的设计计算；木模板柱、梁、墙、楼板模板的设计计算；胶合板模板柱、梁、墙、楼板模板的设计计算。本章主要介绍了大模板的设计计算，同时也对组合模板进行了介绍，其余类型的模板计算功能与此功能类似。

单 元 练 习 题

1. 大模板和组合模板各适用于什么情况？为什么要进行大模板的设计计算？
2. PKPM 施工系列软件 CMIS 设计建筑工程大模板的流程是什么？
3. PKPM 施工系列软件 CMIS 设计建筑工程大模板和组合模板生成的成果有哪些？

实训　某市科技馆建筑工程大模板设计、统计与绘制

【工程概况】工程概况见附录 B 某市科技馆建筑工程实训基本资料。

【背景】 作为施工技术人员设计、统计与绘制大模板。

【训练任务】 通过使用计算机辅助施工软件快速设计、统计与绘制大模板。

【训练目标】

1. 能力目标

（1）能掌握计算机辅助施工软件设计建筑工程大模板的流程。

（2）能根据实际工程的情况，利用计算机辅助施工软件模块进行大模板设计，快速绘制大模板配图。

2. 知识要点

（1）PKPM 施工系列软件 CMIS 下的大模板设计模块的操作。

（2）大模板的平面布置方案，支模架的计算。

（3）大模板荷载计算：需要同学们结合所给工程的特点进行分析，选用合适的荷载组合。

（4）大模板的变形验算：需要同学们结合荷载计算结果，进行人模板变形验算。

（5）支模架的验算：需要同学们根据模板选择的结果，进行支模架验算。

【训练地点】校内实训基地。

【训练类型】设计训练。

【训练成果】某市科技馆建筑工程大模板的平面布置方案。

【训练步骤】实训步骤以在机房现场操作为主。

第4单元　网 络 计 划 编 制

4.1　计算机辅助施工项目管理系统

任务目的：学会运用计算机辅助施工项目管理系统。

任务重点：项目管理系统的运用。

任务难点：计算机辅助进度管理、资源管理。

4.1.1　任务的导入

项目管理的主要内容包括"四控制、三管理、一协调"。"四控制"是指进度控制、质量控制、投资控制、安全控制，其中进度控制是其核心内容之一。进度计划表示的类型主要有横道图和网络图。传统工程进度计划多采用横道图，它具有形象、直观，且易于编制和理解的特点，缺点是不能明确地反映出各项工作之间错综复杂的相互关系，因而在计划执行过程中，当某些工作的进度由于某种原因提前或拖延时，不便于分析其对其他工作及总工期的影响程度，不利于建设工程进度的动态控制，不利于计算机管理。网络图能够明确表达各项工作之间的逻辑关系，可以利用电子计算机进行计算、优化和调整。目前，用网络计划图已是表述工程进度计划的必然趋势，在国际招投标中的工程进度计划已要求采用网络图的形式。项目管理软件可以利用计算机方便地实现各种类型进度计划间的相互转换，提高施工管理水平，因此有必要对计算机辅助施工项目管理系统有所了解。

4.1.2　任务的分析

为了更好地利用计算机完成施工辅助管理，必须对施工项目管理本身进行详细的分析，包括施工项目管理概述、施工项目管理的流程等，为进度计划的编制做好充分的准备。

4.1.2.1　项目施工管理概述

为了取得项目施工管理各阶段目标和最终目标的实现，在项目施工管理的全过程中，必须对项目施工管理的内容及各项活动加强管理。施工项目管理的主体是以施工项目经理为首的项目经理部，即作业管理层，管理的客体是具体的施工对象、施工活动及相关生产要素。阶段性控制目标主要包括进度控制、质量控制、安全控制和成本控制。

4.1.2.2　施工项目管理的流程

（1）建立施工进度计划模型。

（2）建立或导入项目工程文件。

（3）调整或修改施工计划。

（4）形成横道图、双代号或单代号网络图、资源或费用图。

（5）实施“四控制”及“三管理”。

（6）检查实际情况，反馈问题分析，重新进行调整修改施工计划。

双代号网络图、单代号网络图、资源图或费用图是施工项目管理的最为有力的工具。

4.1.3　任务的解决方案

项目施工管理系统是一套专业化、系统化、网络化、集成化的应用平台，是工程建设领域所需要的层次更高、质量更好、功能更全的信息化解决方案，能更好地将应用软件和网络融合，构建工程项目施工网络管理系统，实现工程实施过程中各方的网络信息数据互动。 本系统模块分为文件、工作、图表、资源需要量、控制、进度、设置、系统维护等，整套系统的使用流程依据项目施工管理实际业务流程动态定制，并在此基础之上利用软件技术、网络技术等信息技术规范了工程项目施工的管理。其中网络计划是施工管理的核心模块，可以同施工预算、进度等模块数据共享，也可以形成模板库便于制定计划调用及维护。该软件具有多种划分施工工序的功能，首先，它可以结合施工企业定额库，自动读取建筑工程的预算数据，生成带工程量和资源的施工工序，也可通过施工工艺模板库生成施工工序，还可通过其它类似工程导入生成施工工序，最终生成各类资源需求量计划、施工作业计划以及质量安全责任目标；其次，在项目过程控制方面，软件通过流水作业方案、进度报表、前锋线等手段实施进度的动态跟踪与控制，通过质量测评、预控等实施质量控制。利用 PKPM 软件能达到提高项目管理水平、提高企业竞争力的目的。

4.1.3.1　PKPM 软件主界面及各功能模块简介

启动 PKPM 软件，显示【PKPM 系列软件】管理主界面窗口，如图 4.1 所示。主界面窗口由主菜单和项目管理窗口组成。

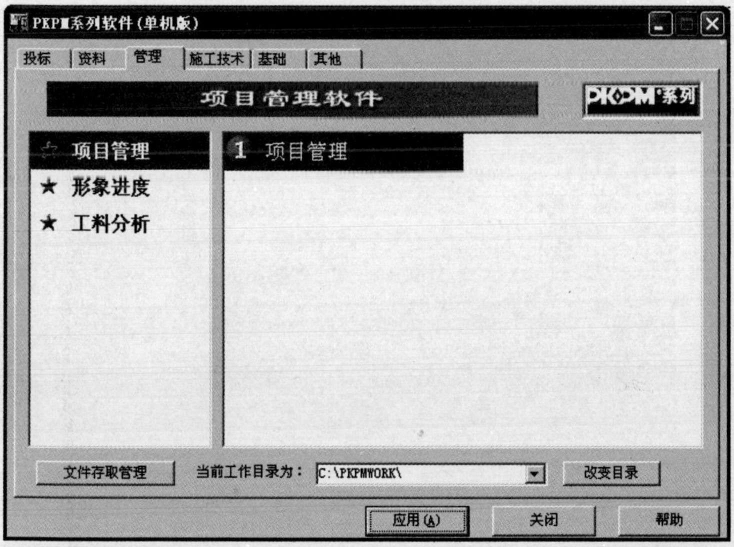

图 4.1

选择【项目管理】，单击【应用】按钮后显示的【PKPM 项目管理系统】主界面窗口，如图 4.2 所示。

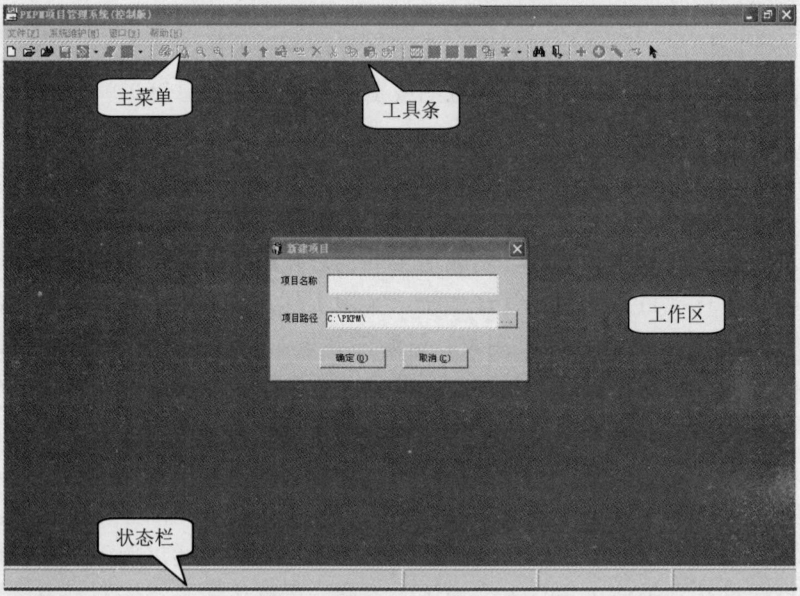

图 4.2

例如，在图 4.2 中输入项目名称为“网络计划图”，单击【确定】按钮后弹出【新建计划】对话框，如图 4.3 所示。

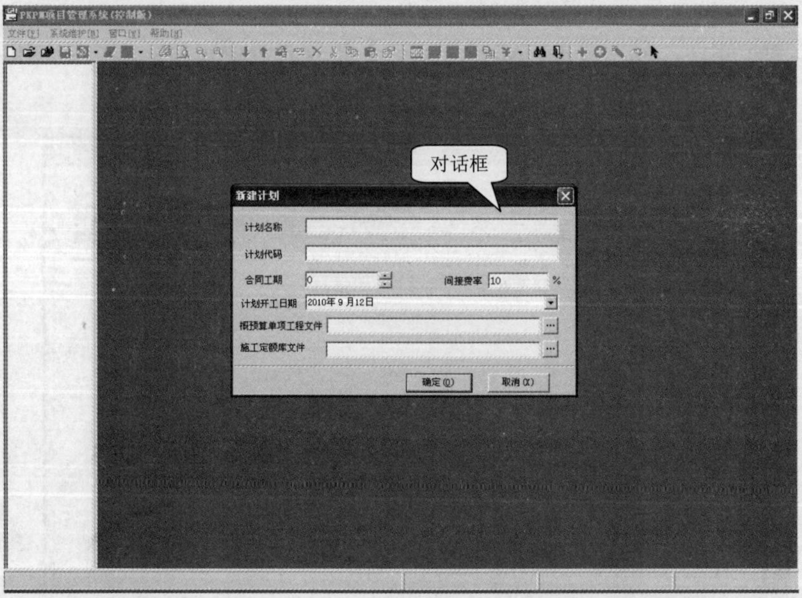

图 4.3

输入“××学校新校区一期工程”计划名称确定后，系统自动进入横道图界面，如图 4.4 所示。

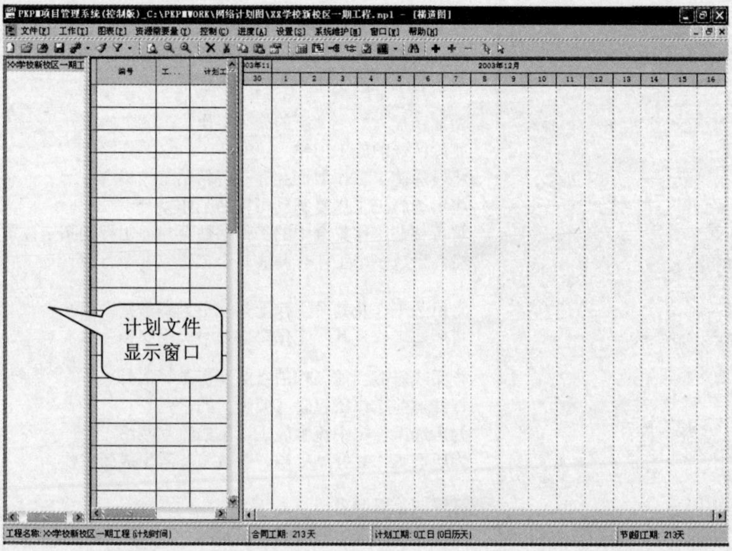

图 4.4

此时的菜单栏显示如图 4.5 所示。

图 4.5

下面对菜单栏的各项功能进行介绍。

1. 文件[F]

在图 4.5 所示菜单中单击【文件[F]】，出现下拉菜单，如图 4.6 所示。

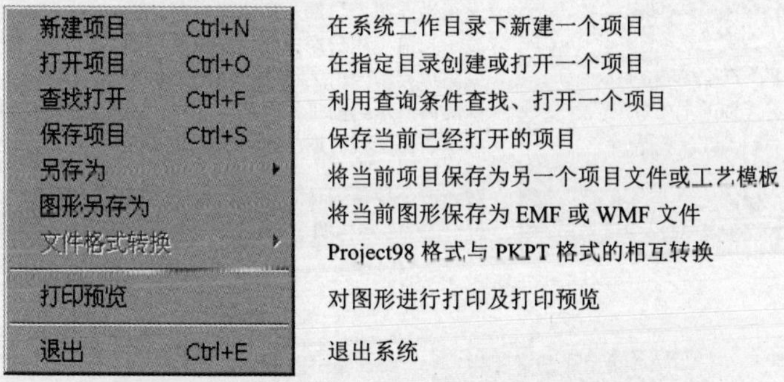

图 4.6

2. 工作[T]

在图 4.5 所示菜单中单击【工作[T]】，出现下拉菜单，如图 4.7 所示。

3. 图表[P]

在图 4.5 所示菜单中单击【图表[P]】，出现下拉菜单，如图 4.8 所示。

4. 资源需要量[Y]

在图 4.5 所示菜单中单击【资源需要量[Y]】，出现下拉菜单，如图 4.9 所示。

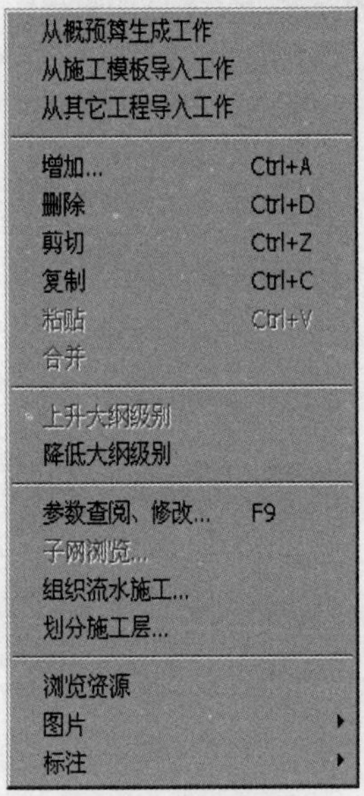

读取指定概预算数据，自动生成带工程量和资源的工作
用选定的施工模板，可读取概预算数据，生成工作
将其它工程的工作导入到本工程中

增加（插入）一个新的施工工作
删除所选的施工工作
将所选施工工作剪切并存入可粘贴工作集合
将所选施工工作复制到可粘贴工作集合
将可粘贴工作集合中的工作粘贴至当前工程的指定位置
将两个或多个工作合并成一个工作

将所选工作及其子工作上升一个大纲级别
将所选工作及其子工作降低一个大纲级别

查阅或修改当前工作的参数及资源等信息
打开当前工作所包含（属于）的子网
为所选工作组织流水施工，生成流水网络
为所选工作划分施工层，并按施工层生成新工作

打开浏览资源窗口
在图表中插入、删除图片
在图表中插入、删除、修改标注

图 4.7

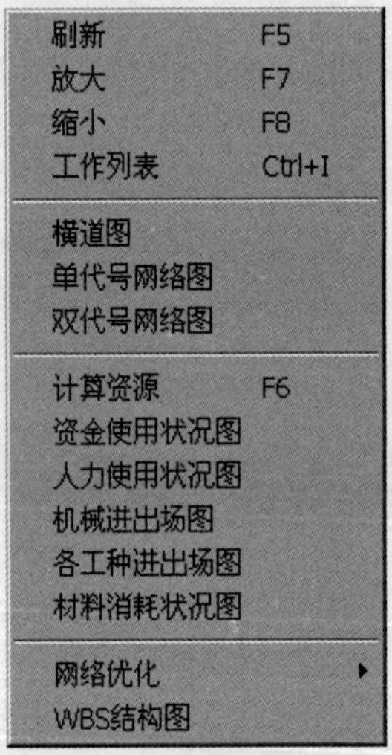

刷新当前图表
放大当前图表
缩小当前图表
以表格方式显示当前工程工序信息

以横道图方式显示当前工程工序信息
以单代号图方式显示当前工程工序信息
以双代号图方式显示当前工程工序信息

计算施工工序的资源
显示当前工程日期—资金需求状况图
显示当前工程日期—人工需求状况图
以图形显示当前工程所需机械的进出场时间及数量
以图形显示当前工程所需各工种的进出场时间及数量
显示当前工程日期—材料需求状况图

对当前工程施工计划网络按四种方式进行优化
打开 WBS 结构图

图 4.8

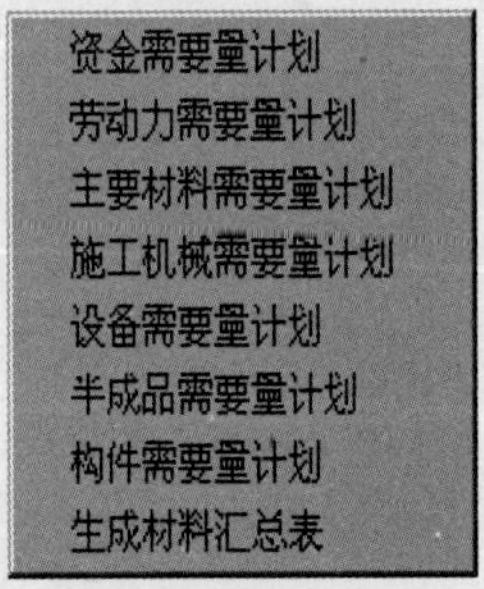

统计某时段资金需要量计划
统计某段时劳动力需要量计划
统计某时段材料需要量计划
统计某时段施工机械需要量计划
统计某时段设备需要量计划
统计某时段半成品需要量计划
统计某时段构件需要量计划
用于生成材料汇总表

图 4.9

5. 控制[C]

在图 4.5 所示菜单中单击【控制[C]】，出现下拉菜单，如图 4.10 所示。

成本计划 ▸	将计划和预算成本（或数量）进行比较
成本分析 ▸	通过比较预算、计划、实际的情况对成本现状进行分析
赢余分析	形成赢余分析表
通病防治	记录或列出通病的现象及治理方法
质量预控	记录或列出工作的施工准备、操作工艺及预控措施等

图 4.10

6. 进度[A]

在图 4.5 所示菜单中单击【进度[A]】，出现下拉菜单，如图 4.11 所示。

作业计划	根据施工计划，显示（打印）出指定日期范围内的施工工序
进度分析	根据施工计划，显示施工工序的开始、结束及可宽限时间等
进度资源计划	显示当前工程任选日期内的施工计划及资源计划
进度报表	用于填写某一日期的完成工程量，并生成进度报表
计划施工分析	用于填写计划施工分析

图 4.11

7. 设置[S]

在图 4.5 所示菜单中单击【设置[S]】，出现下拉菜单，如图 4.12 所示。

项目信息	修改当前项目的基本信息
资源设置	设置当前项目的各资源属性
日历编辑	设置休息日期
信息栏目选择	用户可以选择横道图和信息列表上工序信息字段
图形参数	设置或修改与图形显示及打印有关的参数

图 4.12

8. 系统维护[M]

在图 4.5 所示菜单中单击【系统维护[M]】，出现下拉菜单，如图 4.13 所示。

工艺模板维护	对工艺模板库进行增、删及修改等操作
定额网络维护	对网络的分部、分项工程及其与定额的联系进行编辑

图 4.13

9. 窗口[W]

在图 4.5 所示菜单中单击【窗口[W]】，出现下拉菜单，如图 4.14 所示。

层叠(C)	将当前工程中打开的所有窗口在主窗口层叠显示
横向平铺(H)	将当前工程中打开的所有窗口在主窗口横向平铺显示
纵向平铺(V)	将当前工程中打开的所有窗口在主窗口纵向平铺显示

图 4.14

10. 帮助[H]

在图 4.5 所示菜单中单击【帮助[H]】，出现下拉菜单，如图 4.15 所示。

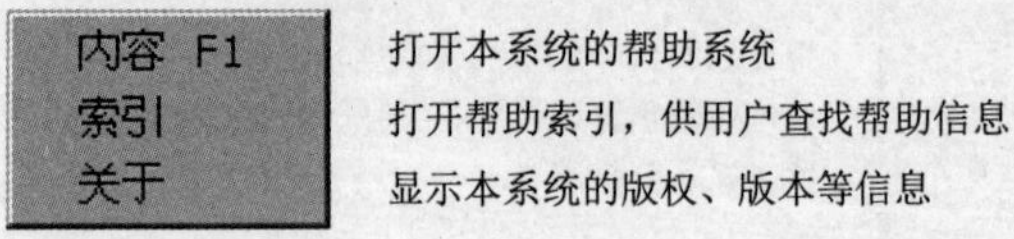

图 4.15

4.1.3.2 工程及设置

4.1.3.2.1 工程

1. 新建项目

单击图 4.5 中的【文件】→【新建项目】(或工具栏中的□按钮，或按 [Ctrl]+[N]键)，弹出【新建项目】对话框，如图 4.16 所示。

在“项目名称”栏输入项目名称并单击【确定】按钮后，打开【新建计划】对话框，如图 4.17 所示。

图 4.16

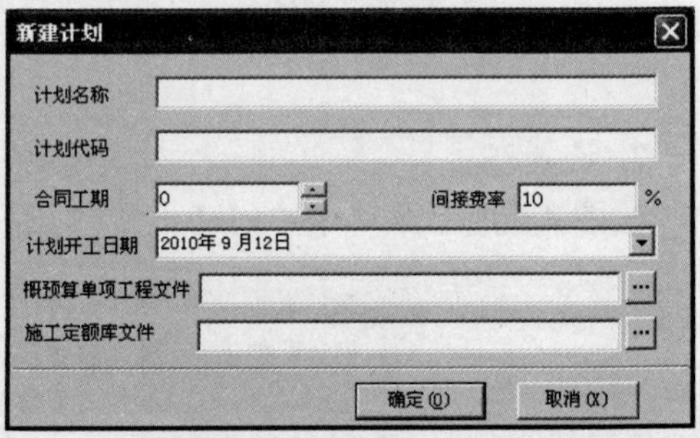

图 4.17

输入“计划名称”、“计划代码”、“合同工期”、“间接费率”、“计划开工日期”等相应的内容，单击【确定】按钮后进入系统的横道图界面，如图 4.4 所示。在此窗口可以右击弹出菜单操作工序，也可以通过工具条按钮或菜单随时进入双代号或单代号网络图。

如果本项目有用“*. PPK”文件，也可以利用指定概预算数据文件生成工序。然后，还需要在输入与该概预算文件对应的施工定额库“*.SGK”文件，如图 4.18 所示。

2. 打开项目

单击文件菜单中的下拉菜单选项【打开项目】，弹出【打开已有工程】窗口，如图 4.19 所示。

展开目录找到所要操作的项目计划文件，点选后单击【打开】按钮便可将该工程项目打开，进入横道图界面。此软件的计划文件扩展名为“.npl”，项目文件的扩展名为“.npg”，其它格式的文件不能读取。

也可以在项目文件“*.npg”中添加计划文件“. npl”，其方法是单击文件菜单中的下拉菜单选项【打开项目】，在文件类型中选择“.npg”文件，打开一个项目文件，出现主窗口如图 4.4 所示，在计划文件显示窗口中右击，选中菜单中选项【新建计划】，弹出【新建计划】对话框如图 4.7 所示，输入各项参数，单击【确定】按钮即可。

选定某个计划文件，右击，在弹出的菜单上可以对计划文件进行打开、新建及删除计划等操作。

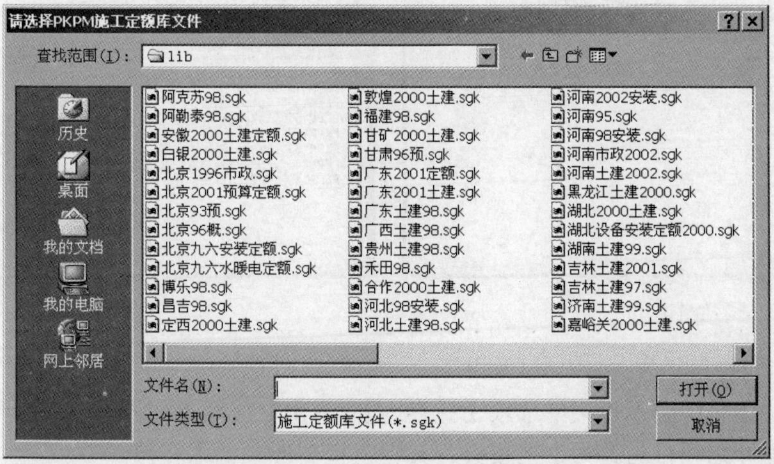

图 4.18

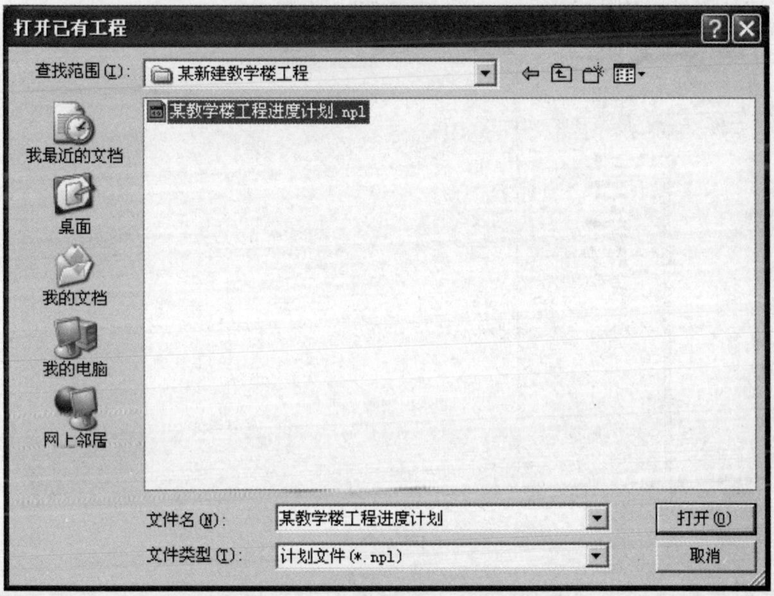

图 4.19

3. 查找打开

单击文件菜单中的下拉菜单选项【查找打开】，弹出【查找打开】对话框窗口，如图 4.20 所示。也可以使用工具栏中的查找打开按钮或按下[Ctrl]+[F]键打开窗口。

在右侧文件路径栏中选择要查找文件所在的范围，单击【查找】按钮后开始查找符合要求的文件，找到的文件将列于下方窗口，如图 4.21 所示。双击选中的文件，便可将该工程项目计划打开，进入横道图界面。

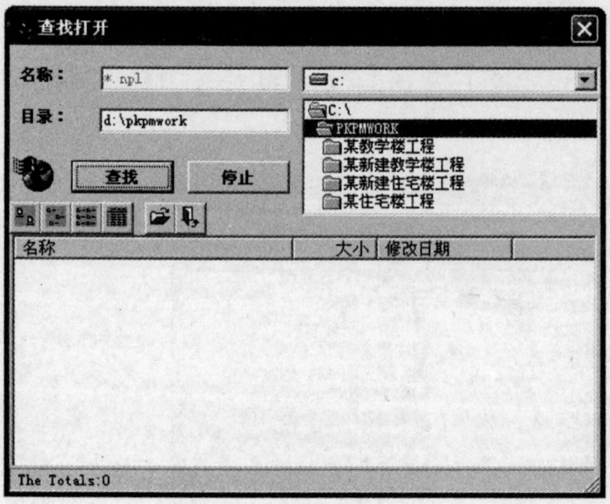

图 4.20

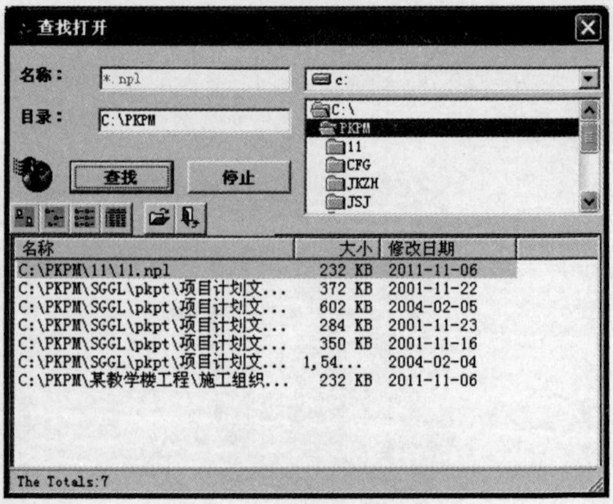

图 4.21

4. 另存项目

单击文件菜单中的下拉菜单选项【另存为】，弹出二级菜单如图 4.22 所示。它们分别可将当前工程计划项目另存为工艺模板、其它工程文件或文本文件。

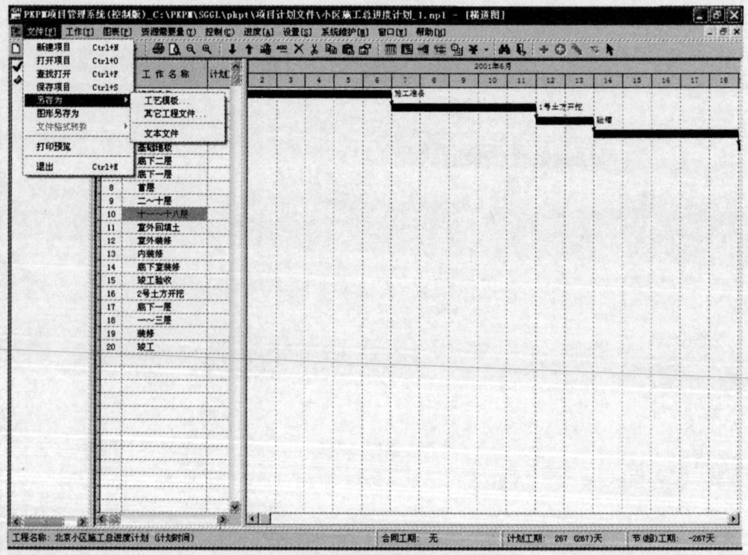

图 4.22

（1）另存为工艺模板。工艺模板是一系列根据不同施工工艺确定且简化了的施工工序集合，如果当前工作施工工序（或局部施工工序）的施工计划具有典型意义，则可以将它们另存为工艺模板，方便以后类似的工程项目计划中利用。

单击图 4.22 中选项【工艺模板...】，弹出【另存为施工工作模板】窗口，如图 4.23 所示。在“名称”框内输入要保存的工艺模板的名称，或在“已有工程模板名称”列表中选择某一已经存在的模板，单击【确定】按钮即可。

此窗口由工程模板和工序模板两个页面组成，选择整个项目中的工序则保存到模板库的“施工工程模板”中；选择当前的部分工序则保存到模板库的“用户自定义模板”中。

系统会根据当前工序的选择状态自动确定应该保存为哪类模板。

（2）另存为其它工程文件。在图 4.22 所示的窗口中单击【其它工程文件…】，弹出【工程另存为】窗口，如图 4.24 所示。

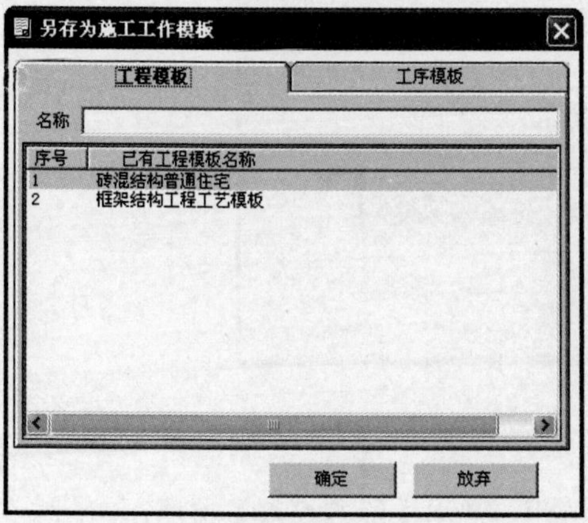

图 4.23

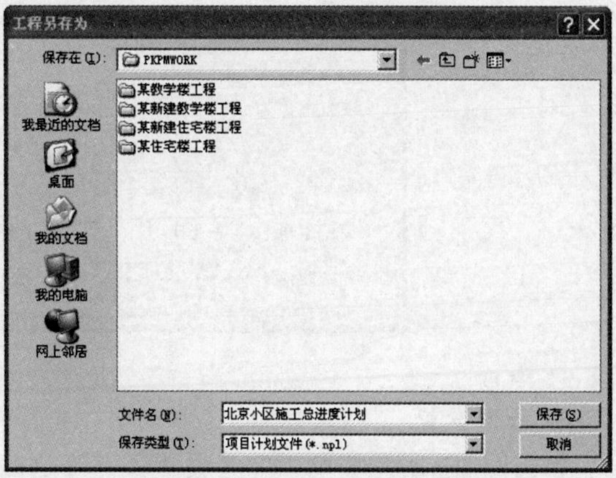

图 4.24

在“文件名”框内输入要另存为的文件名，单击【保存】按钮完成另存为其它文件操作，单击【取消】按钮则放弃另存为其它文件操作。

（3）另存为文本文件。在图 4.22 所示的窗口中单击【其它工程文件…】，弹出图 4.24 所示窗口，此时保存文件类型变为“项目计划”文本文件（*.txt），单击【保存】按钮便可将当前工程的有关内容存为文本文件（txt 格式，如图 4.25 所示）。

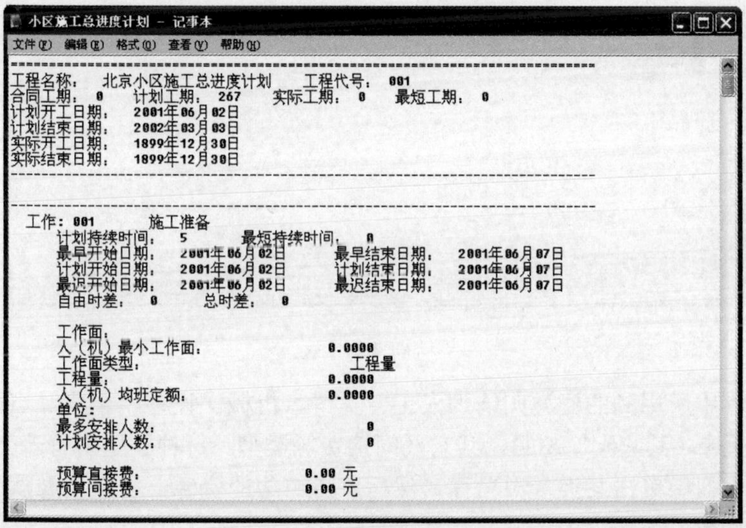

图 4.25

4.1.3.2.2　设置

1. 项目信息

单击图 4.5 所示菜单中的【设置】→【项目信息】，弹出【工程项目信息】窗口，如图 4.26 所示。通过此窗口可以对建立项目时输入的不完整项目信息进行补充或修改。

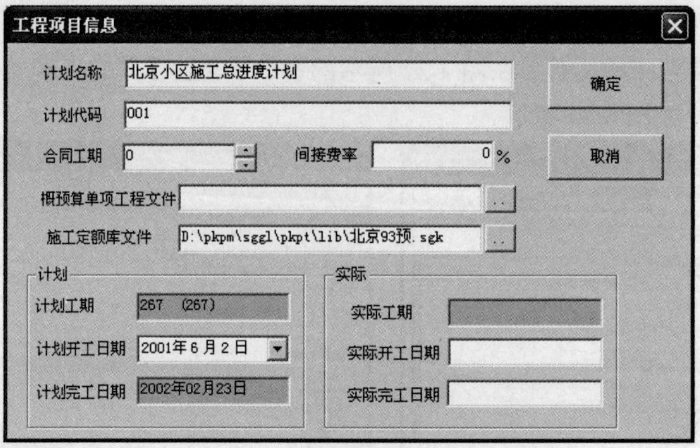

图 4.26

2. 资源设置

单击图 4.5 所示菜单中的【设置】→【资源设置】，弹出【资源设置】窗口，如图 4.27 所示。

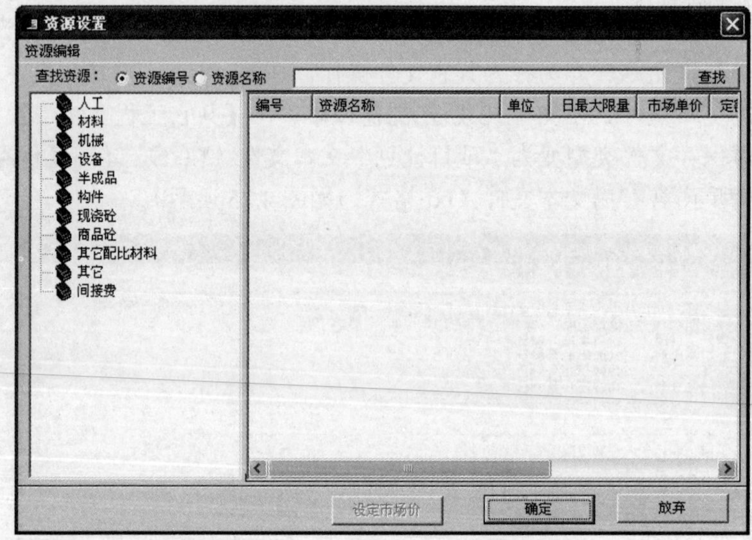

图 4.27

系统将工程中所用到的资源归纳为人工、材料、机械、设备、半成品、构件、现浇混凝土、商品混凝土、其它配比材料、其它及间接费等类型，每种类型中有若干具体的资源，可以在资源列表树中单击某类资源名称，然后双击右边的资源，将在资源属性窗口显示出该资源的有关参数。

也可以在右边的资源列表中右击，单击选项【增加】，弹出【资源属性】窗口，如图 4.28 所示。

在此【资源属性】窗口中，可以为各具体的资源设置“日最大供应量”、“市场单日”等参数；确定某资源在本工程中是否要进行考核；增加新的资源；删除本工程不再需要的资源等。

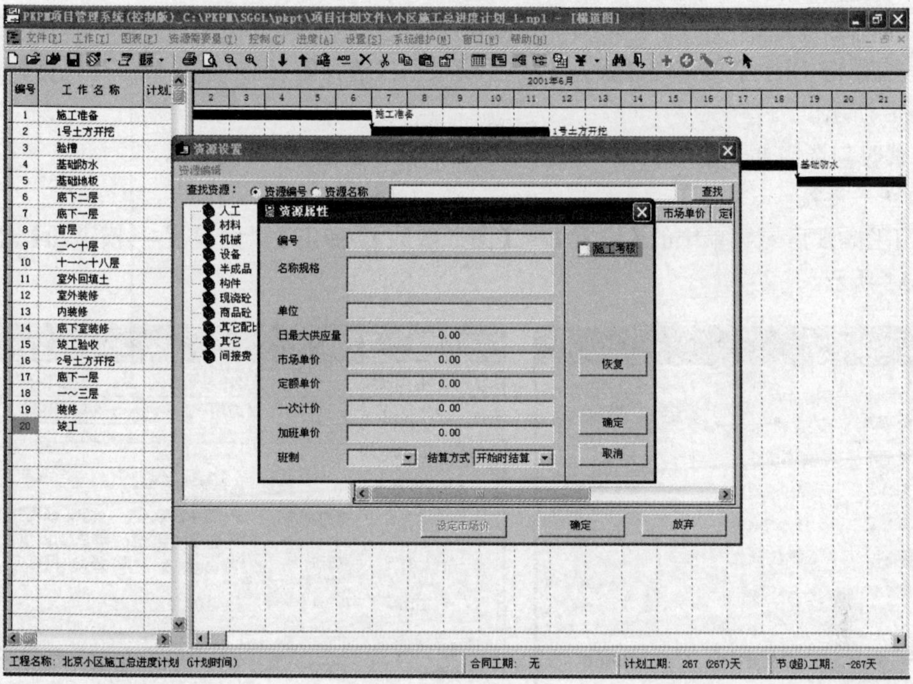

图 4.28

3. 日历编辑

单击图 4.5 所示菜单中的【设置】→【日历编辑】，弹出【日历编辑】窗口，如图 4.29 所示。

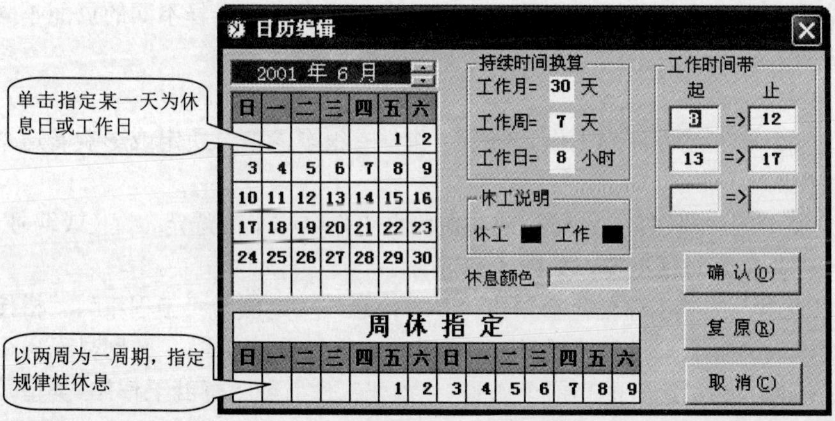

图 4.29

图 4.29 中设置休息日期有两种方式：周期性休息时间和非周期性休息日期。周期性休息在左下角“周休指定”中设置，系统以两周为一周期。非周期性休息日期在左上方的日历栅格中设置，可以直接指定某一天为休息日或工作日，单击某一日期使它变为休息（红色）或不休息（黑色）。按【确认】按钮则保存退出；按【复原】按钮则恢复到未设置休息日期状态；【取消】则不保存退出。

4. 信息栏目选择

单击图 4.5 所示菜单中的【设置】→【信息栏目选择】，弹出【选择信息栏目】窗口，如图 4.30 所示。

设置时勾选需要显示的栏目，或将不需要的栏目前的“√”去掉。

5. 图形参数

单击图 4.5 所示菜单中的【设置】→【图形参数】，弹出【页面设置----横道图】对话框，如图 4.31 所示。

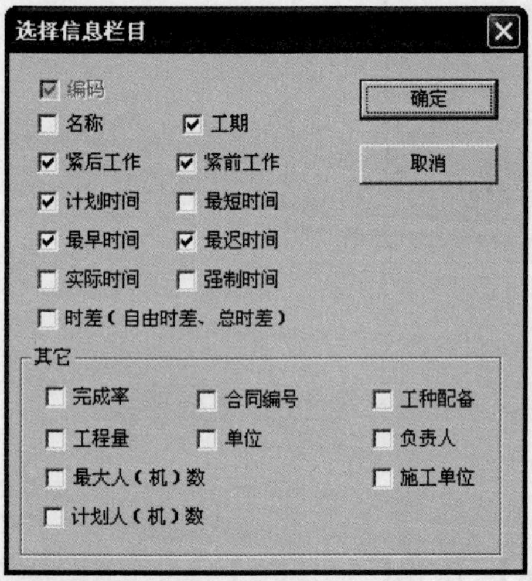

图 4.30

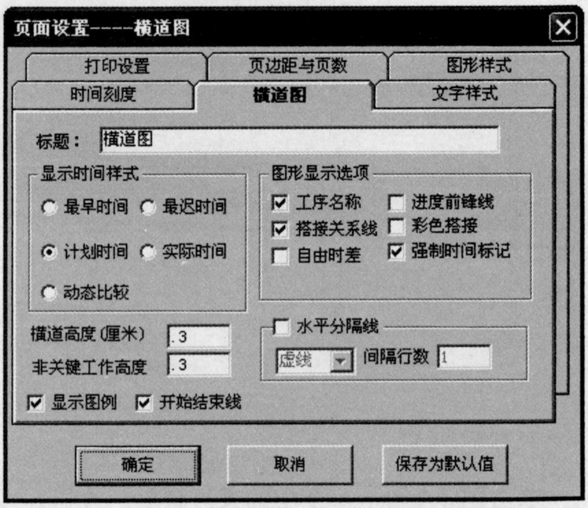

图 4.31

对话框中有六个页面，分别列出了六个不同方面的参数信息，可选择不同的页面不同的项目进行适当的设置。

4.1.3.3 工作

将建筑施工中的每个施工过程称为工作。每个工作都有很多参数，决定或影响着这个工作的持续时间及性质。

在图 4.22 中选定某一工序横道图上双击，或在左侧框工作名称下的选定工序（或编号）上双击，会弹出【工作信息】对话框窗，如图 4.32 所示。

从图 4.32 中可以看出，施工工序信息窗口由“基本信息”、“定额”、“工程量”、“搭接关系”、“资源”、“成本”、“施工部位”、“质量、安全” 八个选项卡构成， 分别显示出该工序八个方面不同的信息。如果选定的当前工作是 “摘要工作”或“辅助工作” 类型，则此对话框只显示“基本信息”、“搭接关系”、“施工部位”和“质量、安全”四个页面。如果选定的当前工作的工作类型是“里程牌”，则只显示“基本信息”和“搭接关系”两个页面。

1. 基本信息

“基本信息”选项卡显示“工作类型”、“持续时间”、“完成率”、“工作时间”、“自由时差”、“总时差”、“WBS 编码”、“强制时间”和“资源优先级”等信息。其中“完成率”、“自由时差”、“总时差”和“WBS 编码”是只读信息，它们由系统自动计算或生成。

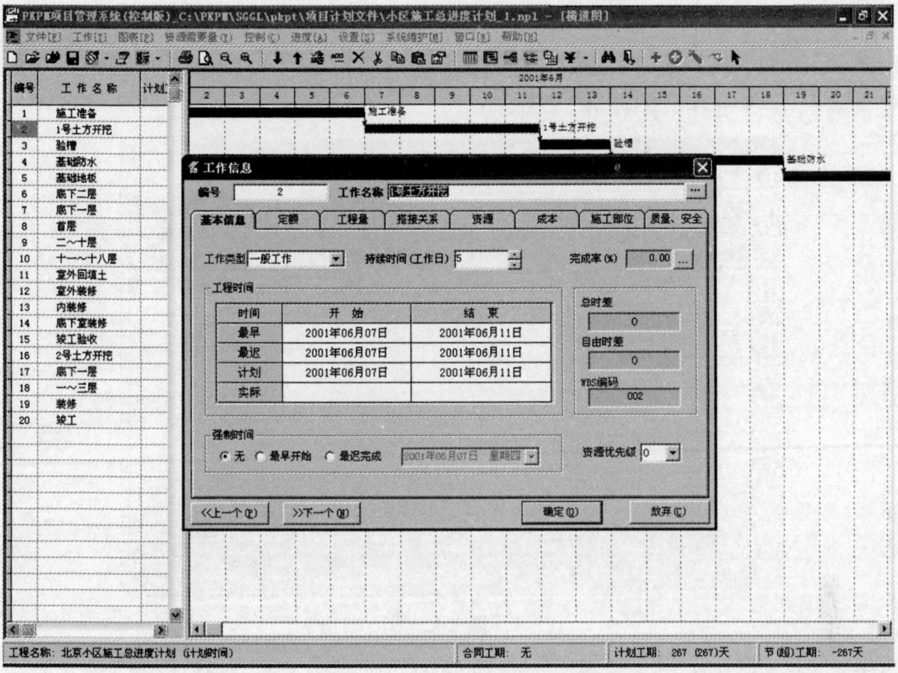

图 4.32

（1）工作类型。通过打开“工作类型”下拉列表框进行选择而改变当前工序的工序类型，如图 4.33 所示。在弹出的提示中确定即可。

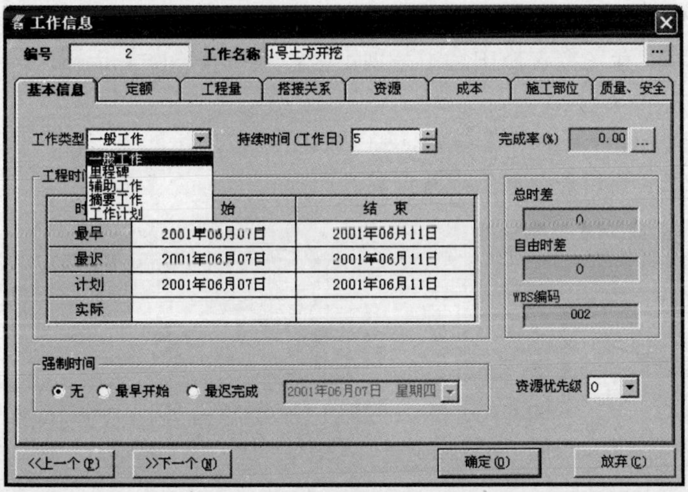

图 4.33

（2）持续时间。表示当前工序从开始至完成的持续时间（包含休息日）。对于一般工作来说，用户可直接输入数值。

（3）强制时间。包括最早开始时间和最迟完成时间，只有大纲级别为一级的工序才可设定，用来表示某个工序最早只能（或最迟必须）于某天开始（或完成）。

（4）优先等级。在进行工序优化时供参考的一个因素，可根据实际情况适当填写。

2. 定额

单击图 4.32 所示窗口中“定额”选项卡，进入“定额”页面，显示出该工序所绑定的概预算定额及其具体内容，如图 4.34 所示。

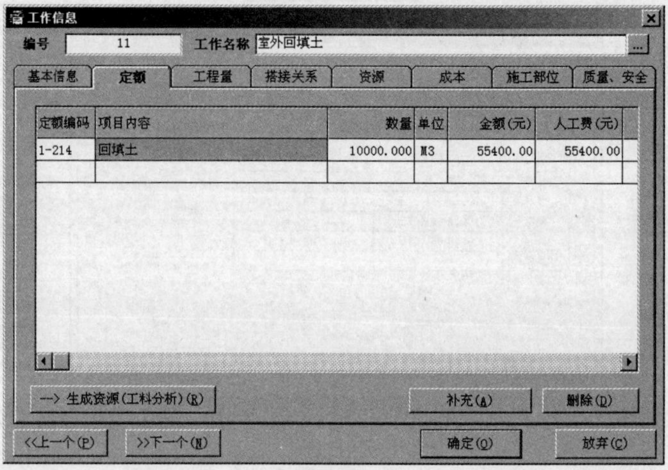

图 4.34

如果本工程的工序经过自动读取概预算过程，则所有工序的概预算项目及其工程量都是根据定额工序信息及工程的楼层信息自动生成的。如果没有经过自动读概预算过程，则定额工程量须手工补充。在页面中可对当前工序的定额进行修改、删除及补充操作。

（1）修改定额。在定额表格中直接单击要修改数据所在行列，使之成活动状态，输入要修改的数值后确定。

（2）删除定额。在定额表格中选中某项定额，单击【删除】按钮，单击【确定】按钮后即可删除。

（3）补充定额。单击【补充】按钮，弹出如图 4.35 所示的窗口。可供补充定额的两个来源有来自概预算定额和来自本工程概预算。

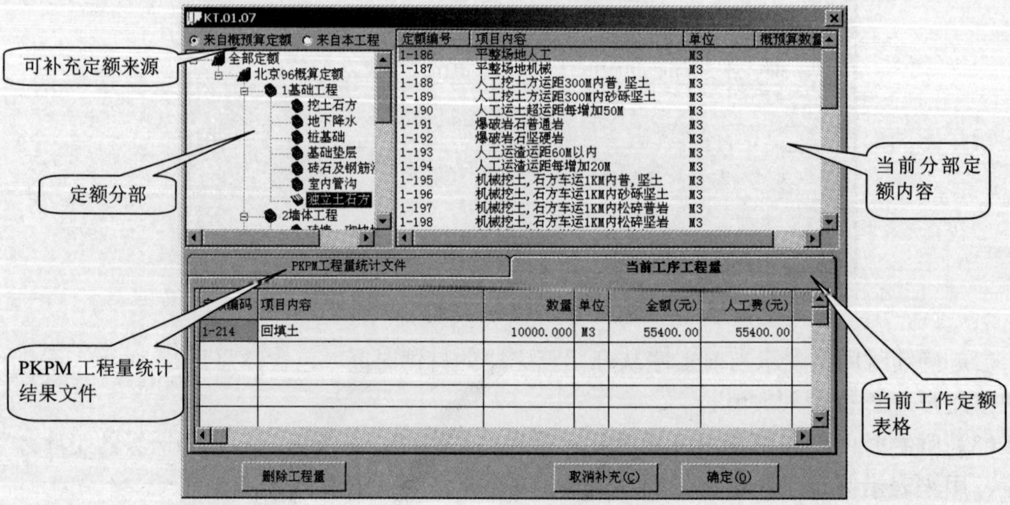

图 4.35

对于使用“PKPM系统软件STAT”生成的概预算文件，可以在补充工程量时，单击窗口“PKPM工程量统计文件”来查阅PKPM软件生成的各项工程量统计结果文件。

3. 工程量

单击图4.32所示窗口中“工程量”选项卡，进入“工程量”页面，显示出该工序所绑定的概预算定额及其具体内容，如图4.36所示。

（1）工作面类别。有“建筑面积”、“墙长”和“工程量”三种类型，表示当前工序是按哪种类型来安排施工人数，并决定系统自动计算工作面大小的数值。

（2）工作面大小。表示当前工序可供施工人员使用的工作数值。

（3）最小工作面。表示在不影响施工人员工作效率的情况下，平面每人（机）应该占有的最小工作面数据。

（4）最多安排人（机）数。本工序在当前工作面条件下最多可安排人数。

（5）人（机）日定额产量。在正常发挥劳动效率的情况，平均每人（机）每个工作日（班）可完成的工作量数值。

（6）最短持续时间。当前工序在现有条件下最短可能持续的时间。

（7）计划持续时间和计划人（机）数。当前工序计划持续的时间和计划安排的人（机）数。

（8）定额综合人工。本工序安排的施工工种及工种人员的配备比例和人数，可对其进行调整。

4. 搭接关系

搭接关系是表示两个工序在施工安排时的时间连接关系。工序间的搭接关系有紧前搭接和紧后搭接两种，本页面中的搭接关系是以当前工序的紧前工序进行描述的。

单击图4.32所示窗口中“搭接关系”选项卡，进入“搭接关系”页面，如图4.37所示，工序间的搭接关系由“紧前紧后工作”、“关系表述”和“搭接时间”三部分构成。

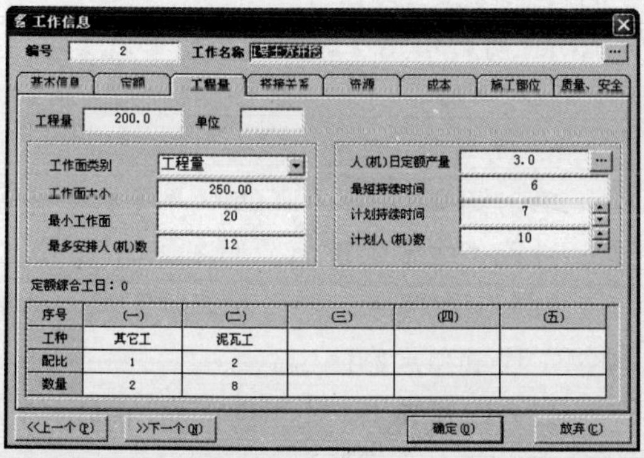

图4.36

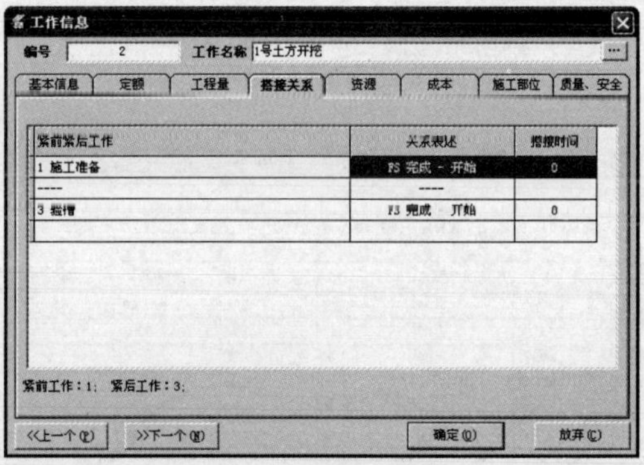

图4.37

（1）修改搭接关系。单击选中要修改的搭接关系所在的行，“紧前紧后工序”和“关系表述”列出两个下拉列表框，可根据实际情况进行选择和改变搭接时间。

（2）建立搭接关系。在表格中的空白行上单击，输入适应的参数便可增加一条新的搭接关系。

（3）删除搭接关系。将选中行的“紧前紧后工序”列选为空值，便可删除选中的搭接关系。

5. 资源

单击图 4.32 所示窗口中“资源”选项卡，进入“资源”页面，如图 4.38 所示。

窗口中列出了当前工序所用到的所有资源。

（1）考核资源的显示。勾选“只显示要考核资源”，使其成选中状态则只显示本工序需要考核的资源，反之则全部显示。

（2）修改资源数量。单击表格中要修改的资源行，然后在其中输入数量即可。也可以在这里双击某一个资源，则弹出【资源属性】对话框，修改资源的属性。

（3）补充资源。单击【补充资源】按钮，窗口变成如图 4.39 所示。

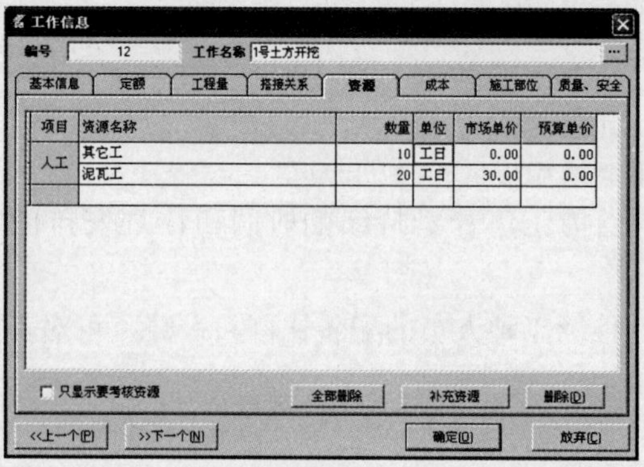

图 4.38

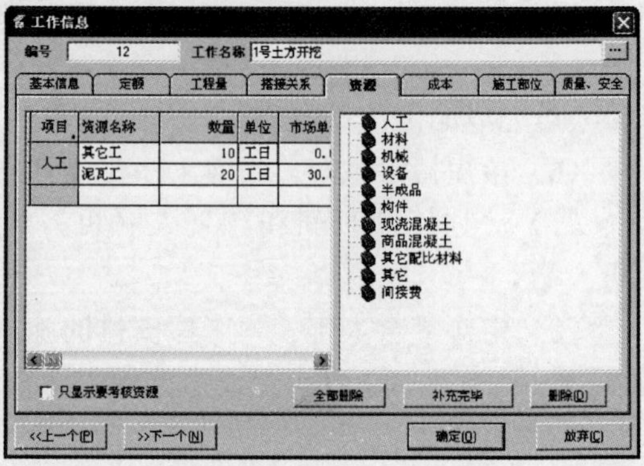

图 4.39

图 4.39 中右边是系统可用资源列表树，树中列出了可供补充的资源，单击逐级展开资源列表树，找到所要补充的资源后，双击该资源便可将其补充至当前工序的资源中；或在要补充的资源上按下鼠标左键，拖动至当前工序的资源列表上再松开。

（4）删除资源。选中资源表中单击要删除资源所在行，单击【删除】按钮单击【确定】按钮。

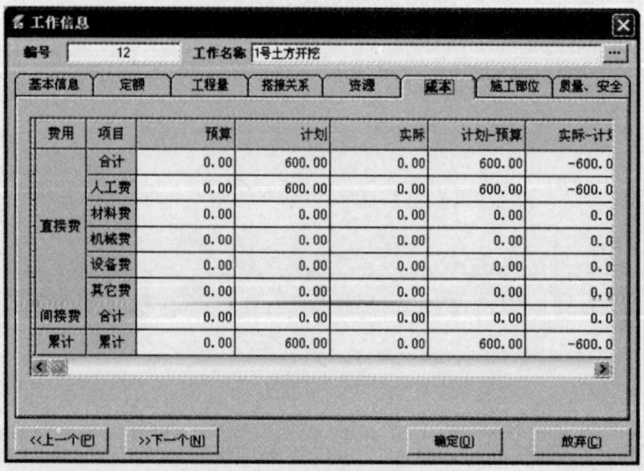

图 4.40

6. 成本

单击图 4.32 所示窗口中“成本”选项卡，进入“成本”页面，如图 4.40 所示。

（1）预算成本。由当前工序所绑定的概预算工程量和定额确定。

（2）计划成本。由当前工序所绑定的资源确定，其中“设备”部分已计入机械费，“半成品”及“构件”部分已计入材料费。

（3）实际成本。由实际使用（或消耗）的人工、材料及机械量组成。

可以对以上由程序自动计算得出的各项成本数据进行修改，单击要修改的行列，然后输入数据。

7. 施工部位

单击图 4.32 所示窗口中“施工部位”选项卡，进入“施工部位”页面，如图 4.41 所示。可以在此页面中输入当前工作的施工信息，如“合同编号”、“施工部位”、“施工单位”、“负责人”等。

8. 质量、安全

单击图 4.32 所示窗口中“质量、安全”选项卡，进入“质量、安全”页面，如图 4.42 所示。图中显示了当前工序的“常见质量问题及预防措施”及“常见安全问题及预防措施”。

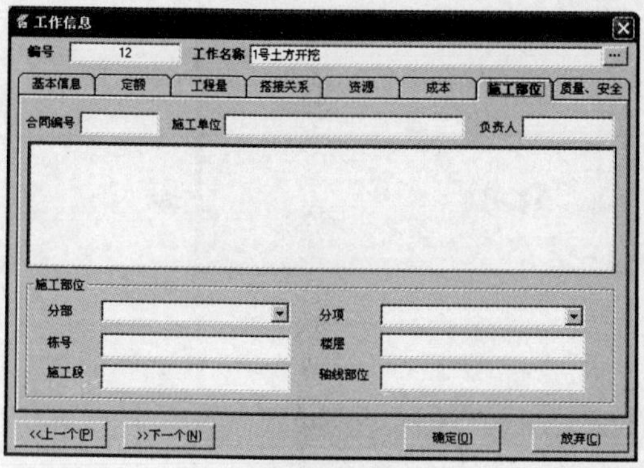

图 4.41

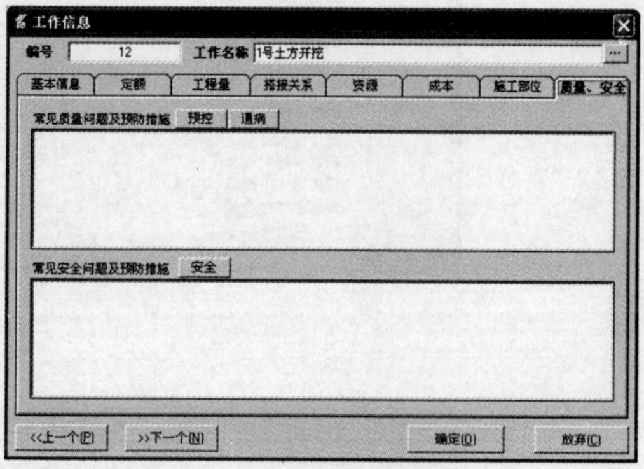

图 4.42

（1）质量预控。单击【预控】按钮，会弹出【质量预控】对话框，如图 4.43 所示。

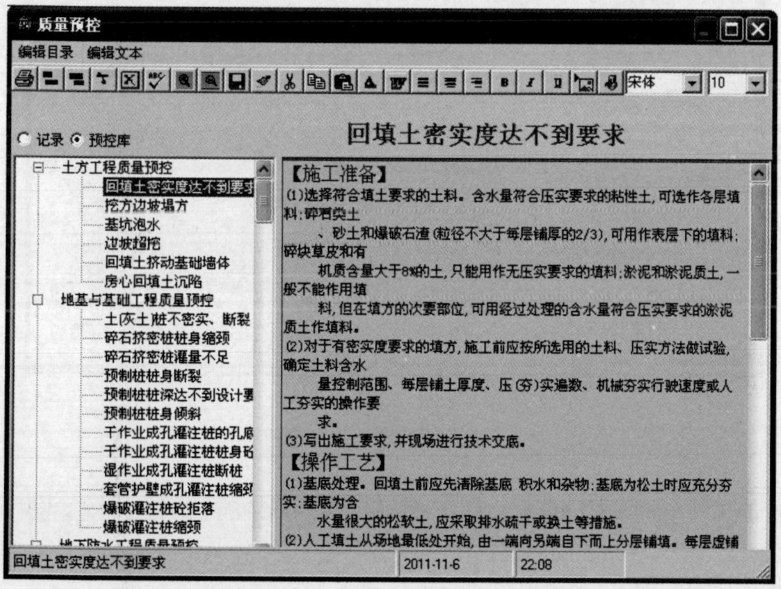

图 4.43

（2）通病防治。单击【通病】按钮，会弹出【通病防治】对话框，如图 4.44 所示。

（3）安全管理。单击【安全】按钮，会弹出【安全管理】对话框，如图 4.45 所示。

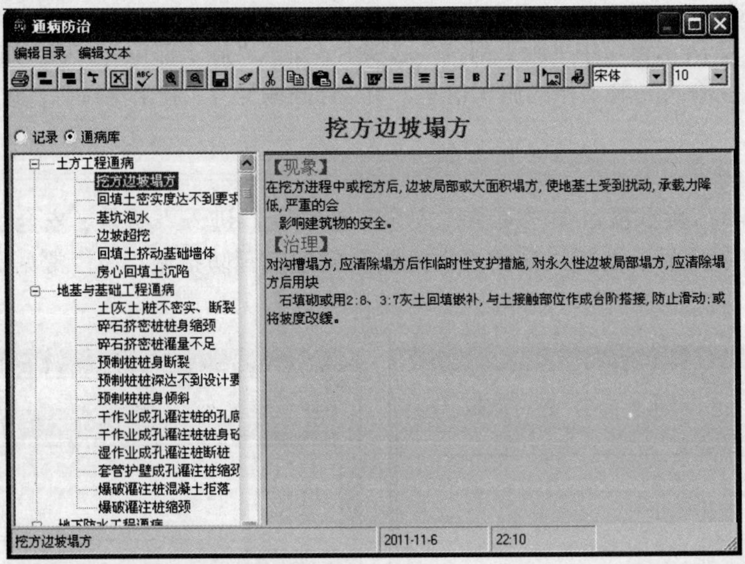

图 4.44

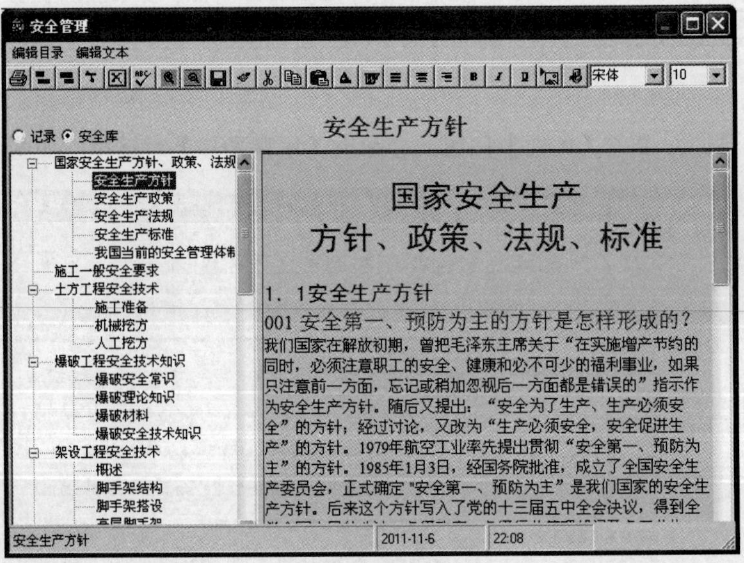

图 4.45

4.2 计算机辅助施工管理系统进行横道图绘制

任务目的：运用计算机辅助施工管理系统进行横道图绘制。

任务重点：计算机辅助绘制横道图。

任务难点：计算机辅助绘制横道图；学生结合所给工程的情况进行分析，确定各分项工程的逻辑关系，绘制横道图。

4.2.1　任务的导入

面对国内经济的高速发展，投资规模的不断扩大，工程项目的大量增加，建筑企业正面临着前所未有的机遇和挑战。为了提升企业的竞争力，尽快实现与国际先进管理模式接轨。先进管理理念的引进与信息技术的应用将是解决问题的关键因素，信息技术正迅速进入建筑业。具体应用在项目管理上，就是在限定的资源（人工、材料、机械设备、资金）条件下，以尽可能快的速度、尽可能低的费用（成本或者投资）圆满完成项目任务。它有三个最主要的方面，即专业目标（功能、质量、生产能力）、工期目标（进度目标）和费用目标（目标成本、投资），三者共同构成项目管理的目标体系。所以在信息技术高度介入建筑项目管理的今天，计算机辅助绘制横道图就成为必然。

4.2.2　任务的分析

横道图是在带有日期坐标的图表上以一根横线表示施工工序的施工计划图（图 4.46），横线的长短表示施工工序的延续时间。横道图可分为两个部分：左边部分是一个表格，它列出了各工序的计划工期、紧前（后）工作等一些主要参数；右边部分则是与左边工序对应的延续时间横道图形，其上部是工序名称。日期坐标的格式和参数均可随时进行设置。

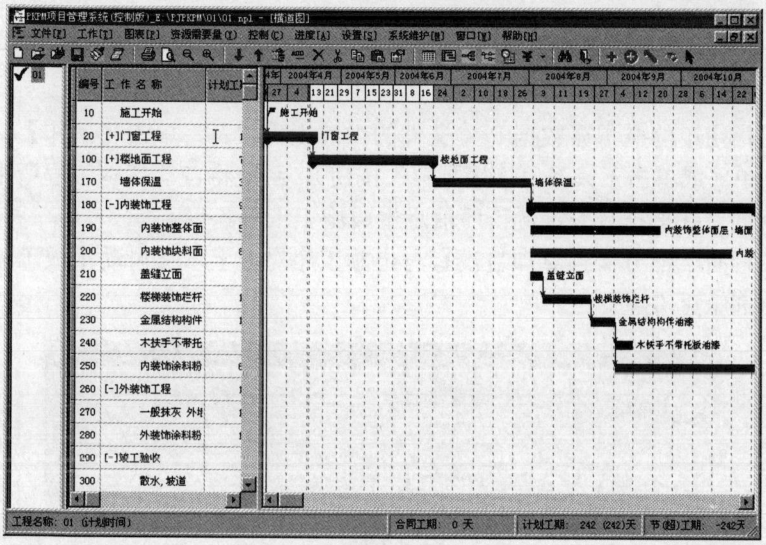

图 4.46

横道图中显示时间的样式可以通过设置菜单分别设置显示“最早时间”、“最迟时间”和“计划时间”等，系统默认为“计划时间”，在此状态下用户还可设置显示的横道图是否带搭接关系线、是否带自由时差和是否显示进度前锋线等。

单击工具栏上【放大】、【缩小】按钮（或按下快捷键 [F7]、[F8]）可横向放大或缩小横道图。

横道图左右两部分的宽度可以调整：移动光标至左右两部分的交界处时光标变成东西方向箭头状↔，按住鼠标左键拖动鼠标，分界线随着光标左右移动会移到合适位置。

横道图中的工序可以按大纲级别和工序性质进行分类。工序按大纲级别分为一级工序、二级工序和三级工序三类。在工序参数表格中不同级别的工序表现为工序名称的缩进长度上：一级工序为主工序，不缩进；二级工序为一级工序的子工序，缩进两个字符；三级工序为二级工序的子工序，缩进四个字符；如果某个工序含有下一级工序，那么在参数表格中其名称项前面会带有一个“[+]”或“[−]”，可通过单击工序参数表的“编号”项进行展开或收起操作。工序的大纲级别可通过【上升大纲级别】或【下降大纲级别】菜单进行升降。工序按工序性质分为五类，即一般工作、里程牌、摘要工作、辅助工作和工作计划。其中里程牌工序在横道图上以一个点带一面旗表示，只是表示施工过程某一关键时刻的一个标志，它本身不包含任何资源，也不占有时间。摘要工作是带有子工序的工作，它本身也不带有资源，它的持续时间由其子工序决定，可以为其设置强制时间。

4.2.3 任务的解决方案

在本教材中主要介绍 PKPM 系统的操作，对于施工工序的主要操作（包括生成、增加或删除、剪切或复制、上升或降低及组织流水施工等）主要是在横道上进行的。横道图的建立、生成或导入有四种方式，即新建项目、从概预算生成工序、从施工模板导入工序、从其它工程导入工序。新建项目方式已在 4.1 中进行了介绍，下面对后面三种生成导入方式及编辑作具体介绍。

4.2.3.1 施工工序的生成和导入

4.2.3.1.1 从概预算生成工序

对于已经指定了的概预算数据 PPK 文件的当前工程项目，单击【工作】→【从概预算生成工作】菜单（或单击工具条“读概预算”按钮），系统将自动从本工程所指概预算路径中读取概预算项目并根据有关定额工序信息生成施工工序。

如果本工程有一部分概预算项目没有与定额工序对应上，在自动生成工序前将会出现如图 4.47 所示的提示信息。

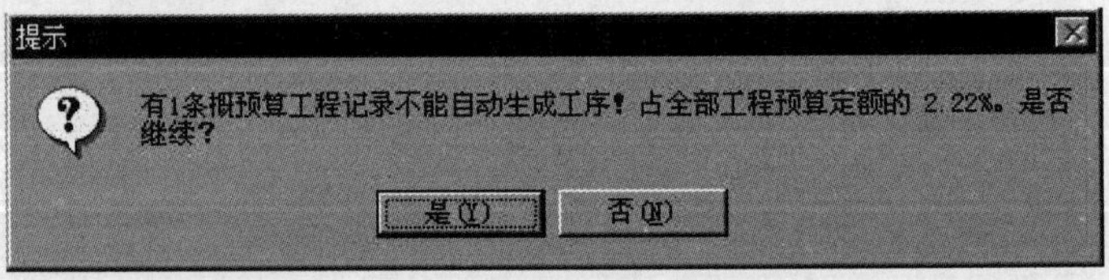

图 4.47

如果回答“是”，将忽略那些没有与定额工序信息对应上的概预算项目继续进行生成施工工序；如果回答“否”将中止生成施工工序，用户可对定额工序信息进行维护后再进行上述工作。

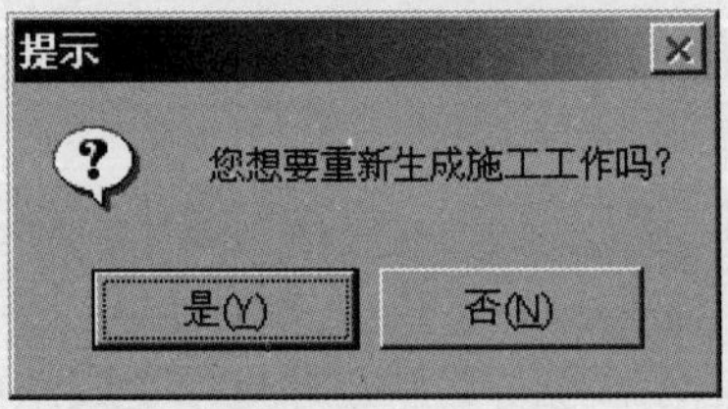

图 4.48

如果本工程已有施工工序，系统将会出现一个如图 4.48 所示的对话框，询问用户是否继续从概预算生成工序，“是”将删除现有的施工工序，重新根据概预算项目生成施工工序；“否”即取消操作。

生成施工工序横道图如图 4.49 所示。

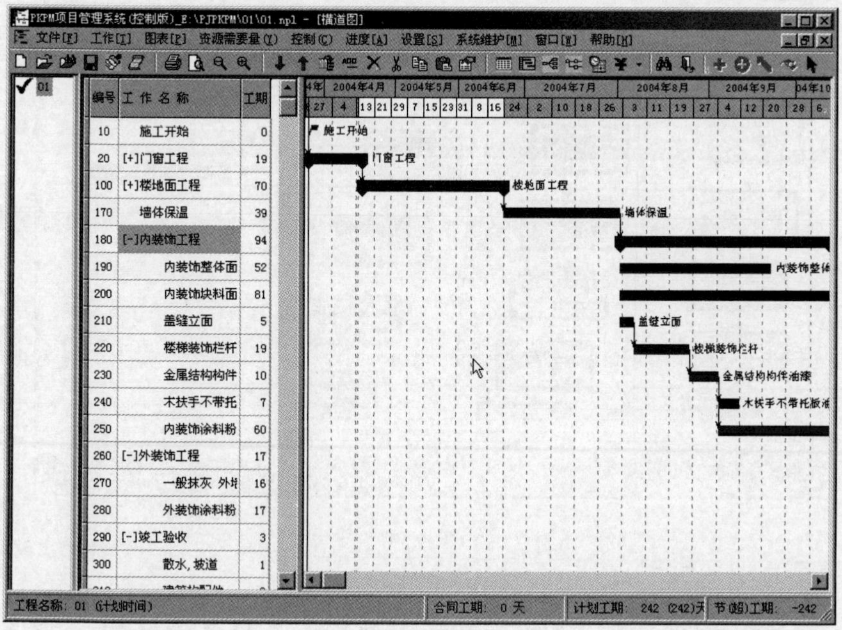

图 4.49

4.2.3.1.2　从施工模板导入工序

施工模板是一系列相对固定并简化了的施工工序集合体，它一般是由各种结构、各种类型建筑或某一局部的比较经典的施工过程或步骤组成。利用施工模板可快速准确地生成施工工序。

施工模板可分为“工序模板”和“工程模板” 两大部分。“工序模板”存放的是一些局部工程的施工工序或施工过程，它又分为“地基、基础”、“主体工程”、“装修工程”、“用户自定义模板”四个部分。其中前三部分是系统自带的（用户也可添加维护），“用户自定义模板”是用户通过将当前工程另存为施工模板而建立的一种局部工程的施工模板。

工程模板存放的是各种建筑结构（如砖混结构普通住宅、框架结构工程工艺模板等）的整个工程的系统施工过程。

因此从施工模板中可以导入局部工程或导入整个工程。

1. 导入整个工程

如果用户打开的是“施工工程模板”中的模板，则此时导入的便是整个工程。例如当前工程为框架结构工程，操作步骤如下：

（1）单击【工作】→【从施工模板导入工作】菜单，打开模板选择窗口。

（2）双击窗口右边树状列表中的“施工工程模板”使其展开，再将光标移到“框架结构工程工艺模板”上单击，窗口如图 4.50 所示，左边窗口便出现该模板的施工工序图。

（3）单击【确定】按钮，便可按此模板生成施工工序，如图 4.51 所示。

（4）如果当前工程已有施工工序，会出现如图 4.52 所示的对话框，让用户确定是否继续进行。

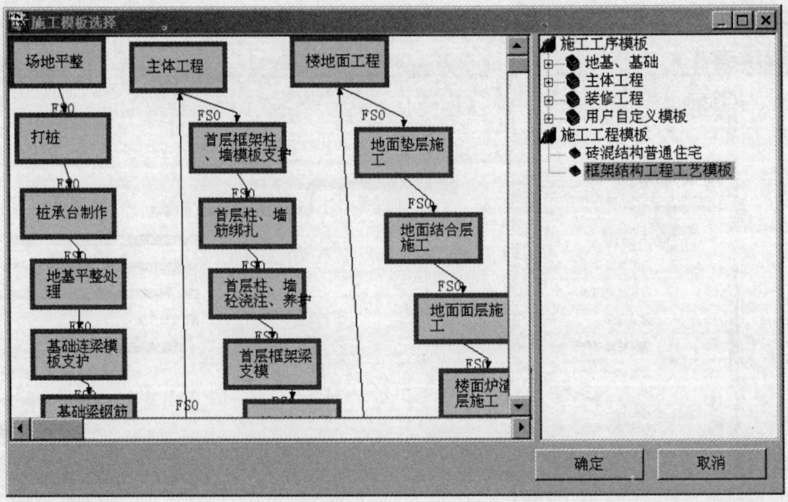

图 4.50

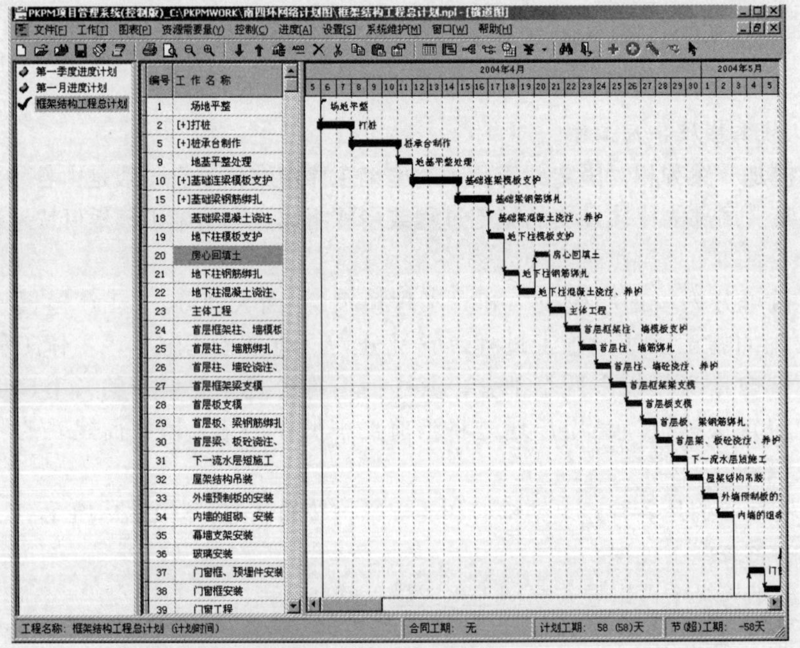

图 4.51

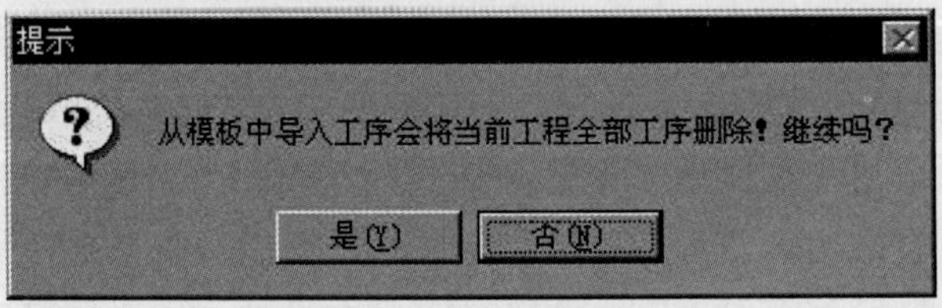

图 4.52

选择“是”则删除现有的施工工序，按所选模板生成新的施工工序；选择“否”则中止操作，维持现有工序。

（5）如果为当前工程指定了概预算文件，将会出现如图 4.53 所示的对话框，询问是否为当前所选模板的工序读取概预算数据。

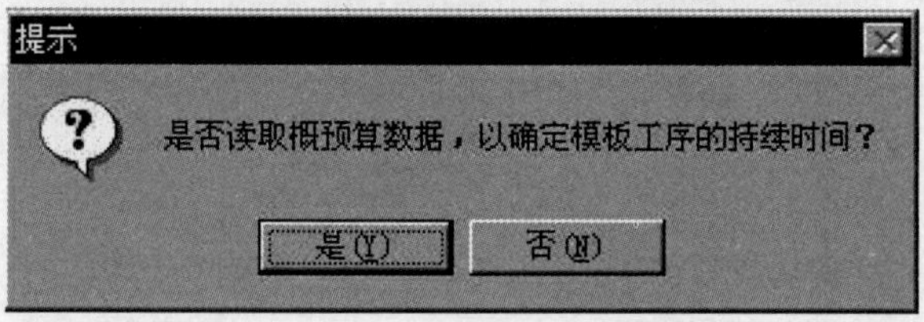

图 4.53

选择“是”将为当前模板中的工序按定额工序逐个在概预算中查找匹配的项目，此时不论有没有概预算项目只要模板中有的工序都将复制过来，并根据概预算数据和有关定额工序信息计算出工序持续时间、人员安排及资源配置等数据。

选择“否”将忽略概预算数据，直接生成工序，生成的工序中不带任何资源及概预算数据，所有实际工作的持续时间均为一天。

2. 导入局部工程

如果打开的是“施工工序模板”中的模板，则此时导入的就是局部工程。例如，要在当前工程中添加一个“地基工程”的施工过程，操作步骤如下：

（1）单击【工序】→【从施工模板导入工序】菜单，打开施工模板选择窗口。

（2）双击窗口右边树状列表中的“地基、基础”使其展开，再将光标移到“地基工程”上单击，左边窗口便出现了该模板的施工工序图（图 4.54）。

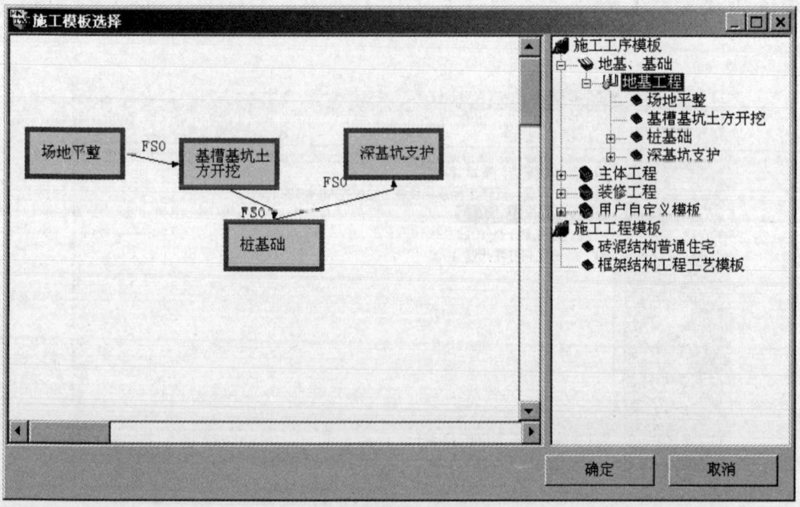

图 4.54

（3）单击【确定】按钮便可将此模板的四个工序导入到当前工序的前面（图 4.55）。

此功能可以导入不同的局部模板工序来拼装成一个较为完整的工序。

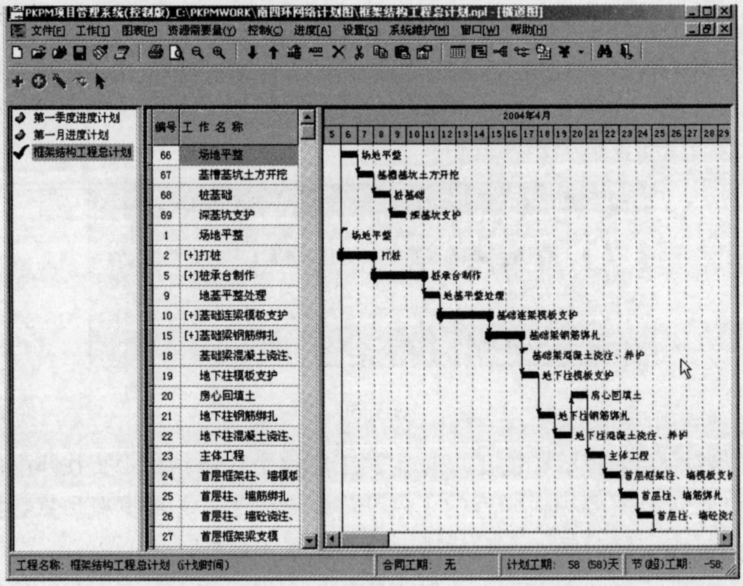

图 4.55

3. 从其它工程导入工序

从其它工程导入工序是将一个已经存在的工程项目的全部工序加入到本工程项目中来，使之成为本工程项目的一个组成部分。使用它可以将两个或多个工程项目合并为一个综合性的大型工程项目。

例如，要将一个已经做好的存放在“项目计划文件”目录中的工程项目文件“南四环网络计划_1.NPL”中的施工项目加入至图 4.55 所示的工程中。操作方法如下：

(1) 单击【工作】→【从其它工程导入工作】菜单，出现一个选择工程窗口，如图 4.56 所示。

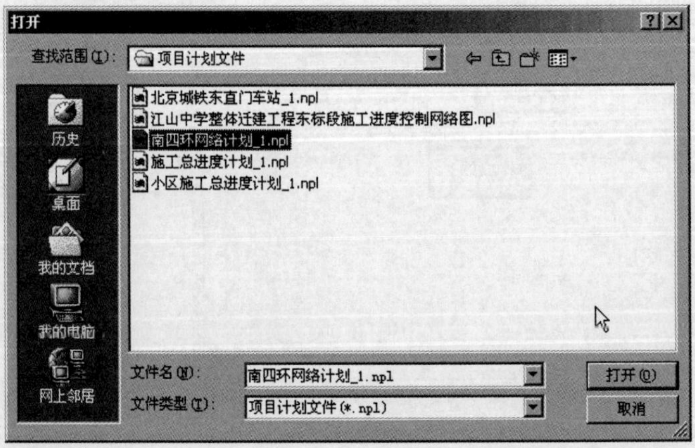

图 4.56

(2) 找到并选中该文件，然后单击其中的【打开】按钮。系统将所选工程工序加入至当前工程工序的后面，如图 4.57 所示。

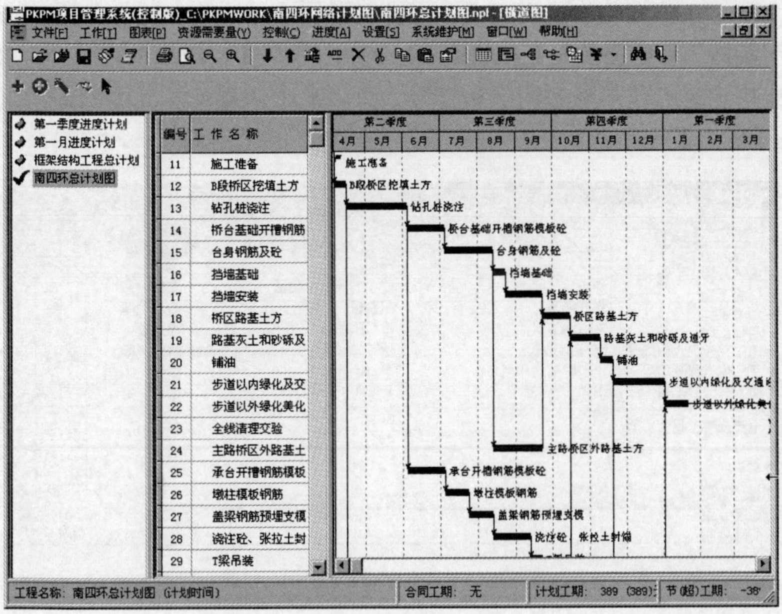

图 4.57

4.2.3.2　对横道图施工工序的编辑

4.2.3.2.1　增加

使用此功能可为当前工程项目中增加一条工作记录。单击【工作】→【增加...】菜单（或按快捷键[CTRL]+[A]），出现一个【增加工作】窗口，此窗口是一个空白的工作信息窗口，如图 4.58 所示；在图 4.58 所示的窗口中按实际输入各个参数，单击【确定】按钮，新增的工作将放在当前工序的前面，如果没有当前工序则将放在所有工序的最后面。单击【放弃】按钮则维护原状。

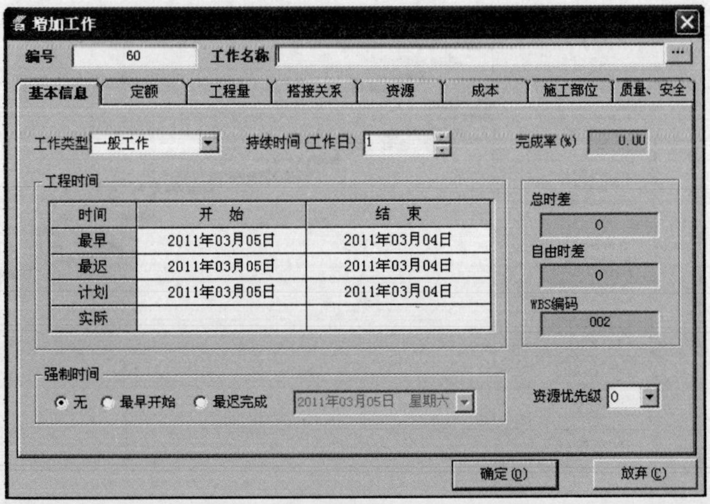

图 4.58

图 4.58 中的“工作名称”是必填项，可以采用快捷方法输入工作名称，单击图 4.58 所示窗口“工作名称”项后面的按钮 ，则会弹出一个【词组库】窗口，如图 4.59 所示，其中包含了一些建筑工程常用的词组和符号，可以从中任意单击其中的词组组成“输出词组”，当单击【确定】按钮时，该输出词组便是当前工序的名称。

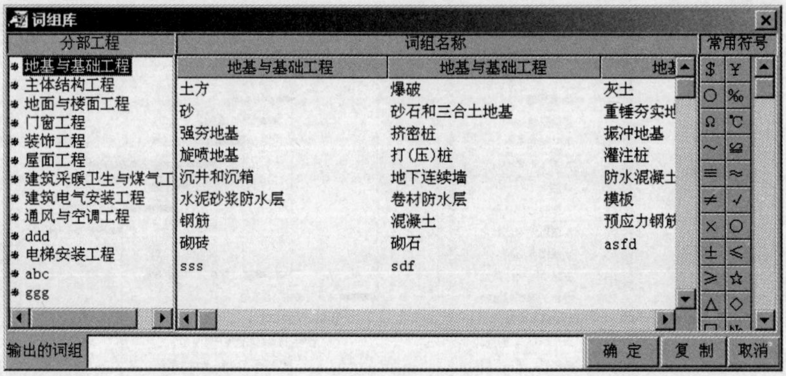

图 4.59

4.2.3.2.2 删除

使用此功能可将一个或多个施工工作从当前工程中删除。点选要删除的工作，若选择单个工作则可以直接在横道图图形上（或左边的表格内）单击即可；若选择多个连续工作，先在待选工作附近的空白处按下鼠标左键，然后拖动使其在图形区内画出一个虚线矩形如图 4.60 所示，松开鼠标，被虚线框框到的工作便被选中，如图 4.60 中被选中的两个工作为基础连梁模板支护和基础梁钢筋绑扎。对于选择多个间断工作，先按下[Ctrl]键，然后用鼠标在图形上逐个点取所要删除的工作。

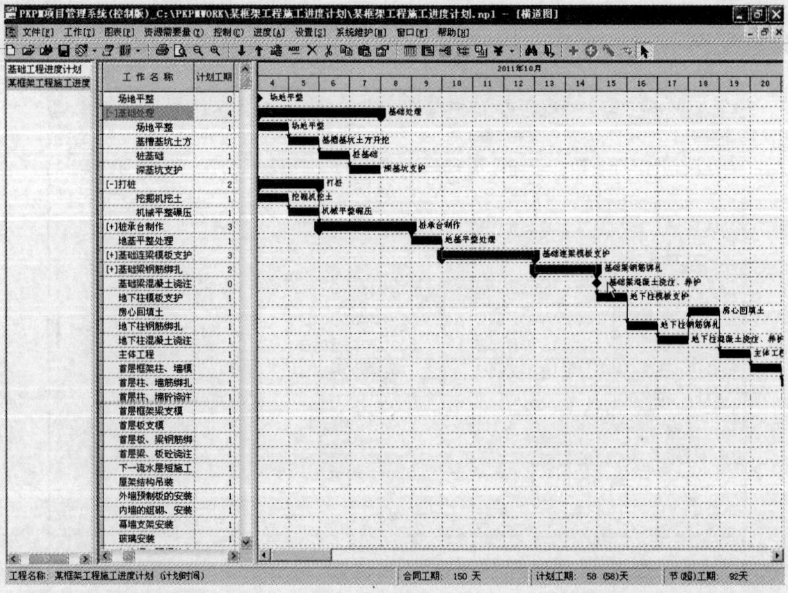

图 4.60

单击【工作】→【删除】菜单，弹出【提示】对话框，如图 4.61 所示；如果所选工序是流水工序，则弹出的对话框如图 4.62 所示。回答“是”将删除所选的工序，回答“否”则取消删除操作。

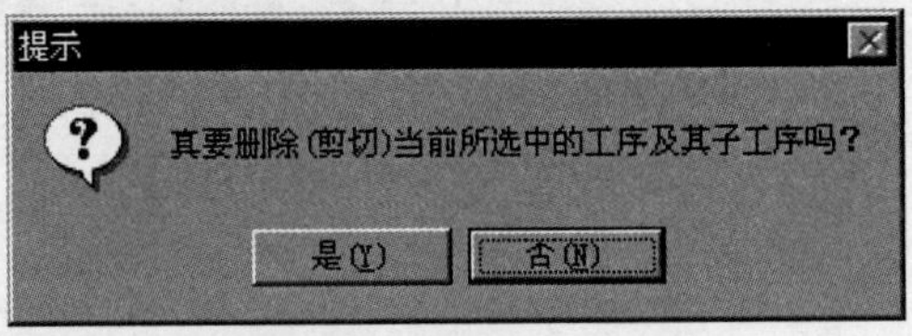

图 4.61

如果流水的子工序全部被删除，此时系统会出现如图 4.63 所示的窗口，询问是否将流水工序恢复到组织流水前的状态。可根据实际情况进行回答。

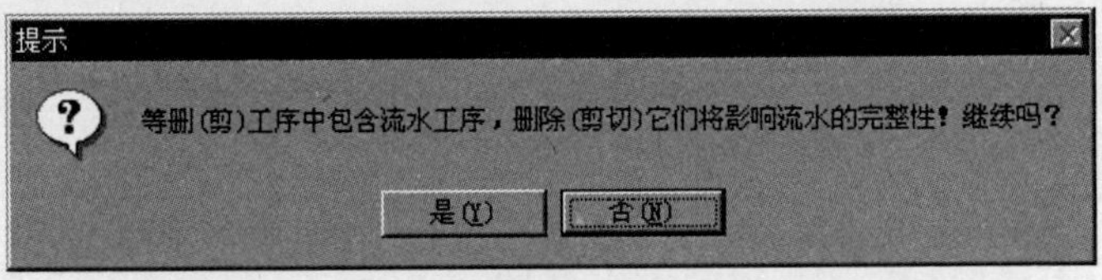

图 4.62

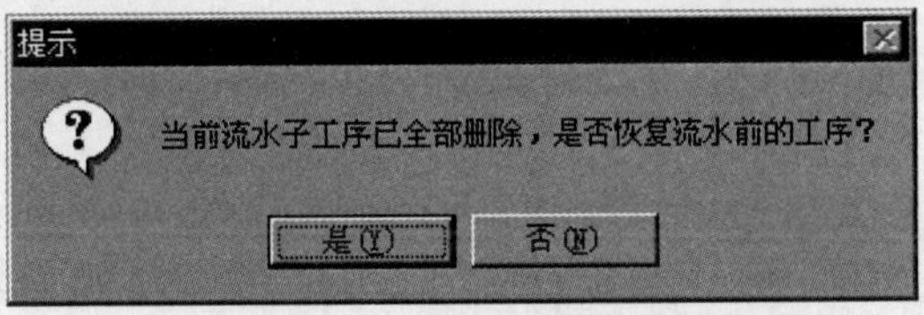

图 4.63

4.2.3.2.3　复制

（1）选择要复制的工作（方法同“删除”）。

（2）单击【工作】→【复制】菜单（或按快捷键[Ctrl]+[C]），将当前工作及工作信息复制到剪切工作集合中。

4.2.3.2.4　剪切

（1）选择要剪切的工序（方法同“删除”）。

（2）单击【工作】→【剪切】菜单；可将当前工序及工序信息剪切到剪切工序集合中。

4.2.3.2.5　粘贴

（1）选择当前工作。

（2）将复制（或剪切）下来存放在另一个工作集合的工作粘贴到当前工作中。被粘贴工作在当前工程中的位置由以下因素确定：如果粘贴工作与当前工作是同一大纲级别，则放在当前工作的前面；如果粘贴工作的大纲级别低于当前工作的大纲级别，则成为当前的子工作，放在其所有子工作的最后面；如果粘贴工作的大纲级别高于当前工作的大纲级别，则粘贴工作放置于当前工作的上一级大纲工作的前面。

（3）如果没有选中当前工作，则放在当前工程的最后。

4.2.3.2.6　合并

对于同一大纲级别、工作面相同且工程量有累加性的工作，如果是子工作还必须是同一父工作的子工作，可以将其多个工作进行合并为一个工作。操作方法如下：

（1）选择要合并的工作；如图 4.64 所示，选择了“砼”和“框架围护结构“两个工作。

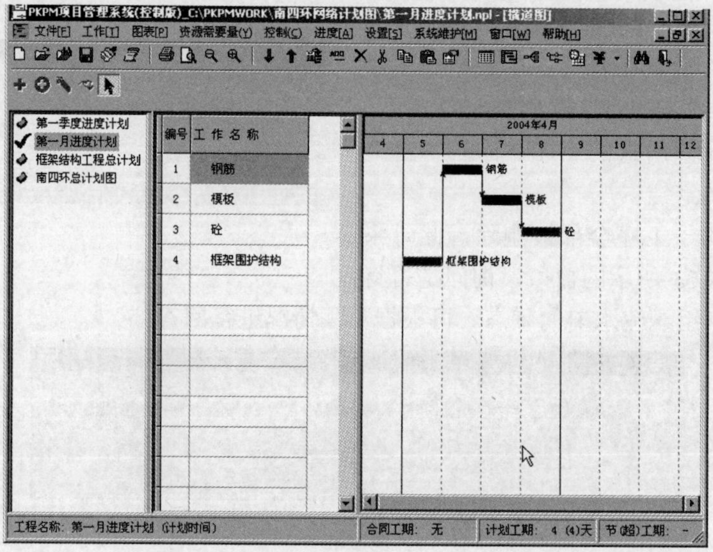

图 4.64

（2）单击【工作】→【合并】菜单，在弹出的【名称输入】对话框中输入合并后工作的名称，如图 4.65 所示。

图 4.65

（3）单击【确定】按钮，系统自动将上述所选的两个工序合并为一个工序，如图 4.66 所示。如果单击【取消】按钮或输入合并后的名称是空格而按下【确定】按钮，则会取消合并操作。

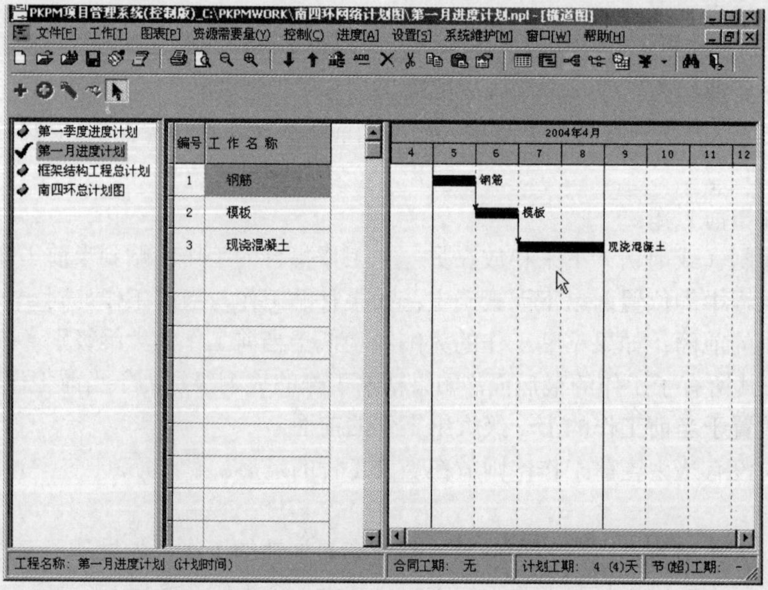

图 4.66

4.2.3.2.7　降低或上升大纲级别

降低大纲级别即是将当前工作的大纲级别下降一级，使之变为子工作。

例如，降低图 4.67 中的 “基础垫层”、“石基础”、“基础梁”三个工作的大纲级别，其操作方法如下：

（1）选择这三个工作，使之成为当前工作。

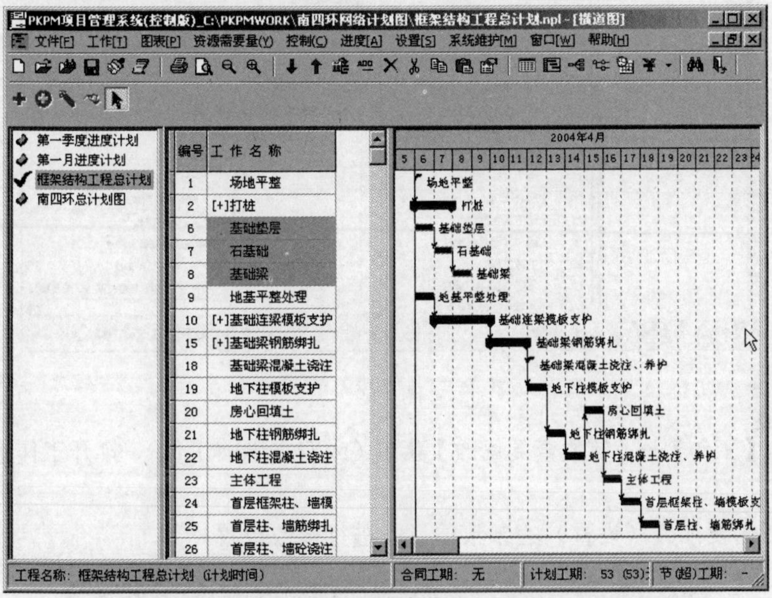

图 4.67

（2）单击【工作】→【降低大纲级别】菜单，此时会出现【提示】对话框，如图 4.68 所示，询问是否将所选工序降低为其兄的子工序，用户可作出不同的选择。选“是”则将此三个工作降低为打桩的子工作；选“否”则会看到这三个工作已成为了二级工作(图 4.69)，自动生成一个摘要工作作为这些降低级别工序的父工序。

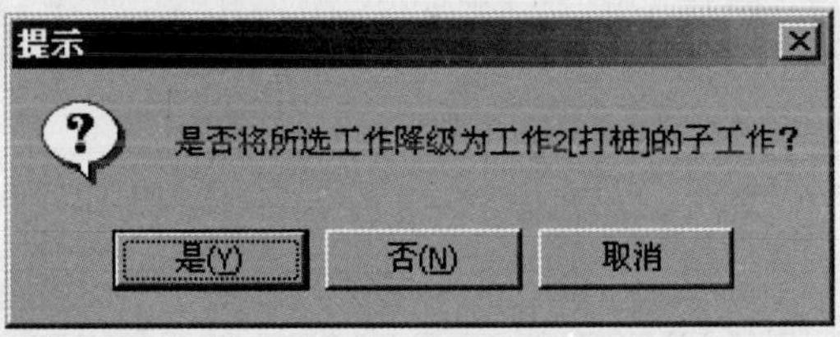

图 4.68

上升大纲级别是将子工作上升至其父工作同级的工作，是降低大纲级别的逆操作。

4.2.3.2.8　参数查阅修改

每个工作都有很多参数，这些参数决定（或影响）着这个工作的持续时间及性质，因此合理地设置工作参数显得相当重要。

操作方法如下：

（1）选择要查阅修改的工作，使之成为当前工作。

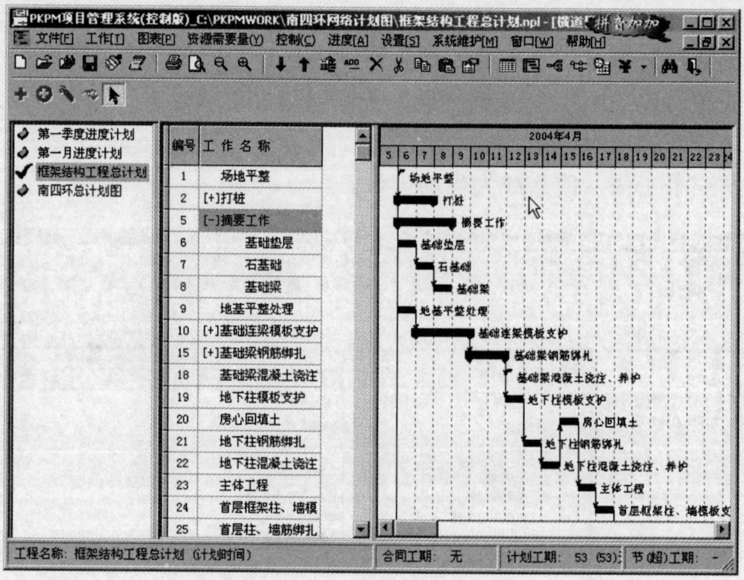

图 4.69

（2）单击【工作】→【参数查阅修改】菜单（或双击当前工作），打开工作信息窗口（图 4.70）。

（3）选择需要修改（设置）的参数项目，进行修改设置。

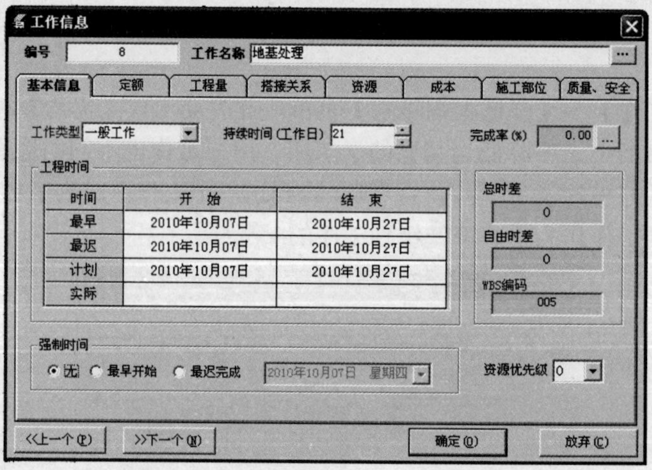

图 4.70

4.2.3.3 组织流水施工

1. 划分施工层

要有先从概预算文件读过来的楼层信息，然后才能进行施工层的划分。可以将一个或多个工序按施工层进行分解，生成新的施工工序。操作方法如下：

（1）在横道图中选择要划分施工层的工序。如图 4.71 所示，选择了“现浇构造柱”等四工序。

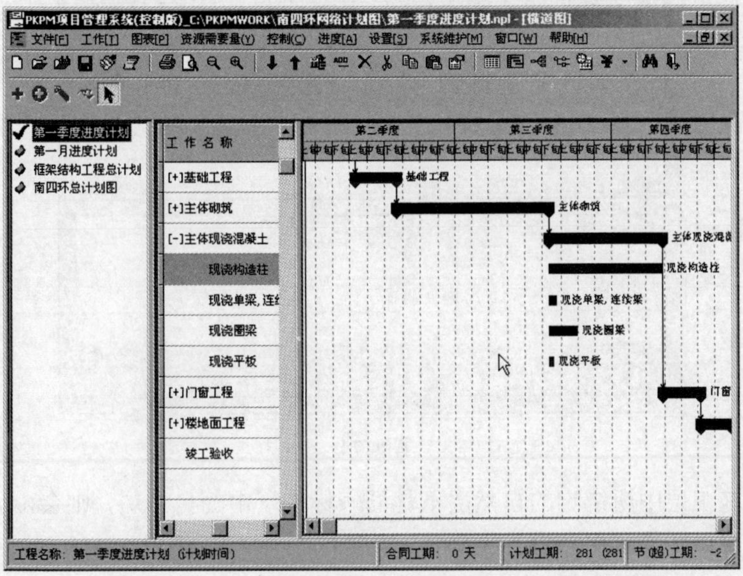

图 4.71

（2）单击【工序】→【划分施工层】菜单，出现【划分施工层】窗口，如图 4.72 所示。划分施工层操作分四步进行。

第一步：勾选如图 4.72 所示列表中的工序，单击【下一步】按钮，弹出如图 4.73 所示窗口。

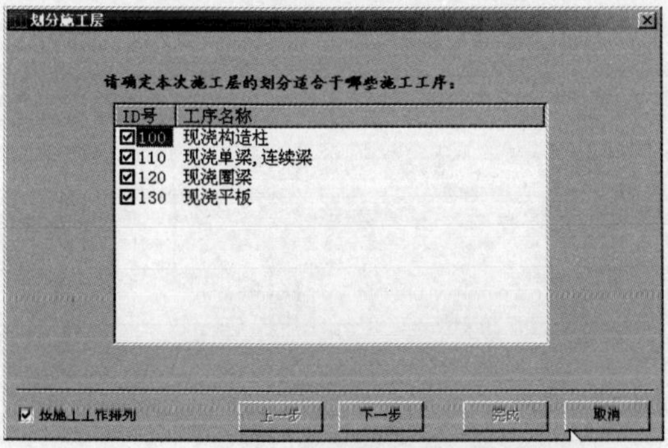

图 4.72

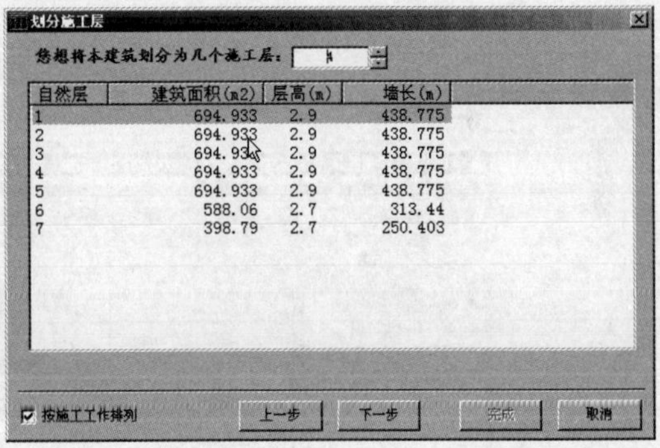

图 4.73

第二步：输入要划分的施工层数。系统默认按标准层数划分施工层，用户如不同意可直接在图 4.73 所示窗口上部文本框中输入施工层数，如本例中只需划分为四个标准层，因此在文本框中输入了“4”。单击【下一步】按钮，弹出如图 4.74 所示窗口。

第三步：将每个自然层划归到各施工层中去，此称为绑定自然层。绑定方法是首先选择要绑定自然层的当前施工层；然后在窗口下部的列表中找到要绑定的自然层，然后双击，该施工层便会加入到窗口上部“当前施工层已绑定的自然层”列表中。如图 4.74 中的第一施工层绑定包含了第一自然层和第二自然层。注意施工层数应大于 1，并且所有自然层都应绑定到施工层中，否则会出现错误提示。

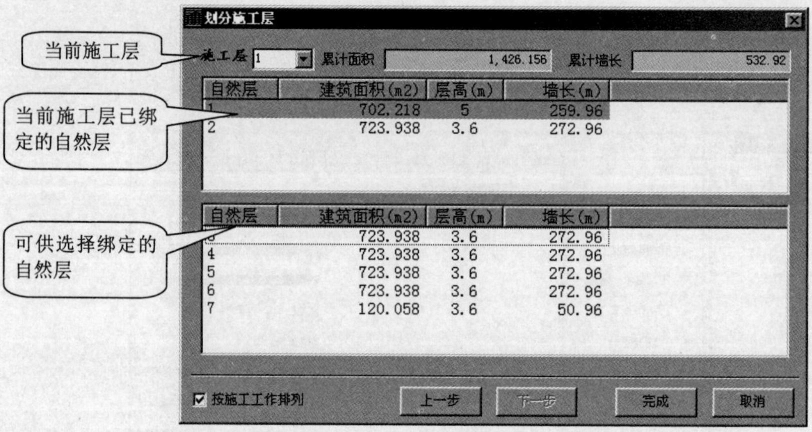

图 4.74

对于一个施工层中所绑定的自然层不是同一标准层中的自然层，则会出现如图 4.75 所示的【提示】窗口，要求用户进一步确认。

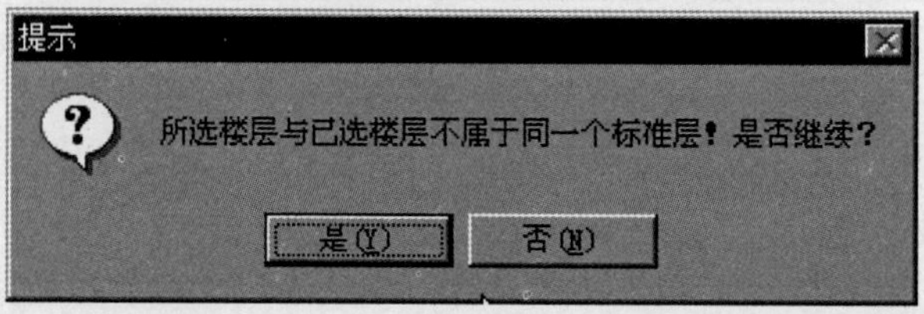

图 4.75

第四步：单击【完成】按钮，程序自动读取概预算数据及有关定额工序情况，进行计算生成新的横道图（图 4.76）。

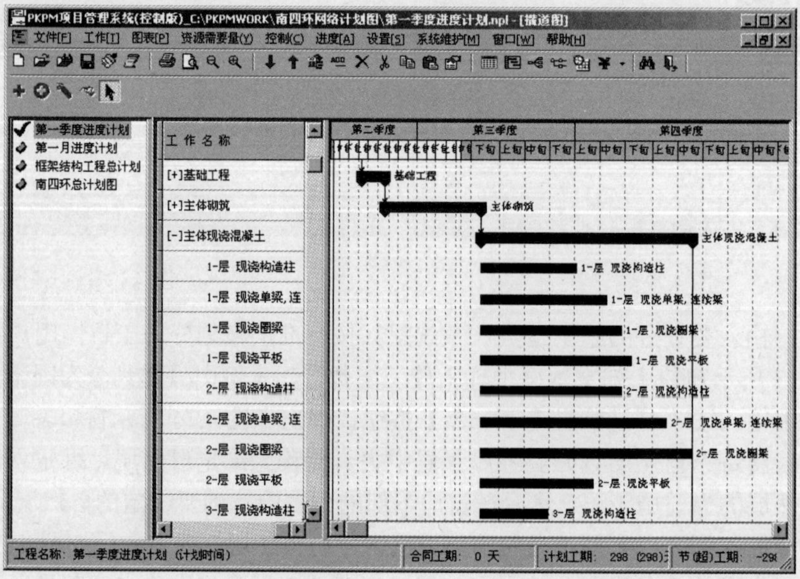

图 4.76

2. 选择要流水的工作（施工过程）

（1）在横道图上用窗口选取工作，即按住鼠标左键拖动，在方框内部和与方框交叉的工作将被选中。

（2）右击，再单击，弹出菜单中的【组织流水施工…】，弹出窗口如图 4.77 所示。

3. 确定参加流水的施工层、划分施工段及输入流水参数

如果当前项目有概预算数据，则可以直接选取要进行流水的层，系统默认所有的层都要进行流水。如果当前项目没有概预算数据，则必须输入层数并选取要进行流水的层。

单击【下一步】按钮，弹出【请确定】对话框，如图 4.78 所示，询问是否按基段流水。

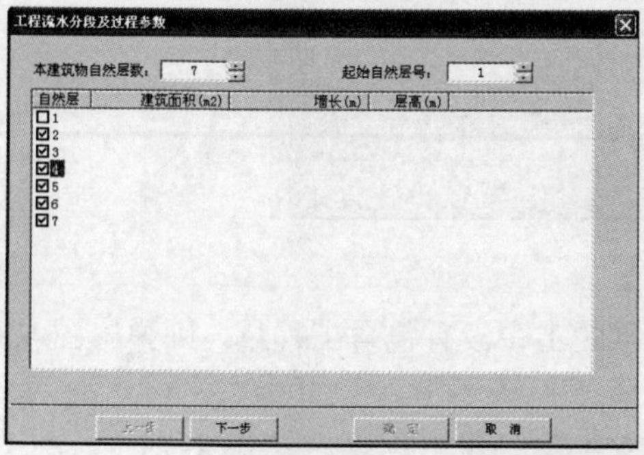

图 4.77

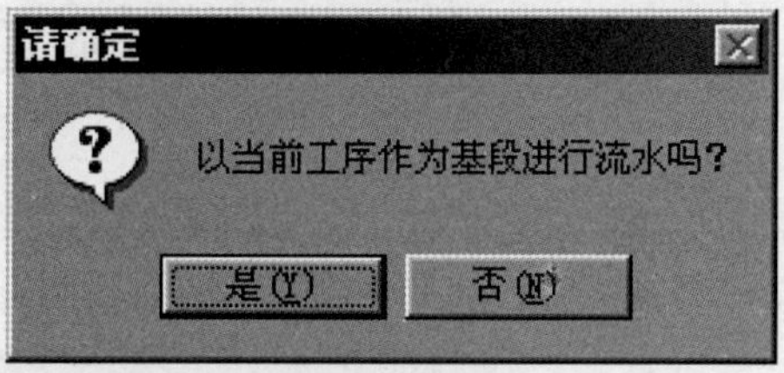

图 4.78

选择“是”，则弹出如图 4.79 所示窗口，选择的工序作为基本流水段（简称基段）的工序，后面的每层每段的对应工序除了名称加了层号和段号以外，与原来基段工序完全一样。可以在工程流水分段及过程数中输入每个自然层的分段数，不按基段流水时的每段所占比例、层间歇、过程间歇或平行搭接。当输入的段数小于施工过程数时，系统会提示工作队不能连续施工。层间隙表示两个相邻自然层之间的施工间隙，所以只能从第二个自然层以上开始输入。同样施工过程间竭也只能从第二个施工过程开始。

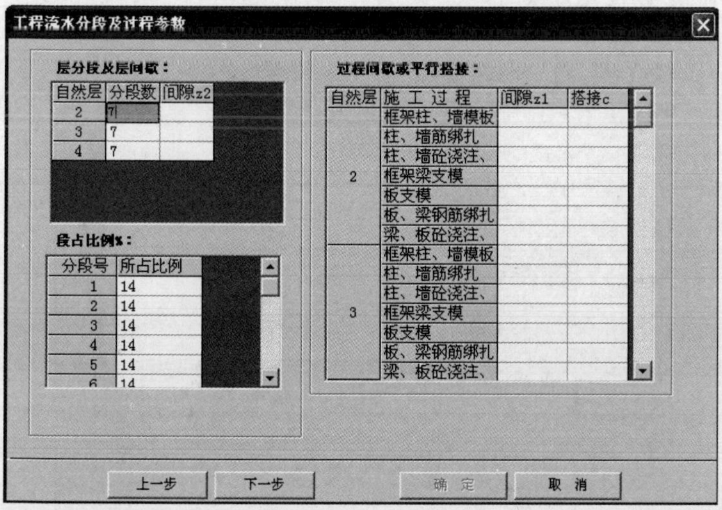

图 4.79

选择“否”则认为选择的工序为每层每段施工过程的“和工序”，需要输入各层各段的比例对它按层、段分割，如图 4.80 所示。

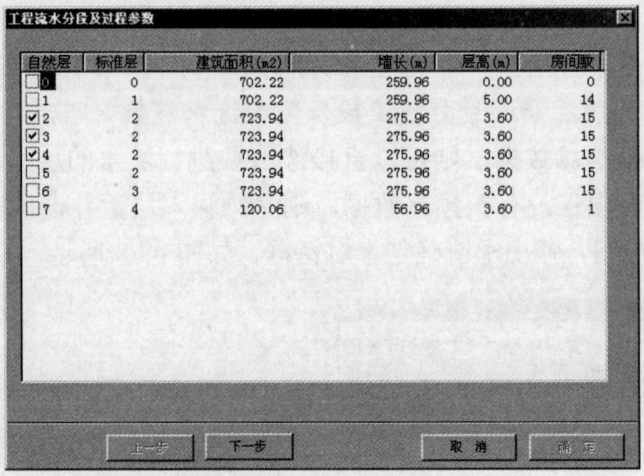

图 4.80

对于所选取的自然层为非基段流水，要流水的工序没有包含工程量，则弹出图 4.81 所示【错误】对话框。

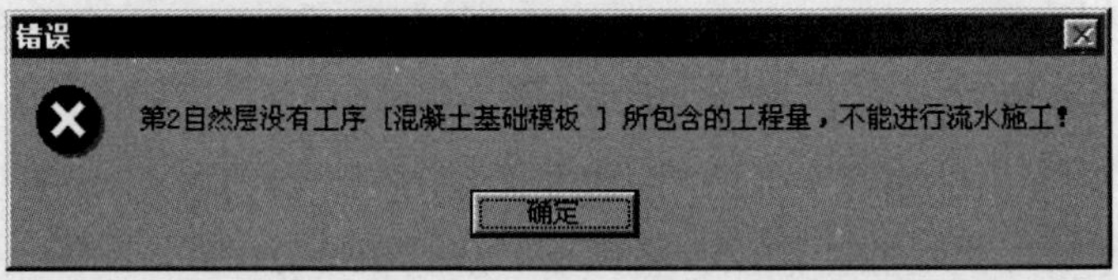

图 4.81

4. 计算流水子网工期

图 4.80 中的参数输入完成后，单击【下一步】按钮，弹出对话框如图 4.82 所示，可进行工期计算，或单击【连续施工优化】、【异节奏专业队优化】按钮，弹出如图 4.83、图 4.84 所示对话框，当同意该优化方案时，可以回答“是”，退出后，系统会重新计算各层各段的有关参数。

图 4.82

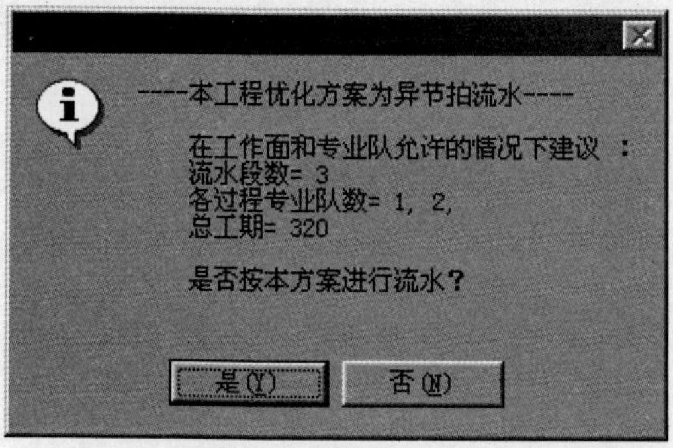

图 4.83

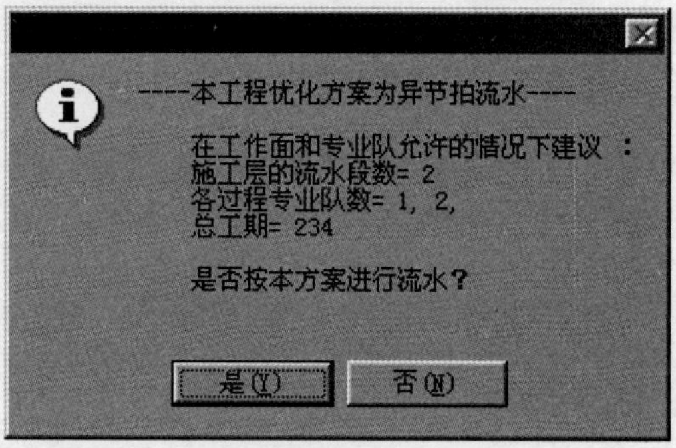

图 4.84

单击图 4.82 所示窗口右下角的【确定】按钮，则返回到按组织流水施工安排的横道图界面，如图 4.85 所示。

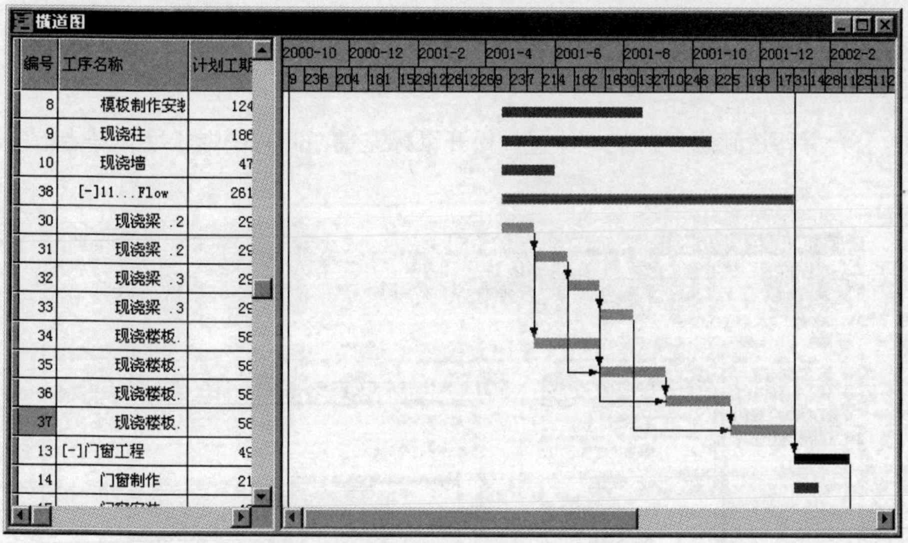

图 4.85

4.2.3.4 横道图调整

1. 调整搭接关系

在横道图上可以通过鼠标拖动直接改变工作之间的搭接关系。操作方法如下：

（1）在横道图上移动光标捕捉到所要设置的工作，此时光标变为一个，按住鼠标左键不放，此工序为紧前工作。

（2）非水平方向拖动鼠标，此时窗口中会出现一根固定在紧前工作上线条，另一端随光标移动到需要与之建立搭接关系的另一工作上，松开鼠标（此时该工作为紧后工作），弹出建立搭接关系窗口（图 4.86）；如果紧前工作与紧后工作间已存在有搭接关系，则窗口中【删除】按钮呈有效状态，可以单击【删除】按钮，将原有搭接关系删除。

在“关系表述”下拉列表框中，有四种搭接关系如图 4.87 所示；“FS 完成-开始”表示紧前工作完成 X 天紧后工作开始；“SS 开始-开始”表示紧前工作开始 X 天紧后工作开始；

“FF 完成-完成”表示紧前工作完成 X 天紧后工作完成；“SF 开始-完成”表示紧前工作开始 X 天紧后工作完成。

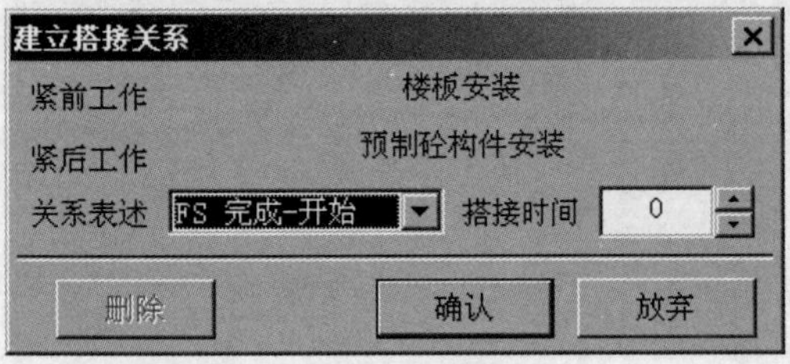

图 4.86

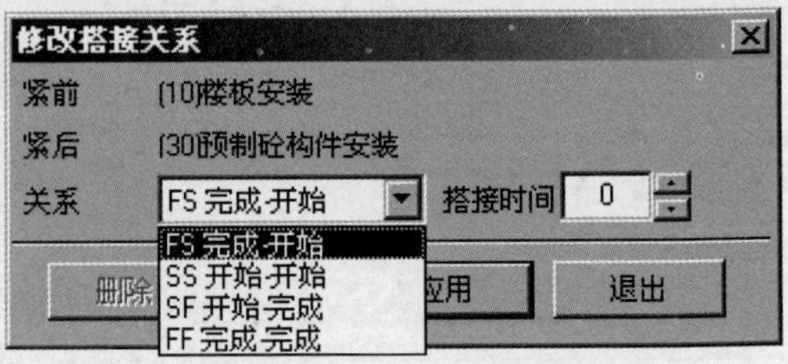

图 4.87

2. 调整计划持续时间

（1）在横道图上移动光标到所要调整计划时间的工作的右端，此时光标变为一个⟺。

（2）按住鼠标左键水平左（右）拖动光标，可以见到一个虚框的一端随光标的移动而缩短（拉长），同时虚框下面信息提示框中当前工序信息也在随光标的移动而不断变化（图 4.88 所示）。

（3）当光标移达到想要的某一位置，松开鼠标左键，此时图形长度即是当前的计划持续时间。

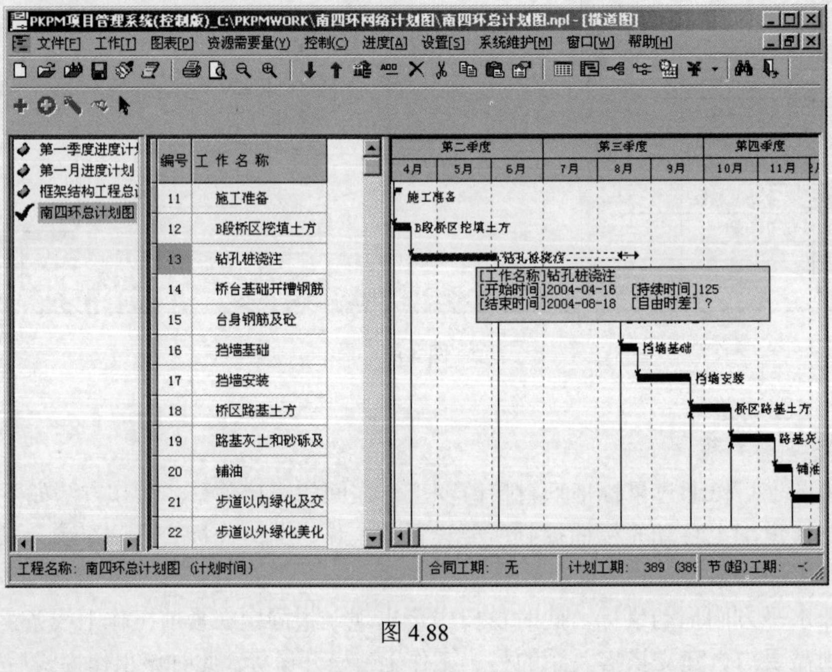

图 4.88

3. 调整强制时间

（1）在横道图上移动光标到所要设置的工序上，光标变为一个✥。

（2）按住鼠标左键，并水平左右拖动鼠标（图 4.89），此时窗口上会出现一个黄色的信息框，提示工序目前位置的开始时间和结束时间。

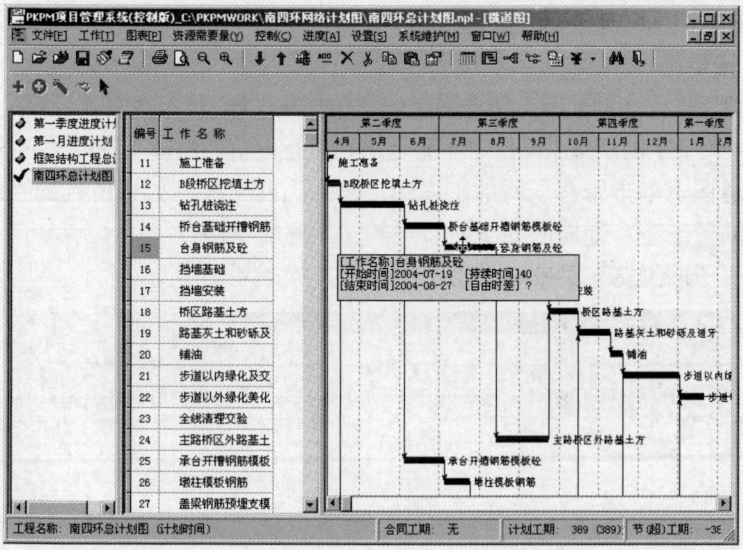

图 4.89

（3）当信息框中的提示时间达到要求时松开鼠标，此时弹出一个【提示】对话框，如图 4.90 所示，回答“是”则拖动后的开工时间即变为该工序的计划开工时间，并记为强制开工时间；如回答“否”，则取消本次操作。

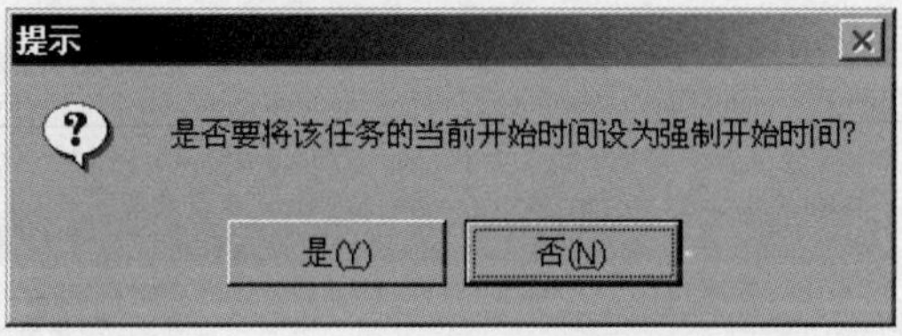

图 4.90

4. 调整横道图时间标尺

调整横道图时间标尺有三种方法：

（1）单击工具栏上的【放大】、【缩小】按钮或按热键[F7]，[F8]就会放大或缩小时间标尺。

（2）在时间标尺上按住鼠标左键向右或向左拖拽，可以使时间标尺缩小或放大。

（3）选择菜单栏设置中的“图形参数”，将会弹出参数设置对话框，如图 4.91 所示。或直接在时间标尺上右击，弹出菜单如图 4.92 所示，再选择“图形参数”，单击“时间刻度”页面，可以进行设置主刻度和次刻度的样式。

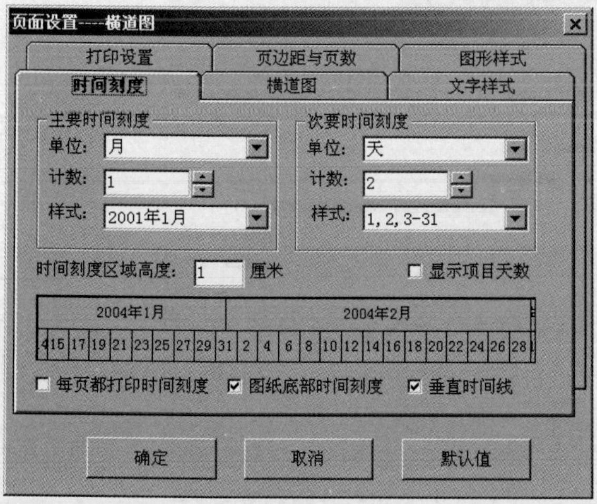

图 4.91

图 4.92

4.2.3.5 带子网横道图和带资源图的横道图

1. 带子网横道图

子网横道图操作方式同前面介绍的横道图操作方式一样，可以改变其计算时间或改变搭接关系等；可以将一个子网从整个网络中单独提出来进行浏览或编辑，提取子网的方法如下：

（1）在横道图上单击带有子网的工序图，选为当前工序。如果所选的当前工序是一个没有下级工序的子工序，则提取的子网将是其父工序的子网。

（2）单击“子网浏览”菜单，弹出子网窗口，如图 4.93 所示。

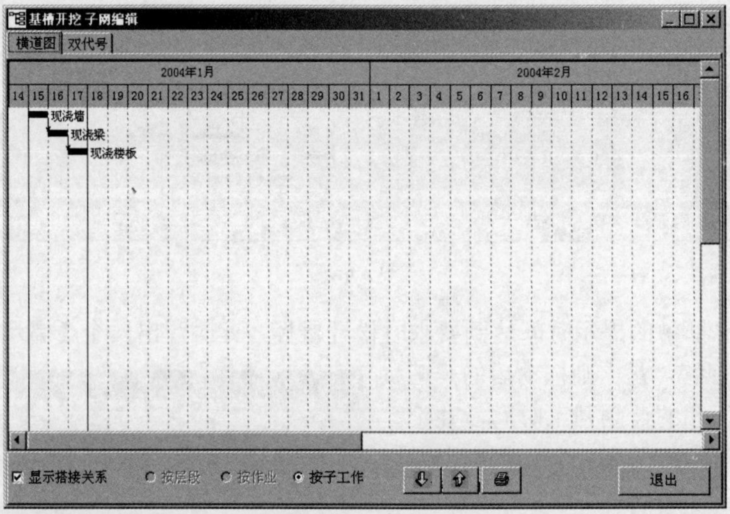

图 4.93

2. 带资源图的横道图

在横道图中右击，在弹出的菜单中选择“浏览资源”项，此时横道图变为带资源图的横道图，如图 4.94 所示。

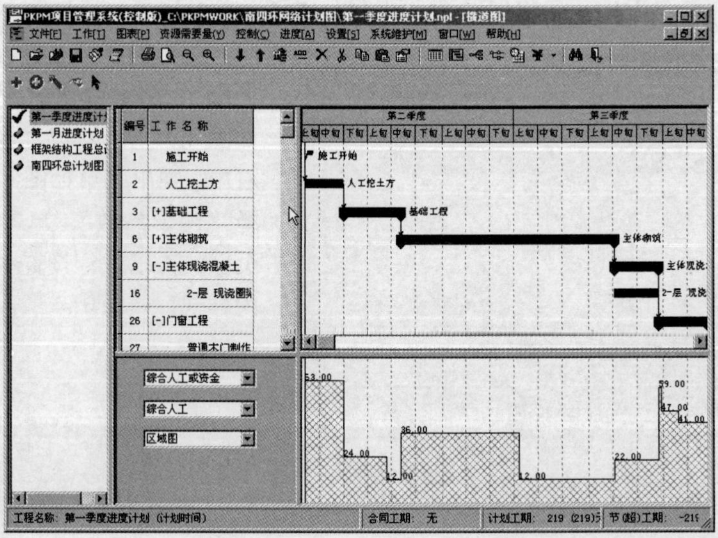

图 4.94

可以在左下角的选择框中选择资源类型。如果第一个选择框中选择资源类型为“自定义资源及消耗”选项时，则在它的旁边会出现一个按钮，单击该按钮弹出【自定义资源消耗】对话框（图 4.95），可以在里面输入自定义资源消耗数据，输入完毕单击按钮退出。

图 4.95

4.2.3.6　存图及打印（预览）

当施工计划横道图设置好后，可以将其另存为其它格式的图形文件，所保存的图片文件可作为图片插入到其它文档中去，如 WORD 文件等，或将其打印出来。

1. 存图

单击【文件】→【图形另存为】菜单，出现【另存为】窗口，如图 4.96 所示。在窗口中确定图形要保存的目录和名称（扩展名为“wmf ”或“emf”）后，单击【保存】按钮。

图 4.96

2. 打印（预览）

单击【文件】→【打印预览】菜单，或在工具条上单击【打印预览】按钮，便可打印预览当前显示的横道图，如图 4.97 所示。

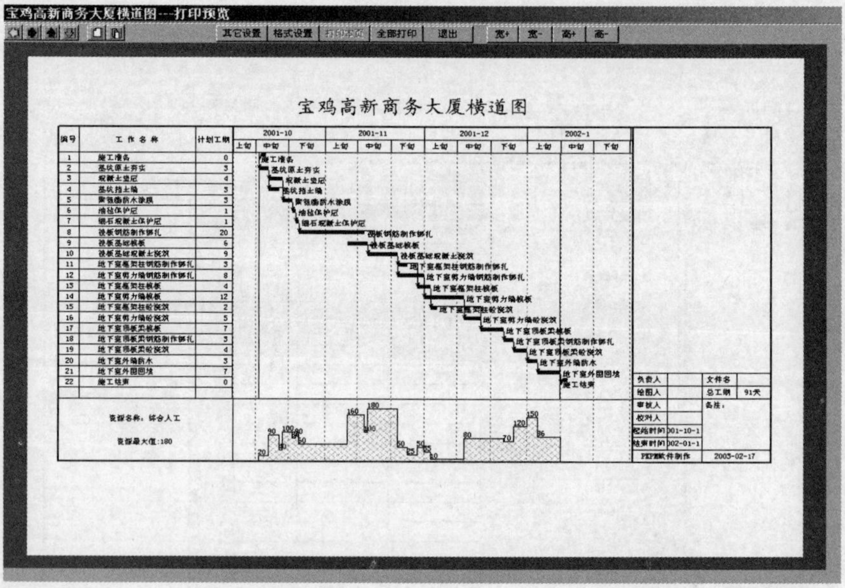

图 4.97

单击【格式设置】按钮，可对打印纸张、打印字体、横道图的颜色及内容、打印机的名称、打印范围及打印份数等进行设置，如图 4.98、图 4.99 所示。

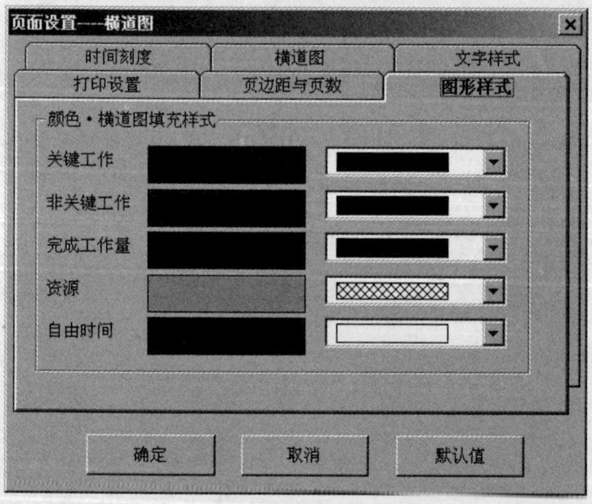

图 4.98

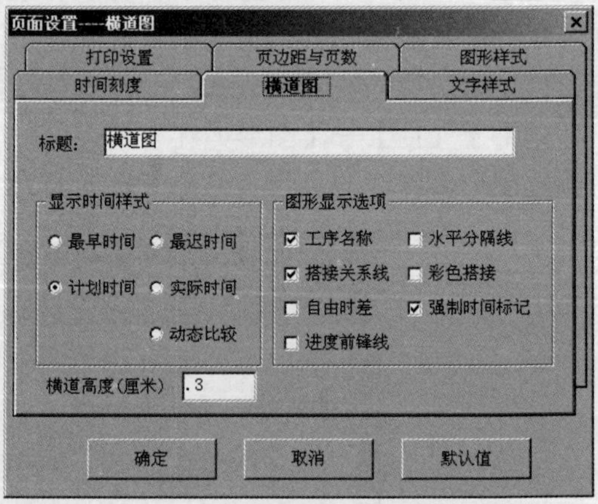

图 4.99

单击【其它设置】按钮，可对横道图说明、图签等进行设置，如图 4.100 所示。当纸张大小不够容纳图形时，系统会自动将图形分页，并可调看其中任何一页并对其进行打印。

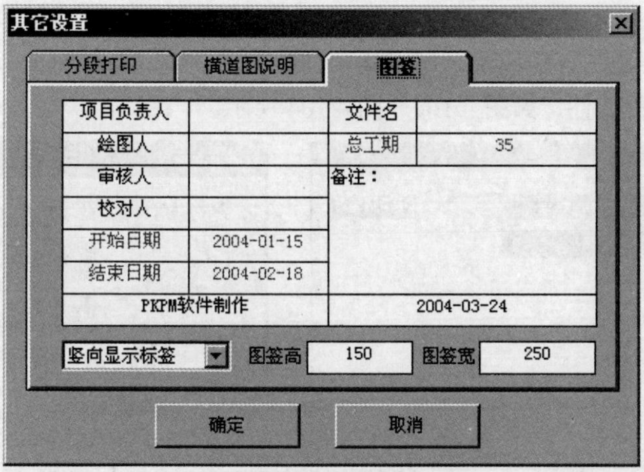

图 4.100

4.2.4　任务解决方案的评估

本工程为××学校新校区一期工程，位于某市长清区，建筑面积 64860m^2，其中教学楼工程 26000m^2，地上四层，地下一层，框架结构。

本着先地下，后地上，先结构，后装饰，土建安装密切配合的原则制定施工方案。本工程按基础、主体结构、装修、安装四个阶段组织施工及验收。

地下结构全部采用钢模板，地上部分柱、梁、板全部采用覆膜竹胶板，按二层考虑配置模板，有效合理的安排劳动力和周转工具。

（1）基础土方采用机械开挖配以人工清槽，加快土方处理速度。

（2）考虑工程单层建筑面积很大和外型情况，工程分成四部分两段流水同时施工，最后进入全面装饰阶段施工直到工程竣工清理。

（3）安排基础尽快验收，主体施工的同时完成室内外回填及部分室外工作，完善场地环境。

（4）在土建施工的同时，安装工程各工序合理穿插作业，不占用正常的工期。

根据招标文件的工期要求，结合本单位的实力，拟定本工程工期目标：施工日历天数为 213 天，工程计划 2003 年 12 月 1 日开工，2004 年 6 月 30 日竣工。为保证工期目标的实现，结合本工程的实际情况，特制定以下工期控制点：

第一控制点：2003 年 12 月 25 日，土方开挖完。

第二控制点：2004 年 2 月 12 日，地下结构完。

第三控制点：2004 年 4 月 4 日，主体结构完。

第四控制点：2004 年 6 月 23 日，室内装修工程完。

第五控制点：2004 年 6 月 30 日，工程竣工。

以上是工期的控制点的布置，在各控制点施工中，分段进行流水作业，各工序穿插施工。在施工过程当中，要按工期总目标的要求确保各分段工期的实现，在保证施工质量的前提下，采取合理措施，适当缩短工期。

4.2.4.1 用 PKPM 软件进行 XX 学校新校区一期工程横道图绘制

（1）运行 PKPM 施工管理模块，如图 4.101 所示。

（2）创建新工程文件，如图 4.102～图 4.104 所示。

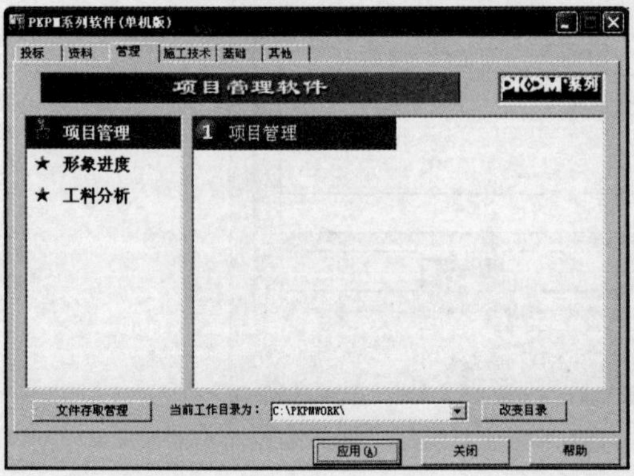

图 4.101

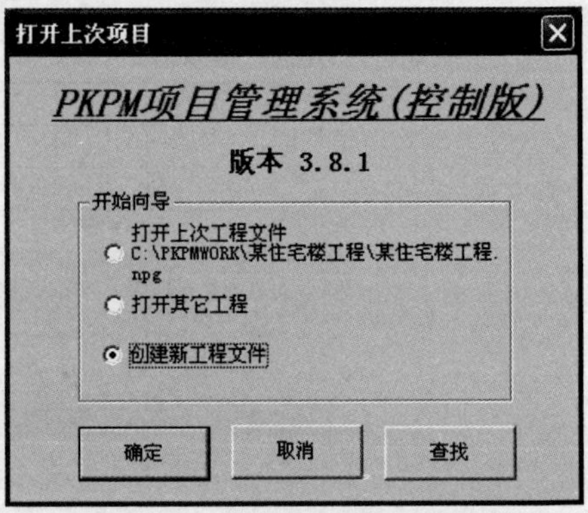

图 4.102

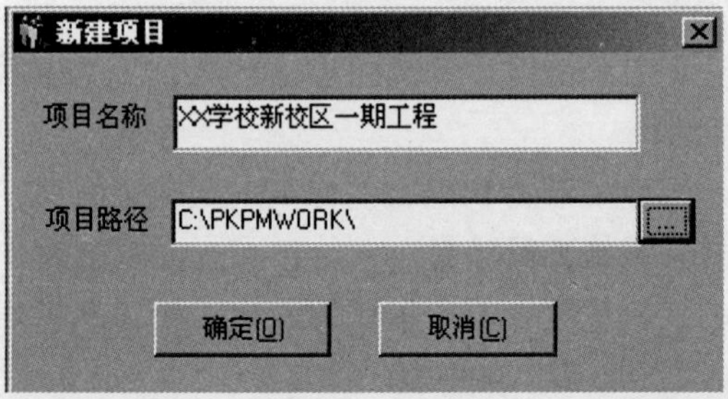

图 4.103

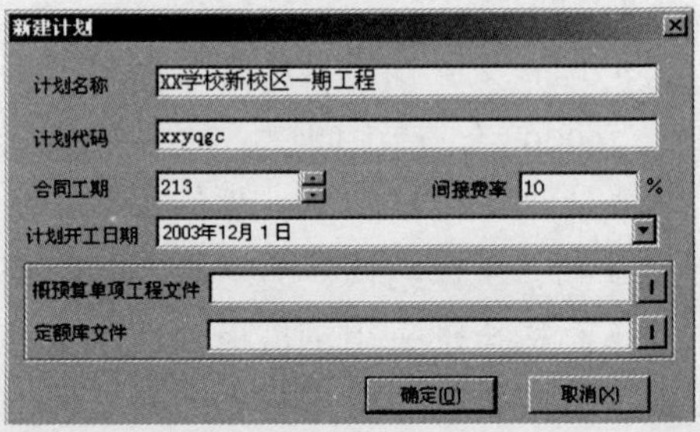

图 4.104

（3）在输入时也可以选择从施工模块导入与本工程相似的模块，如图 4.105 所示。

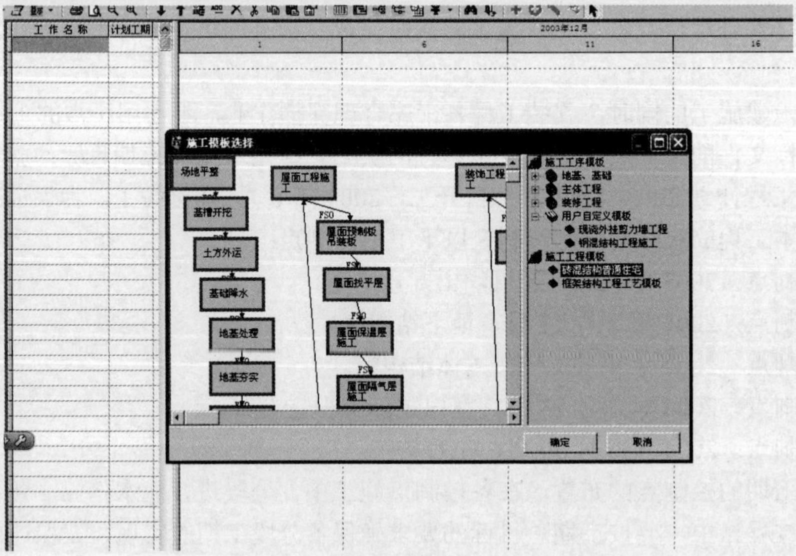

图 4.105

也可以单个工序输入，如图 4.106 所示。

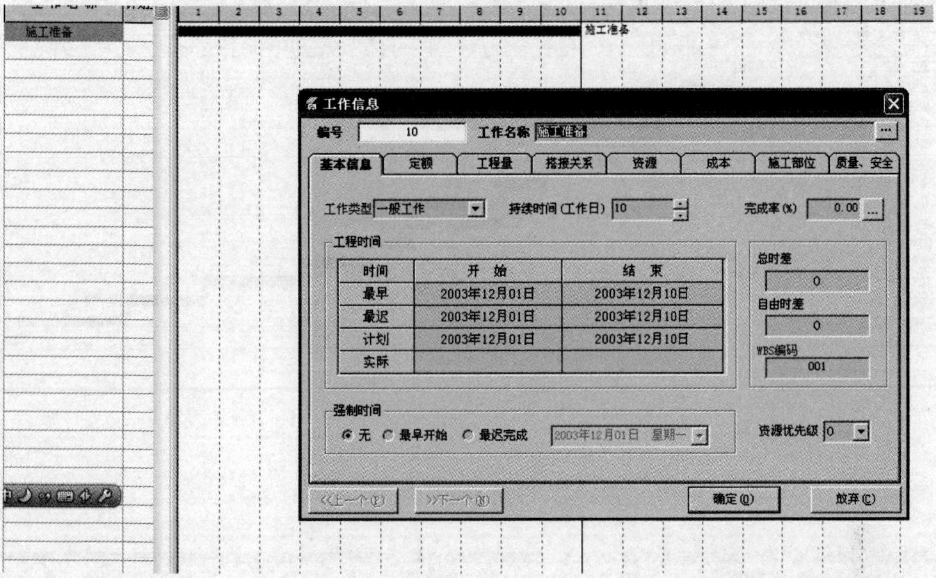

图 4.106

（4）单个工序依次输入时要注意前后搭接顺序，如图 4.107 所示。

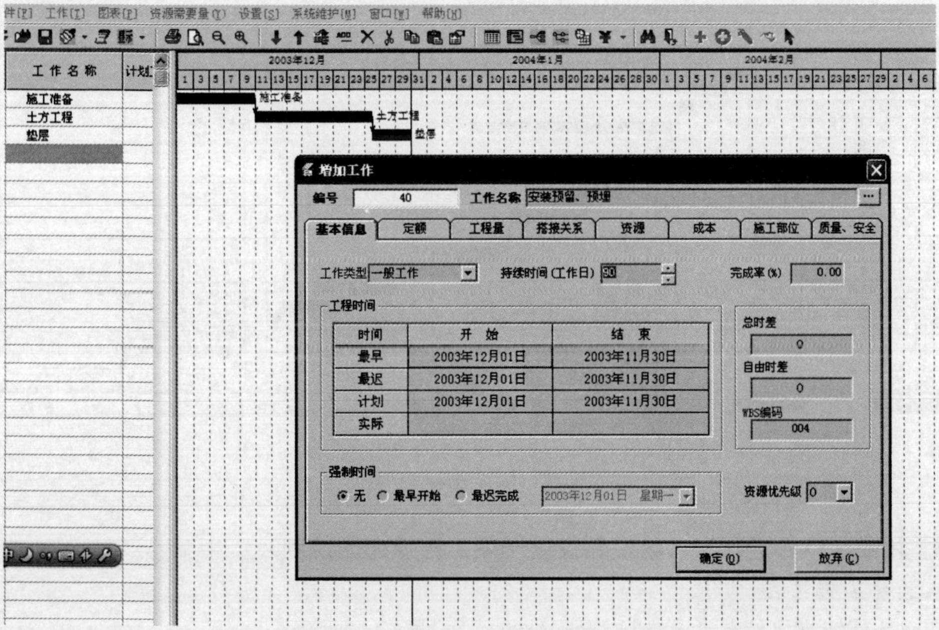

图 4.107

（5）全部输入完成后，如图 4.108 所示。

（6）在打印图形前先进行打印预览，如图 4.109 所示。

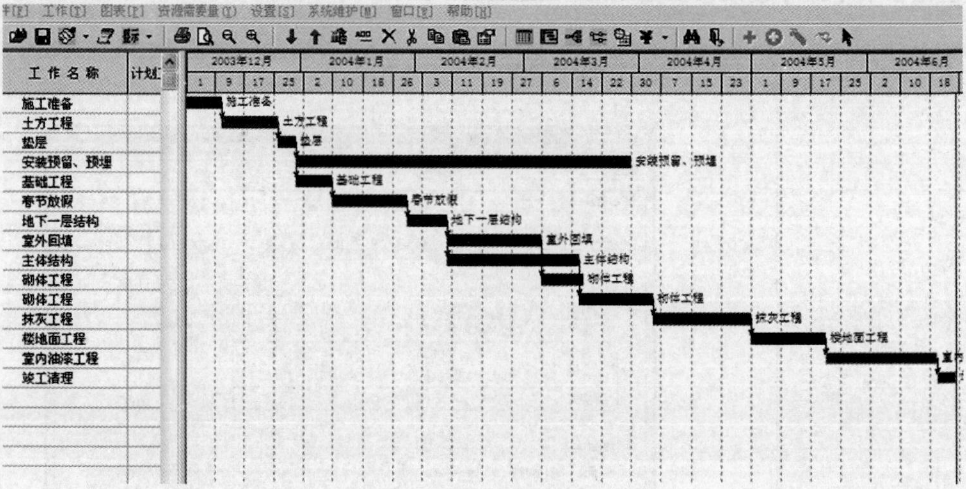

图 4.108

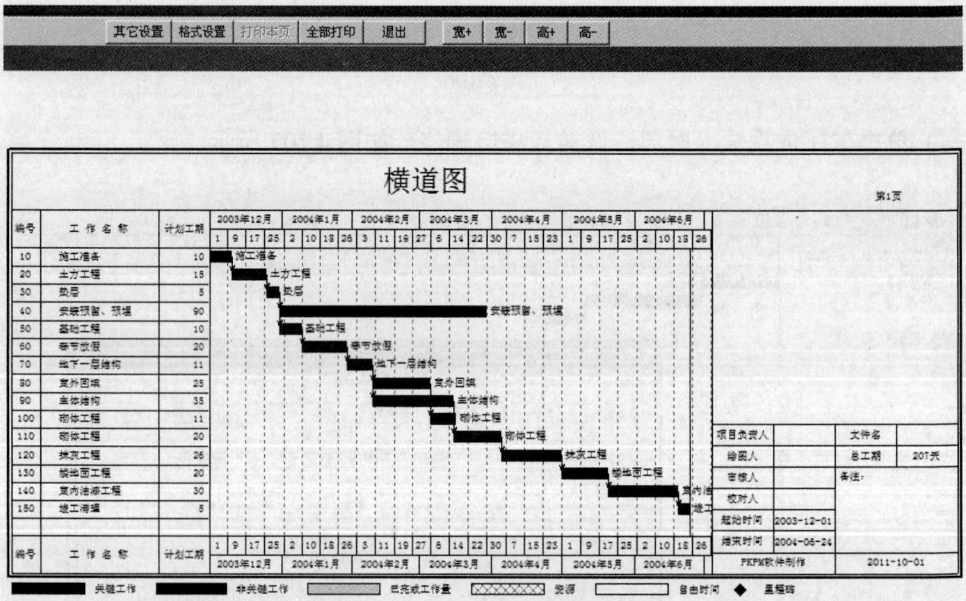

图 4.109

4.2.4.2 用品茗软件进行××学校新校区一期工程横道图绘制

1. 新建工程项目

启动品茗智能网络计划编制与管理软件，如图 4.110 所示。

单击菜单栏【文件】→【新建】，弹出对话框如图 4.111 所示，填入项目名称“××学校新校区一期工程”、项目开始时间“2003 年 12 月 1 日”、项目结束时间“2004 年 6 月 30 日”等信息，单击【确定】按钮后进入网络计划绘图区。

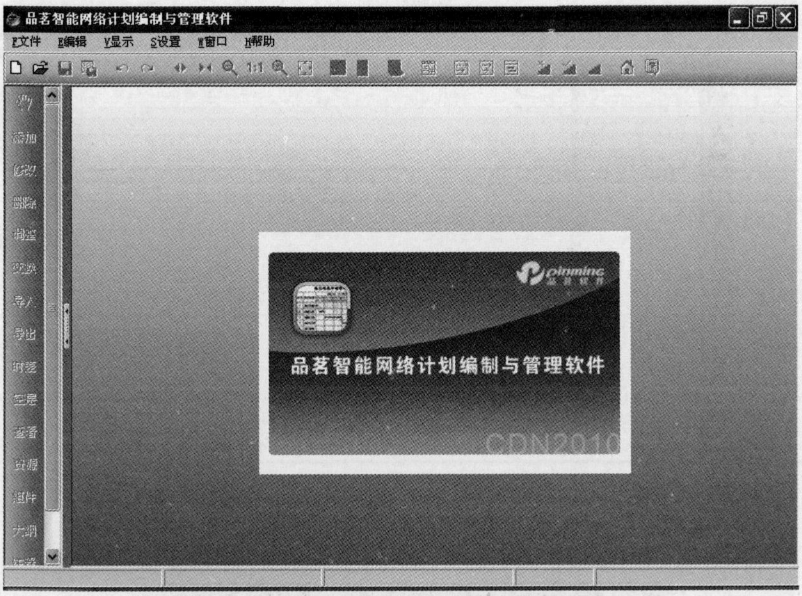

图 4.110

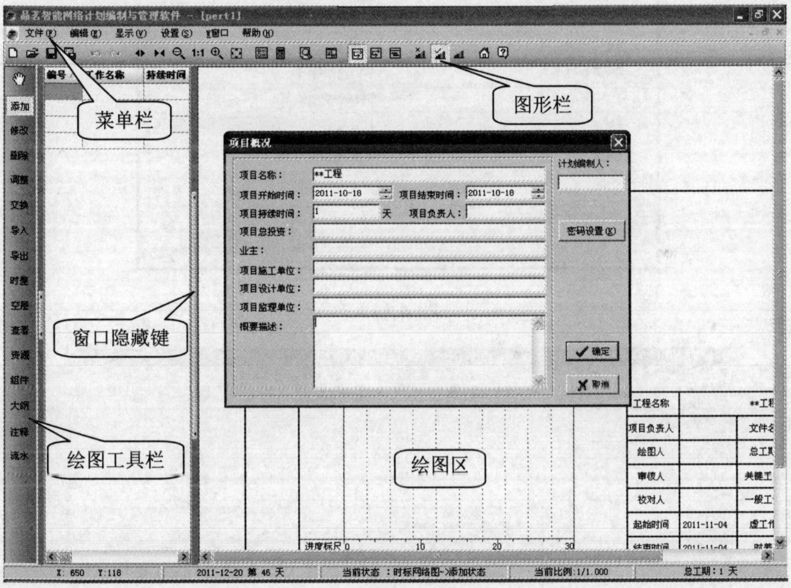

图 4.111

2. 转入横道图界面

单击图形栏的“横道图”，进入横道图绘制界面窗口，如图 4.112 所示。

3. 添加工作

选择绘图工具中，弹出【工作信息】对话框，如图 4.113 所示。

输入工作名称为“施工准备”、类型为“实工作”、持续时间为 10 天等参数，单击【确定】按钮后在绘图区添加工作，如图 4.114 所示。

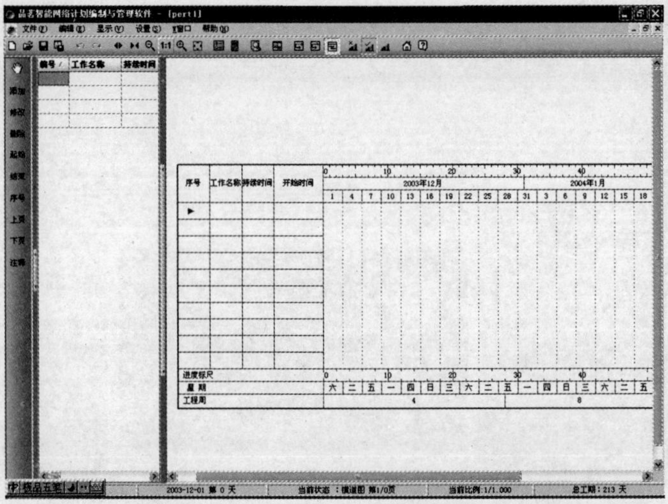

图 4.112

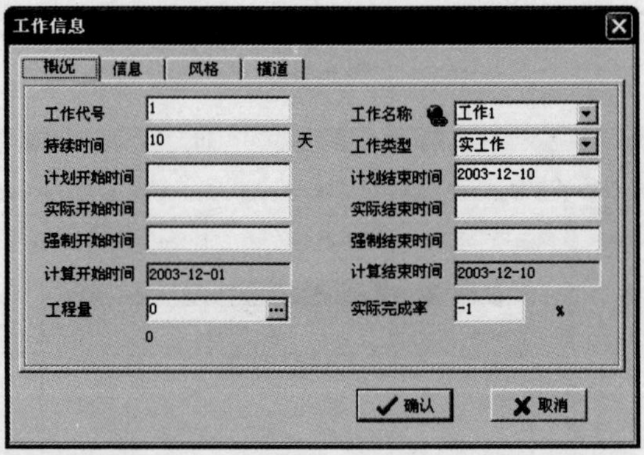

图 4.113

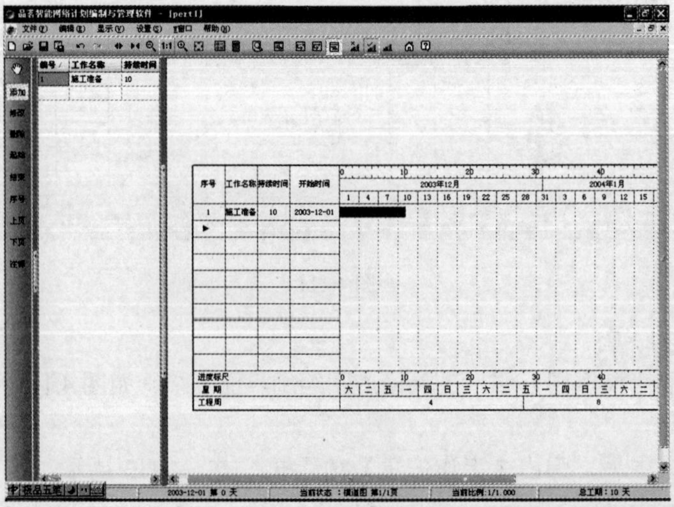

图 4.114

同样，继续添加工作土方工程和垫层，如图 4.115 所示。

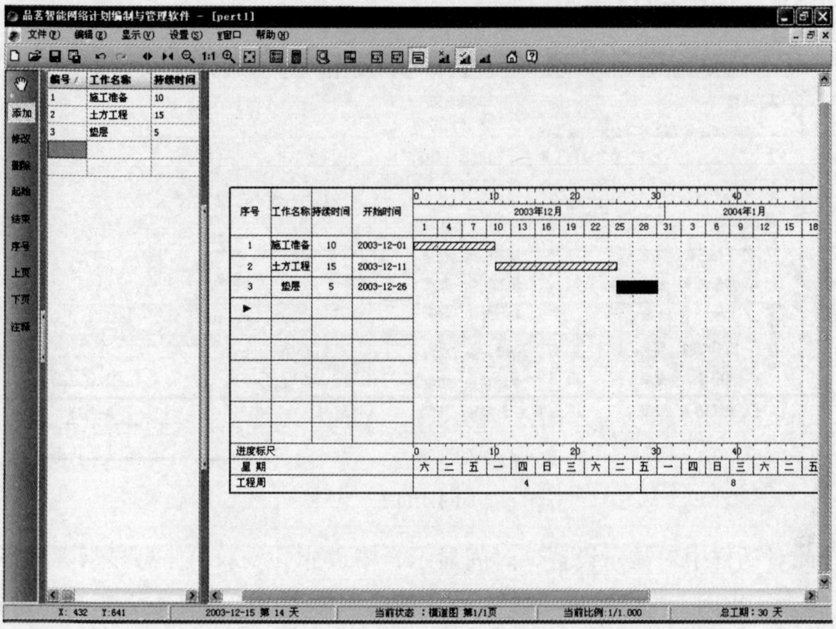

图 4.115

在添加过程中，可以同时确定每道工作的紧前及紧后工作，或直接双击已绘制好的工作（如土方工程），弹出图 4.113 所示的【工作信息】对话框，点选“横道”选项，如图 4.116 所示。

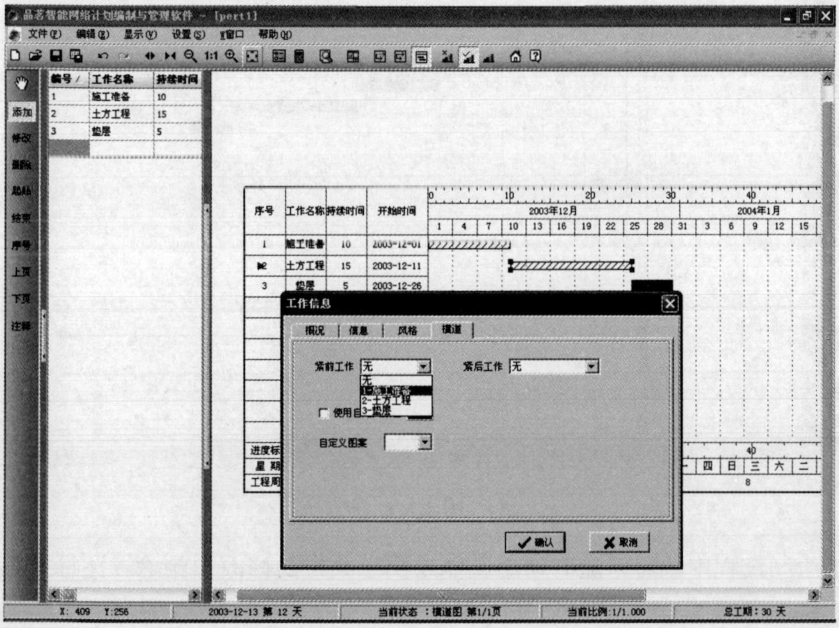

图 4.116

选择其紧前工作为“施工准备”，紧后工作为“垫层”，确定后在图中右击，弹出【横道选择】对话框，如图 4.117 所示。

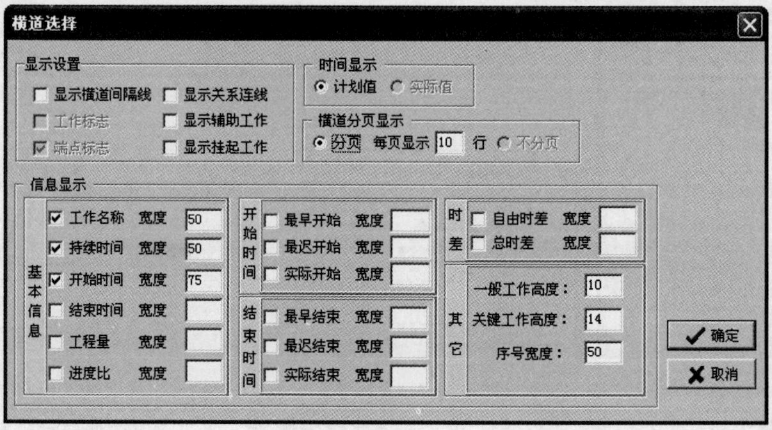

图 4.117

可以在此对话框中对显示设置、时间显示、横道分页显示、信息显示等进行设置。如勾选“显示设置”中的“显示关系连线”，则在绘出的横道图中将显示工作间的相互关系线，如图 4.118 所示。

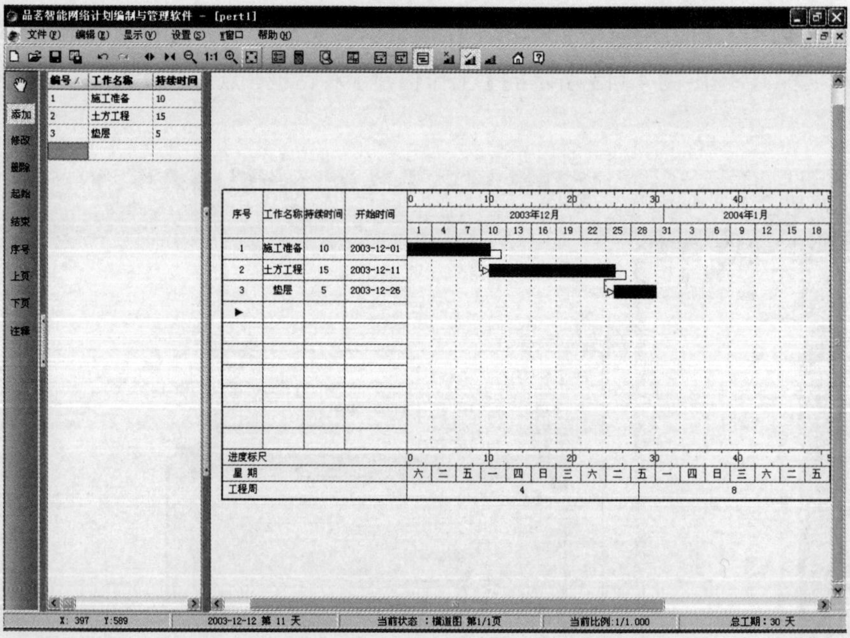

图 4.118

在添加绘制过程中，可以随时调用左侧绘图工具栏的修改、删除、注释等命令对绘图进行编辑。

绘制完成的横道图如图 4.119 所示。

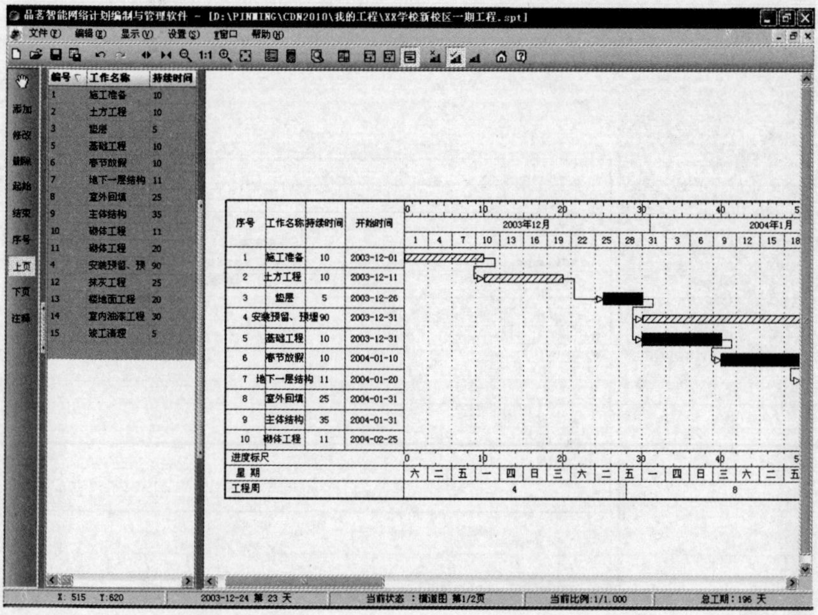

图 4.119

单击左侧绘图工具栏【下页】按钮，窗口如图 4.120 所示。

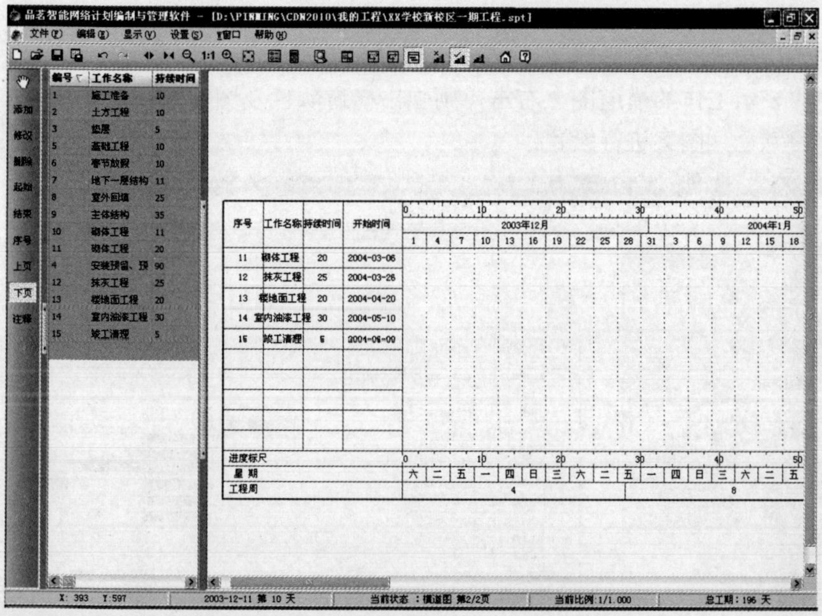

图 4.120

4. 绘图显示

为使绘制的进度横道图能在一个窗口显示，需进行设置。在图中右击，弹出【横道选择】窗口如图 4.117 所示。将横道分页显示的每页显示 10 行设置成对应工作数的 15 行，如图 4.121 所示。

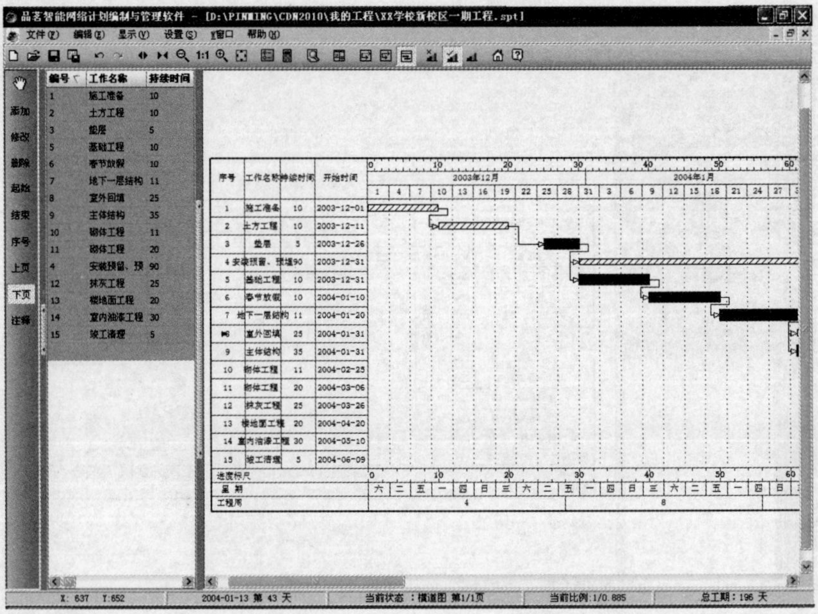

图 4.121

单击【序号】、【起始】或【结束】按钮，则会将图中所有的工作按序号、工作开始时间或工作结束时间进行排序。

5. 设置

在图中的表示工作的横道图上右击，则弹出横道颜色及图案窗口，如图 4.122 所示，可以对横道的颜色、图案进行设置。

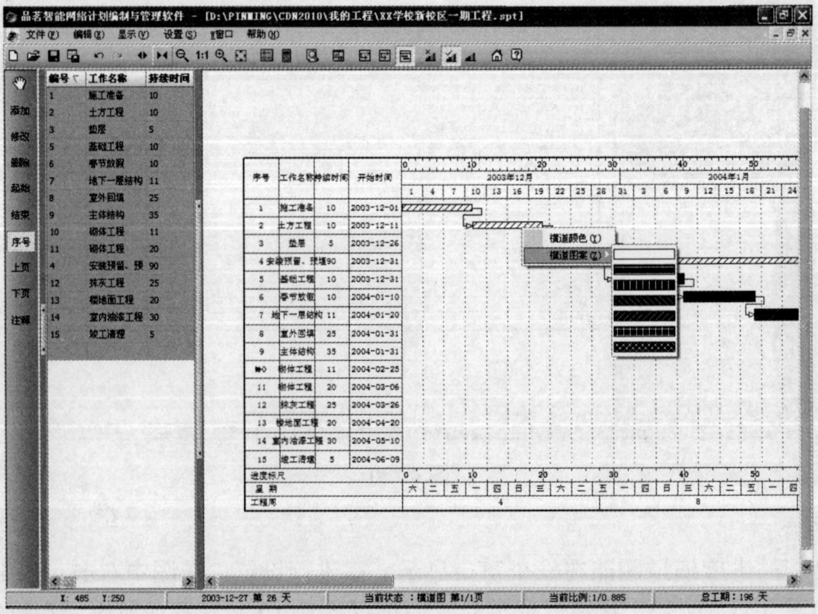

图 4.122

也可以在菜单栏【设置】选项（图 4.123）中对一般属性设置、时间属性、图注属性等进行设置。

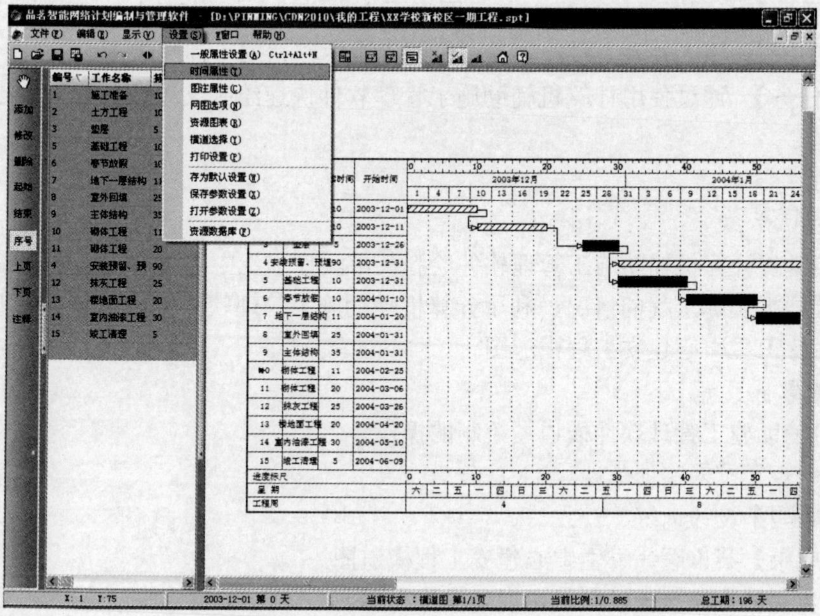

图 4.123

6. 打印

单击菜单栏【文件】→【打印】，弹出【打印预览】窗口，如图 4.124 所示，可以对绘制的横道图进行设置、打印。

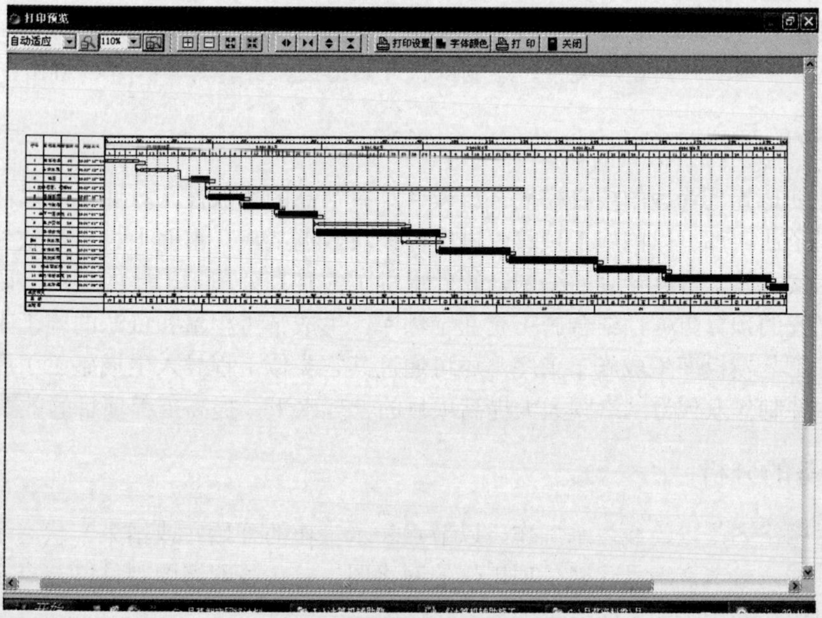

图 4.124

实训1　某市医疗卫生中心建安工程横道图绘制

【工程概况】工程概况见附录A某市医疗卫生中心建安工程实训基本资料。

【背景】 作为施工技术人员绘制某市医疗卫生中心建安工程横道图。

【训练任务】 通过使用计算机辅助施工管理软件快速绘制某市医疗卫生中心建安工程横道图。

【训练目标】

1. 能力目标

（1）能掌握计算机辅助施工管理软件绘制某市医疗卫生中心建安工程横道图的流程。

（2）能根据实际工程的情况，利用计算机辅助施工管理软件模块合理调整工期，快速绘制某市医疗卫生中心建安工程横道图。

2. 知识掌握目标

计算机辅助施工管理软件横道图绘制的操作。

【训练地点】校内实训基地。

【训练类型】设计训练。

【训练成果】某市医疗卫生中心建安工程横道图。

【训练步骤】实训步骤以在机房现场操作为主。

4.3　计算机辅助施工管理系统进行网络图绘制

任务目的：运用计算机辅助施工管理系统进行网络图绘制。

任务重点：计算机辅助绘制网络图。

任务难点：计算机辅助绘制双代号网络图；根据所给工程的情况进行分析，确定各分项工程的逻辑关系，绘制双代号网络图，并转为单代号网络图。

4.3.1　任务的导入

网络计划是施工管理的核心模块，该软件具有很高的集成性，行业上可以和设计系统集成，施工企业内部可以同施工预算、进度等模块数据共享。市面上大多数软件是采用网络计划技术实现施工进度计划的编制，软件提供了多种划分施工工序的方法，既可以自动读取建筑工程的预算数据，结合施工企业定额库，生成带工程量和资源的施工工序；也可以通过施工工艺模板库生成施工工序；还可通过其它类似工程导入生成施工工序。项目经理可通过软件制作双代号网络图大大提高项目的管理水平，提高工程项目的效率。

4.3.2　任务的分析

双代号网络图是以箭线表示工作、以节点表示工作的开始（或结束）状态及工作间的连接、以箭线两端节点编号代表一项工作的网络图。单代号网络图则是以节点及其编号表示工作，以箭线表示工作之间逻辑关系的网络图。

系统能根据工序的持续时间、工序之间的关系等情况，自动快速完成网络图的布图；

可通过鼠标操作更改工作参数（如持续时间、工作资源、搭接关系等）；可对工作进行检索、定位；提供弹出式菜单，操作更方便、快捷；可在网络图上加入标注说明和图片，可对网络图进行放大、缩小、区域显示操作；可设置网络图中关键工作、非关键工作的显示颜色，设置打印标注的字体和颜色；设置打印时标网络图的纸张大小、页数以及页边距，提供所见即所得的打印功能。

双代号网络图可按“单起点单终点”或“多起点多终点”方式布图，并可方便地实现两种布图方式的自由转换；在网络时标设置中系统提供“年”、“半年”、“季度”、“月”、“旬”、“周”和“天”七种时标主样式，在每种主样式中又提供多种子样式，可根据需要灵活方便地设置双代号网络图中的时标。

4.3.3　任务的解决方案

网络计划模块的主要操作步骤可以划分为：建立施工进度（各工序进度）→调整、修改计划→各种图表→进度控制→质量控制→安全控制，在本教材中主要介绍 PKPM 系统的操作。

4.3.3.1　双代号网络图

4.3.3.1.1　进入双代号网络图

单击菜单栏图表中的【双代号网络图】（或单击工具条上 按钮），打开双代号网络图，如图 4.125 所示。

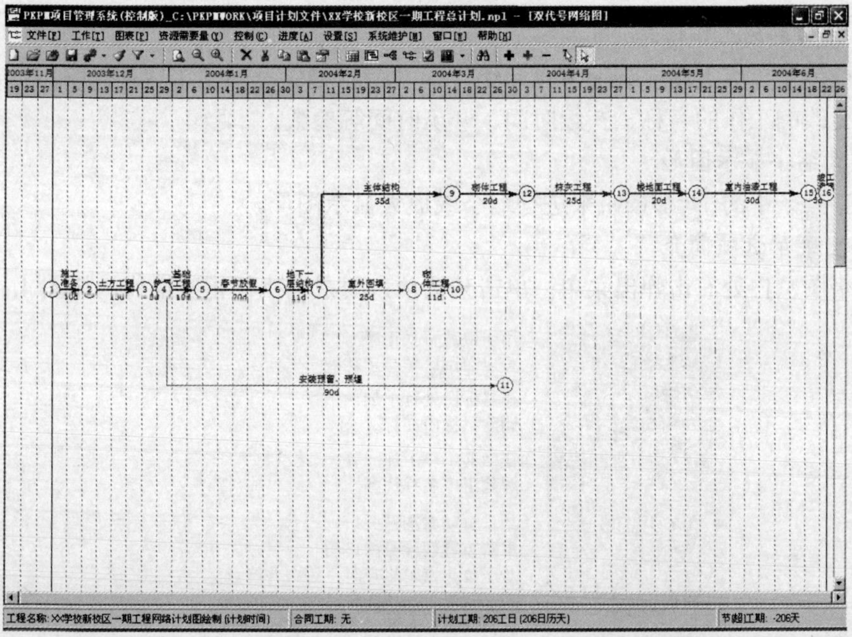

图 4.125

4.3.3.1.2　双代号网络图的图形操作

1. 改变工作、结点和关系线的垂直位置

将鼠标移至要选择的任一工序、结点或关系线上，此时鼠标变成上下尺寸线“↕”，然后按住鼠标左键不放，通过上下拖动鼠标改变被选择工序、结点或关系线的位置，如图

4.126 所示。也可以通过按住鼠标左键不放，拖动鼠标框选多个工序、结点或关系线来同时改变垂直位置。

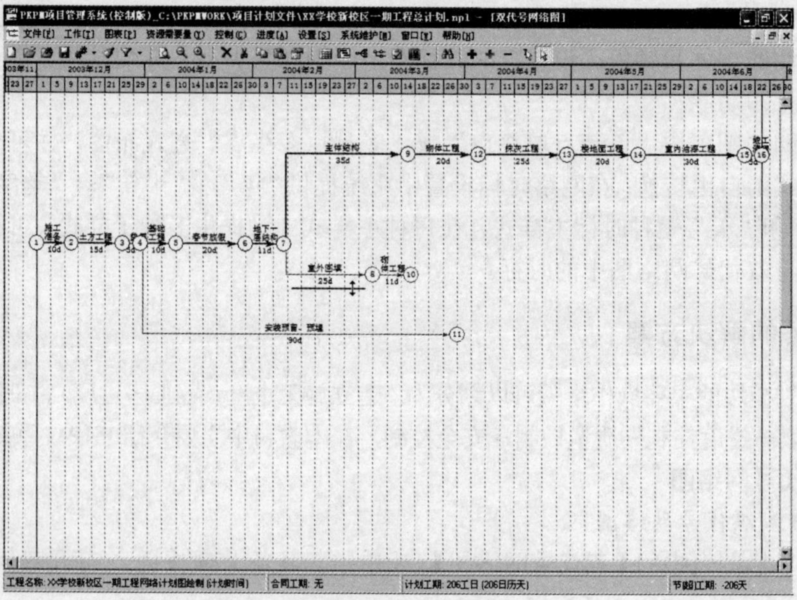

图 4.126

2. 查看和更改工作信息

当鼠标位于工序上面变为上下尺寸线“↕”时，双击会弹出工序信息窗口，通过窗口能查看和更改的工作的名称、持续时间、开工时间等参数。

3. 放大缩小显示图形

使用工具条中的按钮来进行缩小或放大显示图形。

4. 弹出菜单选项简介

在网络图空白处右击弹出菜单，单击某选项，则系统执行相应操作，如图 4.127 所示。

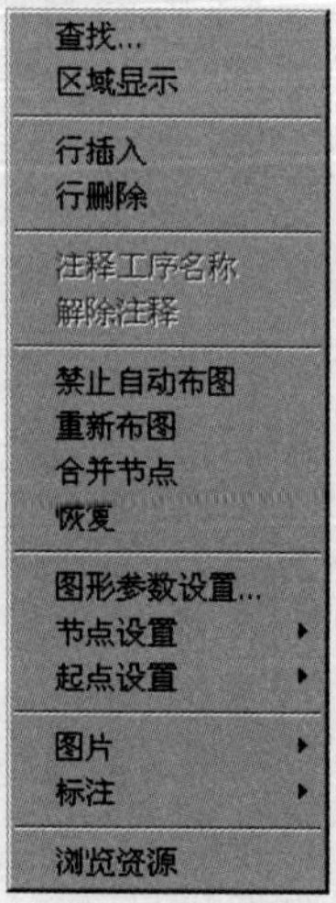

用于快速查找工序
可以启用区域显示功能
在鼠标所处行下加入一行
删除鼠标所在行
在当前工序上加注释
解除工序名称注释
禁止自动布图开关
重新布置双代号网络图
对于单起点单终点时，可合并终点
用于取消上一步操作
设置双代号图的图形显示参数
设置网络图是否在节点中显示数字
设置为“单起点单终点”或“多起点多终点”
用于在图中插入或删除图片
用于插入标注、删除标注和更改标注
打开浏览资源窗口

图 4.127

下面对与图形操作有关的区域显示、行插入和删除、图片和标注几个选项进行介绍。

（1）区域显示。选择【区域显示】项后，可在同一屏分上下两个窗口显示正常网络图和网络的轮廓图，如图 4.128 所示，新出现的上部窗口显示了轮廓图，在窗口中有一小矩形，可拖动该矩形快速定位工序，同时下部窗口将显示小矩形内显示的工序。鼠标移至时标栏和区域显示窗口的交界处时光标变为“↕”，按住鼠标左键不放，上下拖动鼠标，可调整上下两窗口的大小。

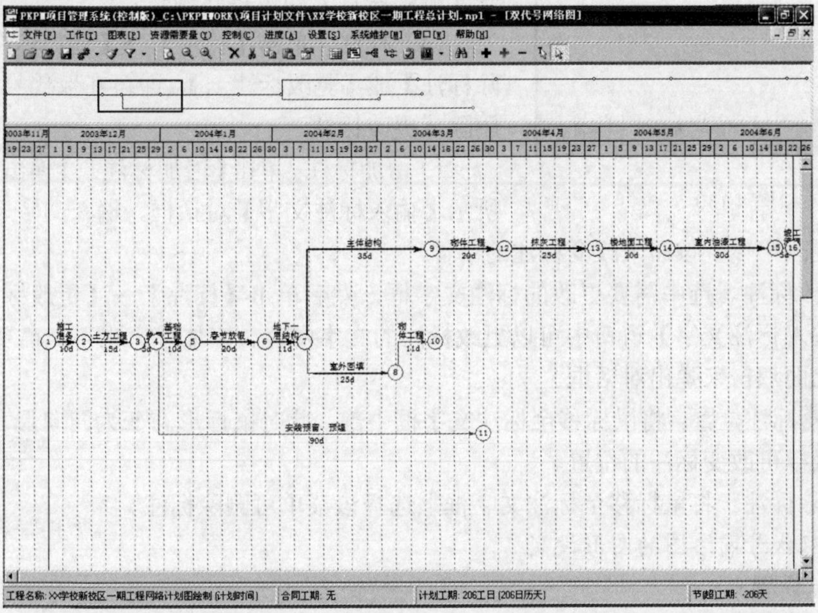

图 4.128

（2）行插入和删除。选择【行插入】或【行删除】项后，即可在鼠标处插入或删除一个空行。如果用户要删除的行存在工作、工作关系线或节点，则会出现“没有可删除的行”提示。

（3）图片。在【图片】弹出的下级子菜单中有【加入图片...】或【删除图片】可供选择。

1）加入图片。选择【加入图片...】可在图形中加入一位图、图元文件、ICO 文件、JPG 文件等。选择加入图片菜单项后，系统将弹出【打开】对话框如图 4.129 所示，选中要加入的图片后单击【打开】按钮，可将图片加入至网络图中，然后可用鼠标拖动图片移至要放置的位置。

图 4.129

2）调整图片大小和位置。调

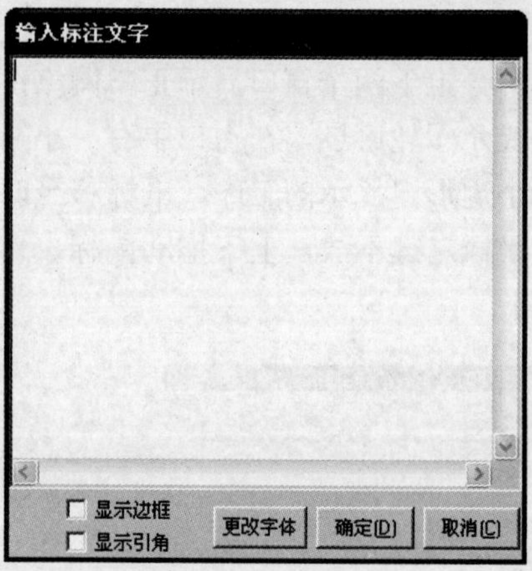

图 4.130

整图片大小时，选择图片，将鼠标移至图片四周出现小黑方框的位置上时变为上下或倾斜尺寸线，按住左键不放拖动鼠标将该图片调整至所需大小。改变图片位置时，将鼠标移至图片中部时鼠标变为十字形，按住左键不放拖动鼠标将该矩形框移至所需位置。

3）删除图片。选择需删除的图片，右击【图片】→【删除图片】即可将其删除。

（4）标注。单击【标注】→【增加标注…】、【删除标注】或【更改标注…】，即可在双代号图中加入、删除或更改标注。

1）增加标注。单击【增加标注…】弹出如图 4.130 所示【输入标注文字】对话框，输入文字后可根据需要利用【更改字体】按钮来改变标注的字体。

2）更改标注。选中需要更改的标注文字框，然后单击【标注】→【更改标注…】，在弹出的【输入标注文字】窗口中可以更改标注的文字内容、字体等。也可在需要更改的标注文字框上面双击来弹出对话框。

3）改变标注位置。将鼠标移至标注文字框中部，此时鼠标形态变为四向尺寸线“✥”，通过拖动鼠标可改变标注的位置。

4）删除标注。将鼠标移至标注文字框上选择该菜单可删除标注。

4.3.3.1.3 双代号网络图的图形设置

1. 节点设置

单击【节点显示数字】或【节点不显示数字】即可设置节点是否显示数字，如图 4.131 所示。

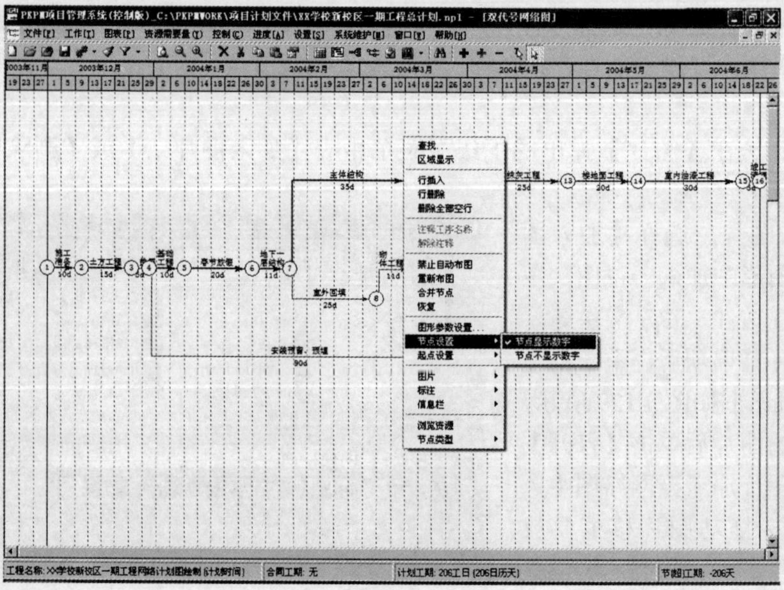

图 4.131

2. 起点设置

单击【单起单终】或【多起多终】即可在两种状态之间进行切换时，系统将重新布图。

3. 双代号网络图的其它参数设置

在图形空白处右击，在弹出的菜单中选择【图形参数设置…】，会弹出【页面设置----双代号】窗口，如图 4.132 所示，也可用菜单栏【设置】→【图形参数】来打开此设置窗口；在该窗口中有【时间刻度】、【双代号】、【文字样式】、【打印设置】、【页边距及页数】、【图形样式】六个选项卡，可选择设置相应的参数。

（1）双代号。单击【双代号】选项卡，如图 4.132 所示。该页面可设置双代号网络打印的标题文字、节点显示选择。

（2）时间刻度。单击【时间刻度】选项卡，如图 4.133 所示。

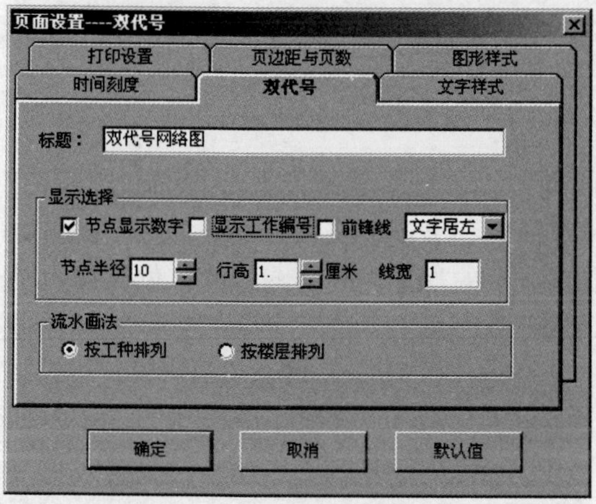

图 4.132

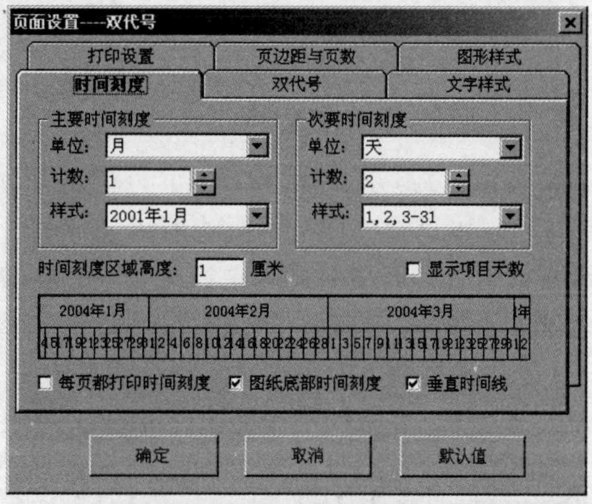

图 4.133

在此选项卡中，“主要时间刻度”和“次要时间刻度”可以对时间标尺的上格、下格时间刻度进行设置；“单位”有“年”、“半年”、“季度”、“月”、“旬”、“周”、“天”七种；“计数”可以对时标度量单位的计数量进行设置；“样式”可对时标显示的时间等格式进行设置。

（3）文字样式。单击【文字样式】选项卡，如图 4.134 所示。该页面可设置双代号网络图打印时图形中的标题、标注、标尺和工序等各种文字的字体、大小及颜色。

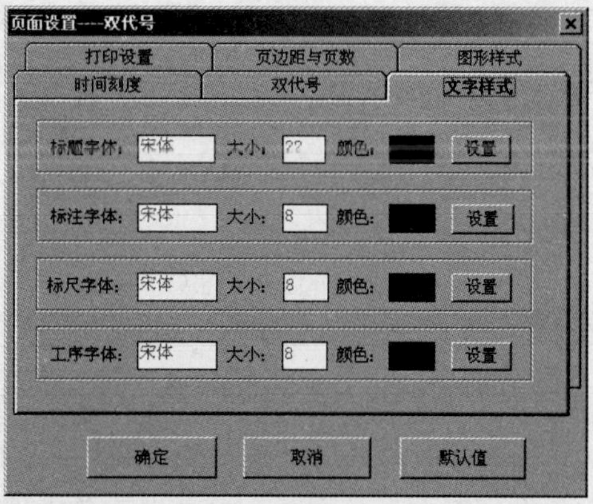

图 4.134

1）更改标题字体、字号和颜色。单击【设置】按钮，弹出【字体】对话框，如图 4.135 所示，可以在此对字体、字体样式、大小、颜色等进行设置。

2）更改标注、标尺和工序的字体、字号和颜色。方法同标题的字体、字号和颜色的设置相同。

3）打印设置。单击【打印设置】选项卡，如图4.136所示。通过此选项卡可以对打印机类型，纸张大小、高度、宽度、缩放比例，纸张横向、纵向方向等进行设置。

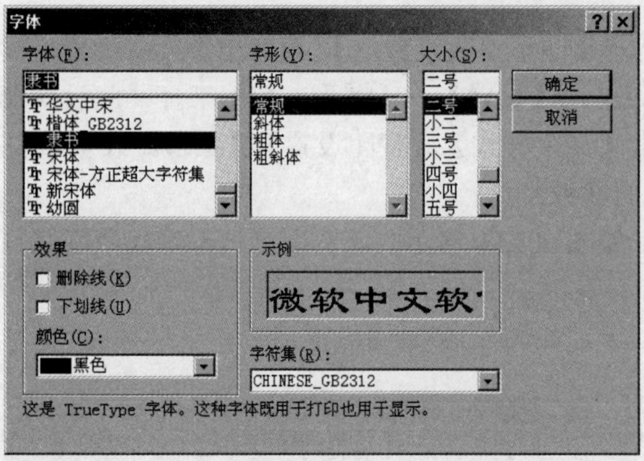

图4.135

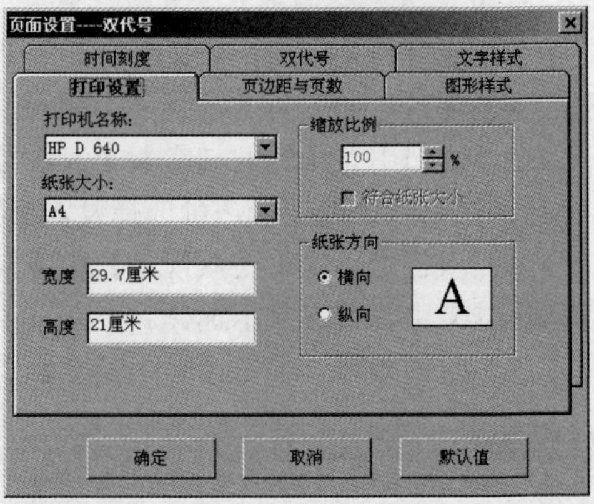

图4.136

（4）页边距及页数。单击【页边距及页数】选项卡，打开页边距及页数页面如图4.137所示。可以设置打印时的页边距以及分页打印时横向和纵向的页数。但分页打印的页数设置能对打印时的时间单位产生影响，随着横向页数的增加，网络图中的单位长度也随之增加。

（5）图形样式。单击【图形样式】选项卡，如图4.138所示。该选项卡可设置关键或非关键工序、完成的工作量等项目的显示颜色及样式。

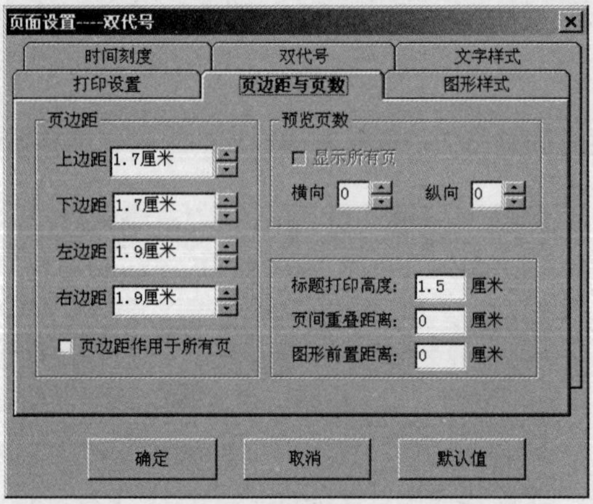

图4.137

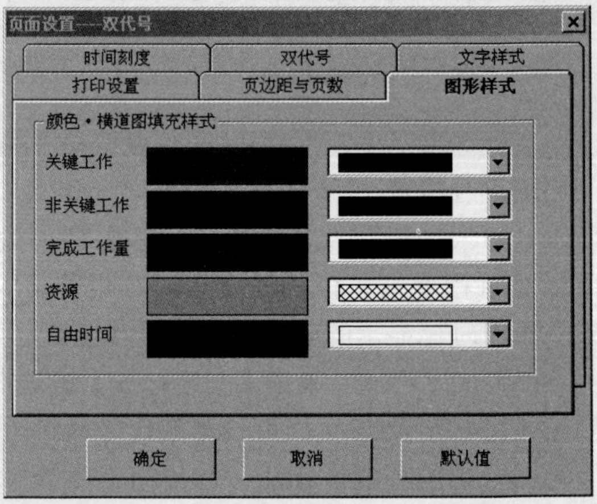

图4.138

4. 查找

在图形空白处右击，在弹出菜单中选择【查找…】项，弹出【查找】窗口，如图4.139所示。

用户可以在编号文本框内输入要查找的工序编号，再单击【确定】按钮，或直接双击【查找】窗口中要查找的工序名，则网络图中会自动定位至该工序，并用加粗线显示。

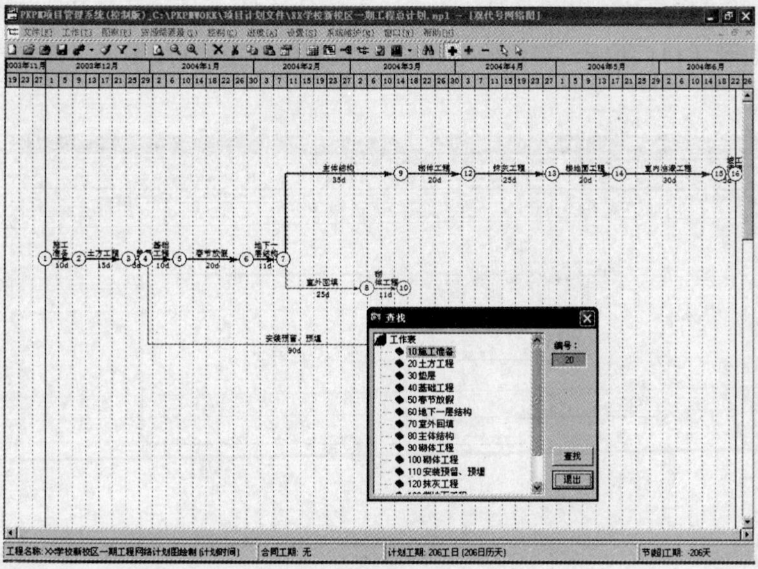

图 4.139

5. 增加、删除工作及移动工作名

在双代号网络图中，可以直接利用工具条上的按钮，绘制网络图，或对已有双代号网络图的工作进行增加、删除及移动工作名等操作。默认情况下，双代号网络图处于调整状态下（被按下）。

（1）增加工作。单击（或）按钮，可以用来绘制或增加新的实（或虚）工作。

单击按钮将其变成时，在空白处或某一工作的结束节点上，按下鼠标左键向右拖动鼠标至某一空白处或某一工作的开始节点，如图 4.140 所示，放开鼠标左键就可以在双代号图上绘制实工作。

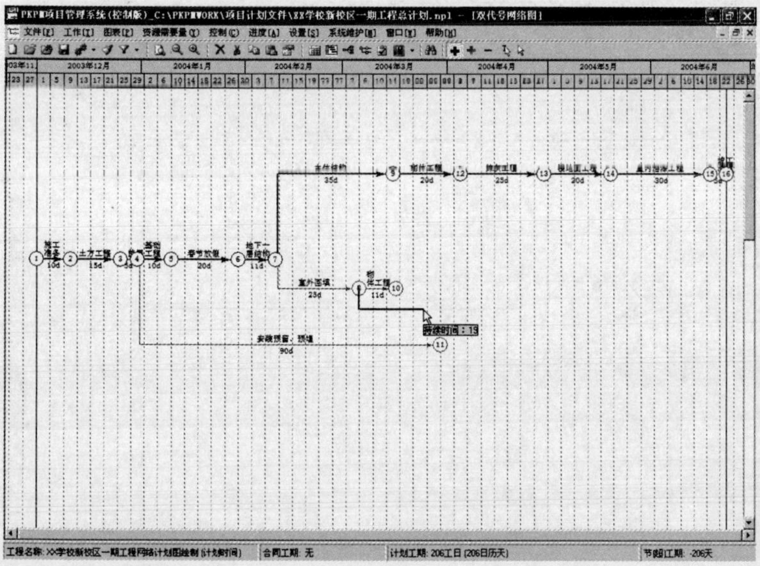

图 4.140

也可以移动鼠标至某一工作的结束节点左侧（或开始节点右侧），此时光标变成“→”（或“←”），如图 4.141 所示，双击确定后即可在该工作后面（或前面）增加一个紧后（或紧前）工作。

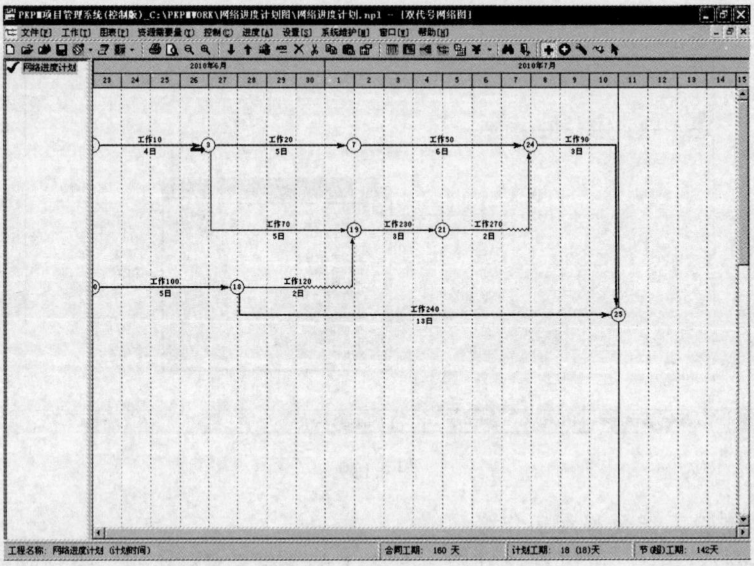

图 4.141

（2）删除工作。当单击按钮时，可以在双代号图上双击某一个实（或虚）工作，确定后即可删除该工作。删除某项工作后，其前后节点自动合为一个节点，即被删除工作的紧后工作自动递补成为原紧前工作的紧后工作，如图 4.141 所示，删除其中的“工作 270”，此时“工作 270”的紧前工作“工作 230”会自动递补为“工作 90”的紧前工作，如图 4.142 所示。

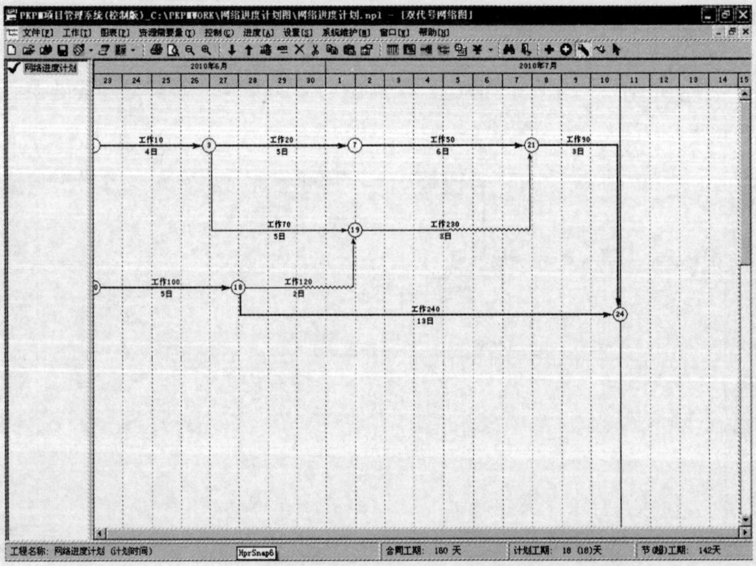

图 4.142

如果只是要求单纯删除某个工作，则只要在删除的同时按下[Ctrl]键，执行对该工序和默认搭接关系的删除。用此方法对图 4.141 中“工作 270”删除后所得到的工作关系如图 4.143 所示。

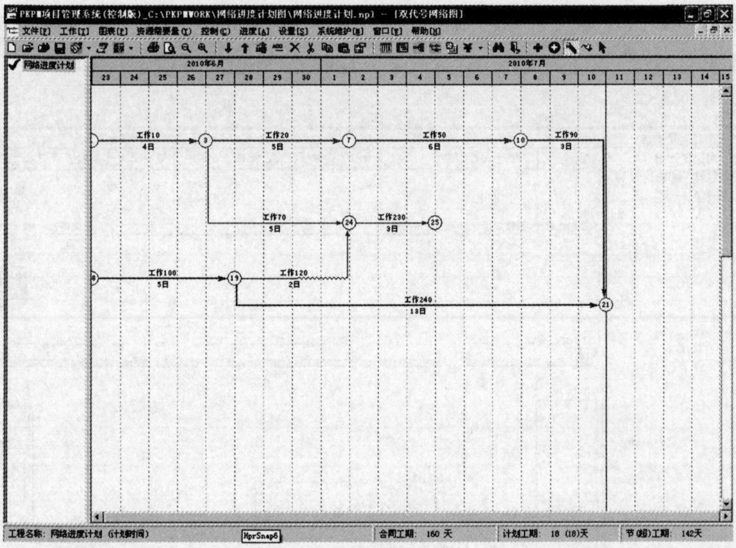

图 4.143

（3）移动工作名。单击按钮，在双代号图上选中要移动的工作名称，拖动工作名称就可以移动其位置。

6. 自动布图

在双代号图空白处右击，弹出菜单后选择【自动布图】项，系统将自动根据逻辑关系完成布图操作。如对图 4.143 进行【自动布图】操作后，得到的新布图如图 4.144 所示。

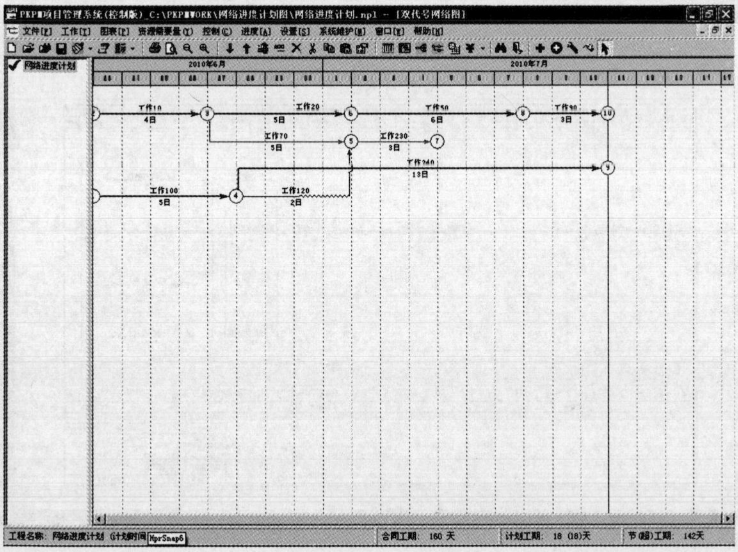

图 4.144

7. 带资源的双代号图

在双代号图空白处右击，弹出菜单后选择【浏览资源】项，图中将出现带资源的网络图如图 4.145 所示，显示的资源与横道图相同。

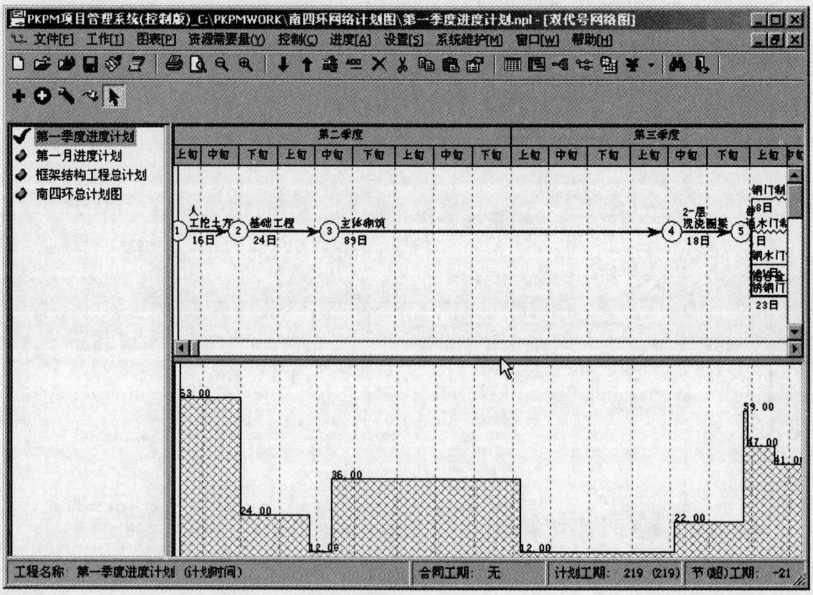

图 4.145

8. 打印及打印预览

单击工具条上的【打印】按钮可直接打印双代号网络图。也可以在打印之前，单击工具条上的【打印预览】按钮对所要打印的双代号网络图进行预览，如图 4.146 所示。

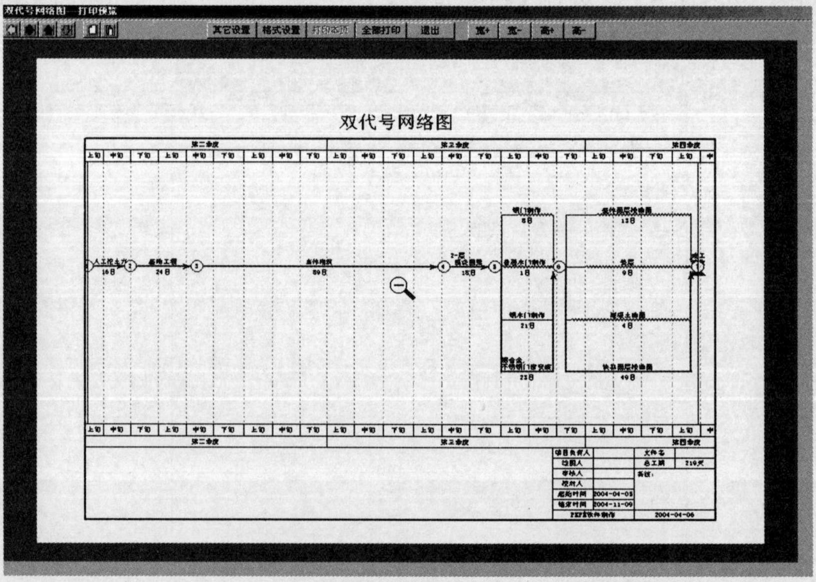

图 4.146

9. 设置不同的时间段

在双代号网络图上按住[Ctrl]键，用鼠标在次要时间刻度上拖动，就在鼠标拖动的范围上设置了一个特殊时间段，可以设置多个不同的时间段。在该特殊时间段上右击弹出对话框如图 4.147 所示，可以在弹出菜单中选择【删除时间区域】或【图形参数】，选择【删除时间区域】，则选择的该特殊时间段将被取消。

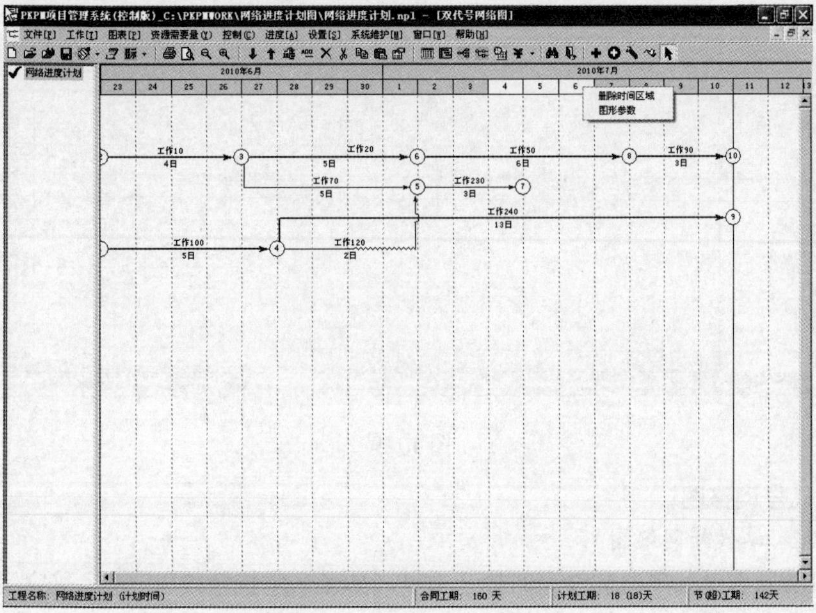

图 4.147

若在弹出菜单中选择【图形参数】，可以重新设置特殊时间段的次要时间刻度的显示方式。例如，可以将特殊时间段设置为以“周”显示，在图 4.148 所示【页面设置----双代号】的对话框中，把次要时间刻度中的“单位”设为“周”，单击【确定】按钮后效果如图 4.149 所示。若在非特殊时间段上单击，可以对非特殊时间段的次要时间刻度进行设置。

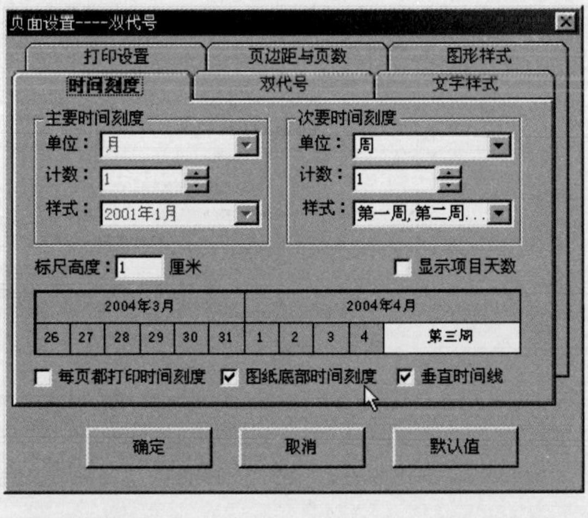

图 4.148

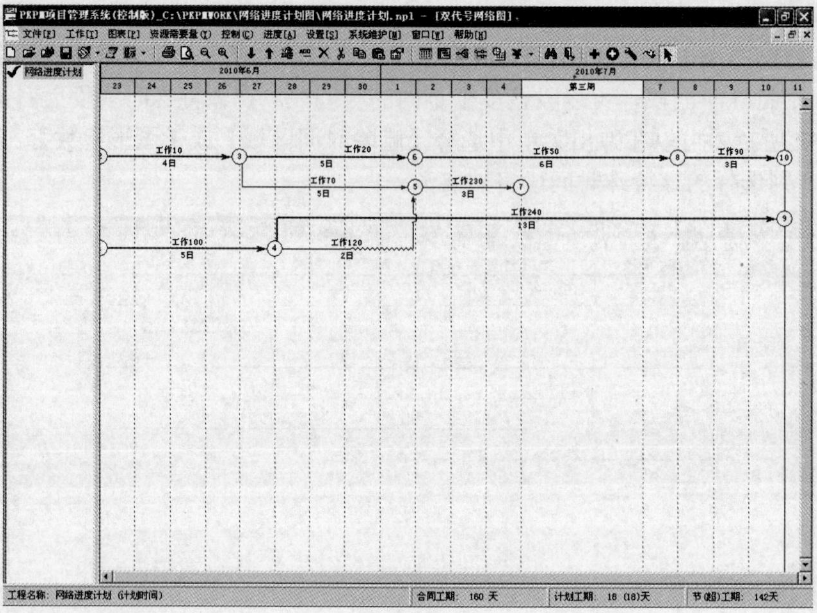

图 4.149

4.3.3.2 单代号网络图

4.3.3.2.1 进入单代号网络图

系统启动后选择菜单栏文件中的打开项目（如××学校新校区一期工程）进入已建工程的横道图状态，单击工具条上的单代号网络按钮或单击菜单栏图表中的【单代号网络图】，如图 4.150 所示。

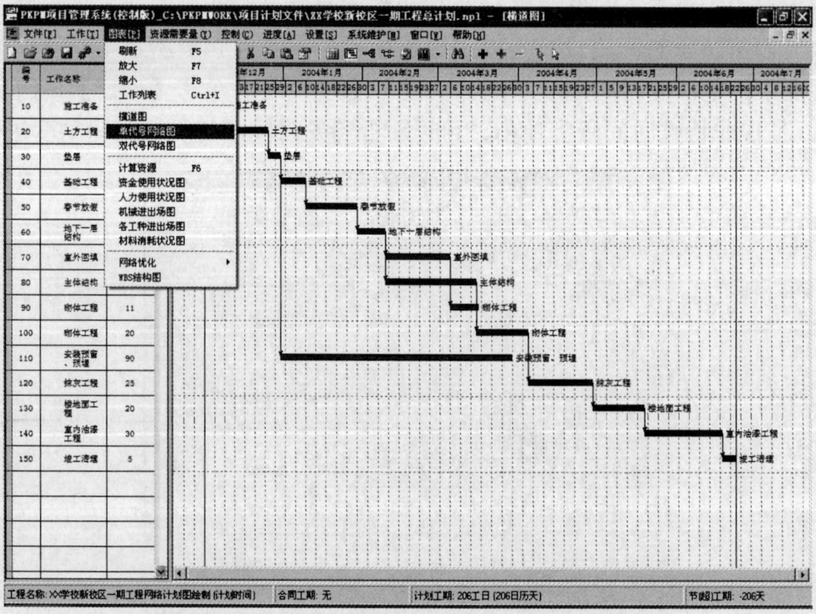

图 4.150

进入【单代号网络图】窗口，如图 4.151 所示。

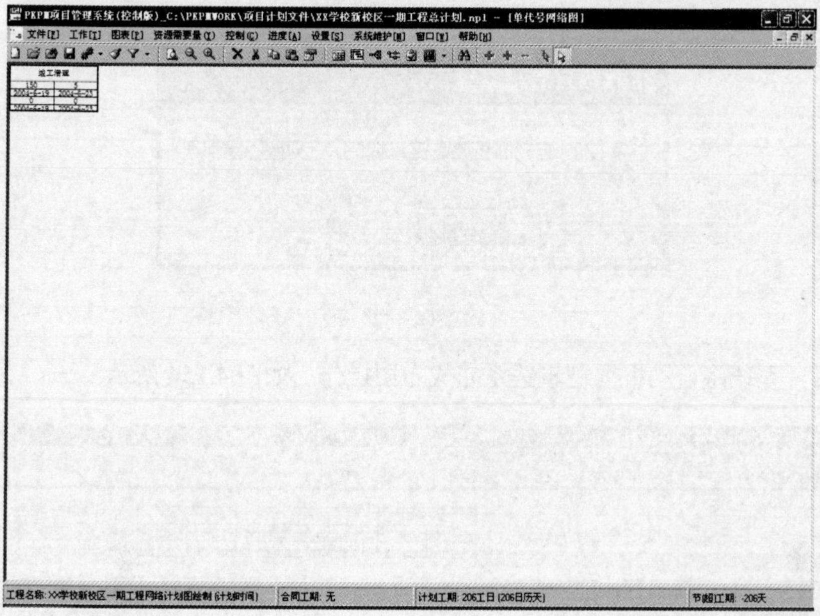

图 4.151

4.3.3.2.2　单代号网络图的图形操作

1. 图形的展开

进入某一工程【单代号网络图】窗口后，需将其展开，可在图形空白处右击，弹出如图 4.152 所示快捷菜单。

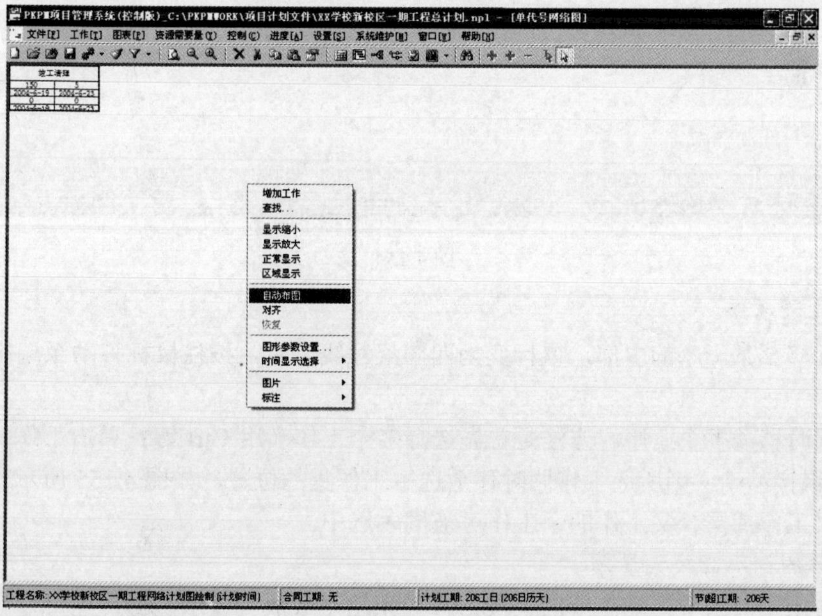

图 4.152

在弹出菜单中选择【自动布图】项，弹出【PKPM 项目管理系统】对话框，如图 4.153 所示。

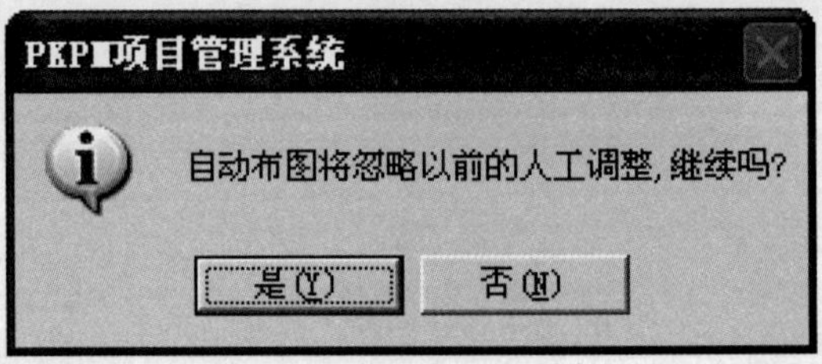

图 4.153

确定后，系统将自动根据逻辑关系完成布图操作，如图 4.154 所示。

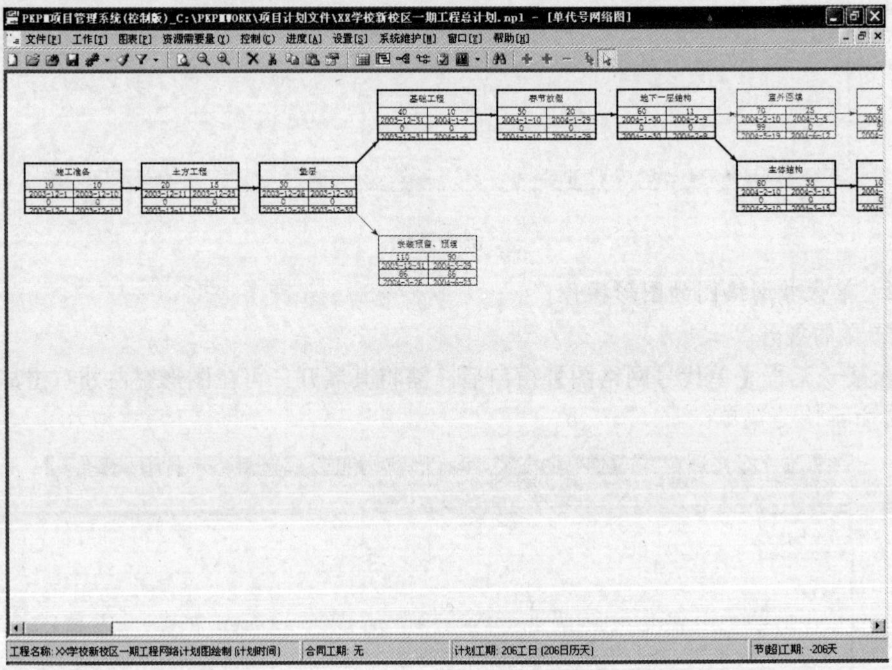

图 4.154

2. 工作的移动

将鼠标移至某工序的中部，鼠标变为四向尺寸线时，按住鼠标移动至选中工作集的位置。

可以同时移动多个工序。方法是首先选择多个工作（用 Ctrl 键＋单击工作或用鼠标框选），按住鼠标移动，则所选工作同时移至选中工作集的位置，如图 4.155 所示。在选择工作时，顶级工作或同一父工作的子工作可被同时选中。

3. 图形的缩小或放大显示

可以使用工具条中的缩小或放大按钮来缩小或放大显示图形，也可以在图形空白处右击，在弹出菜单中选择。

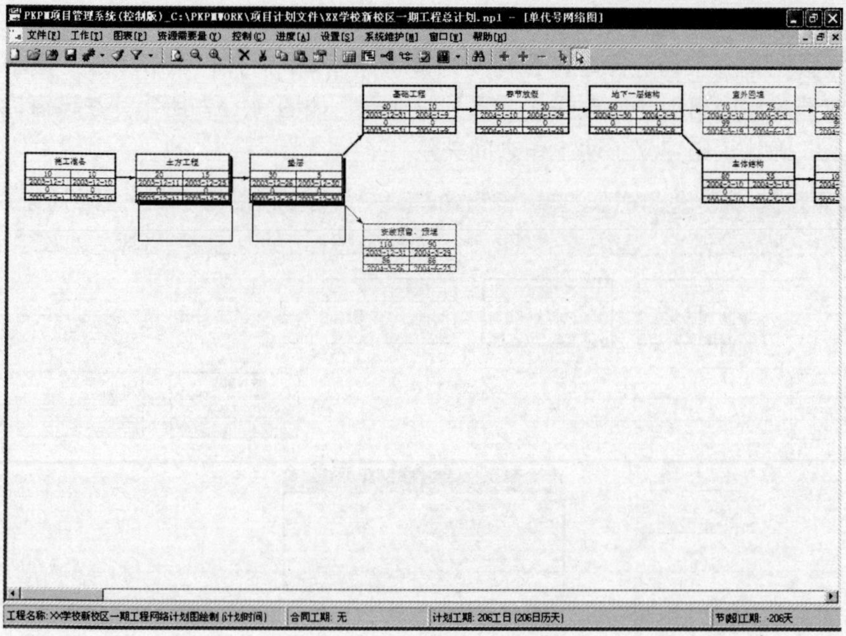

图 4.155

4. 区域显示

右击弹出菜单，选择【区域显示】项，可将单代号正常网络图和其轮廓图在同一屏幕中分上下两个窗口显示，如图 4.156 所示，用来快速切换至正常显示状态并定位于特定工作。将鼠标移至两窗口交界处，单击并上下拖动来改变区域显示窗口的大小。

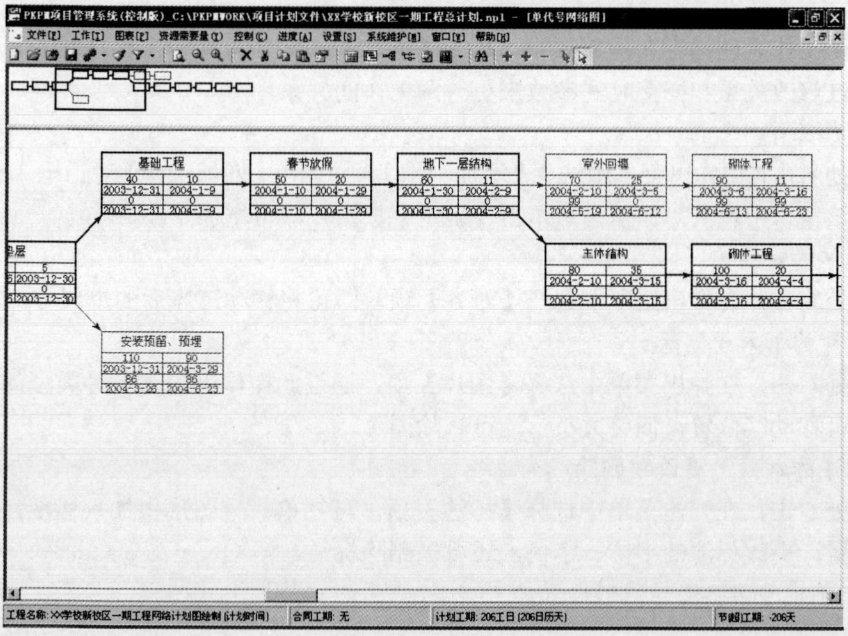

图 4.156

5. 工作间搭接关系的建立、删除和更改

当鼠标移至某一工作边缘时，鼠标变为链状光标后按住鼠标不放，拖动鼠标至另一工作，放开鼠标则出现【修改搭接关系】对话框，如图 4.157 所示，在该窗口中设置两工作的关系并确认，则建立了两工作之间关系。

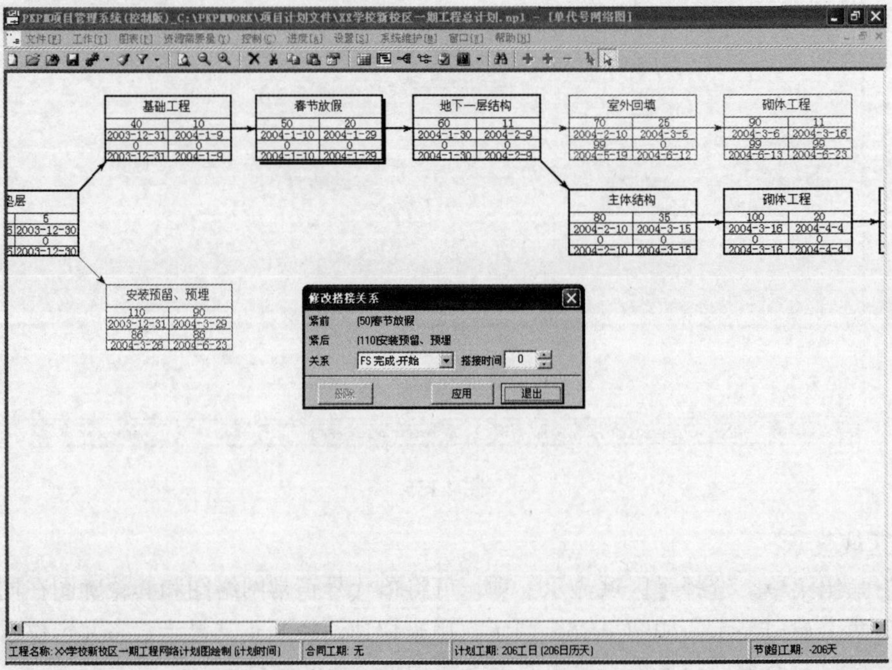

图 4.157

如果两工作之间已存在搭接关系，单击【删除】按钮即可将两工作之间的搭接关系删除，或通过修改关系和搭接时间参数来更改两工作间关系。

6. 增加工作

空白处右击，在弹出菜单中选择【增加工作】项，弹出【增加工作】对话框，如图 4.158 所示，在该窗口中输入工作信息后单击【确定】按钮，即可增加工作。

7. 工作的对齐

空白处右击，在弹出菜单中选择【对齐】项，即可将移动工序后的单代号工作对齐。

8. 图片的加入或删除

空白处右击，在弹出菜单中选择【图片】项，通过此操作可加入各种类型的图片。图片加入后可移动其位置，调整大小，还可删除图片。

9. 标注的加入、更改和删除

空白处右击，在弹出菜单中选择【标注】项，可在单代号图形中加入标注，也可移动标注的位置，更改标注的字体、字色，还可以删除标注。

4.3.3.2.3 单代号网络图的图形设置

1. 显示时间设置

空白处右击，在弹出菜单中选择【时间显示选择】项，如图 4.159 所示，在下级菜单中选择需要显示的时间即可。可供选择的时间显示方式有最早时间、最迟时间、计划时间、实际时间、最早最迟时间、计划实际时间等六种。

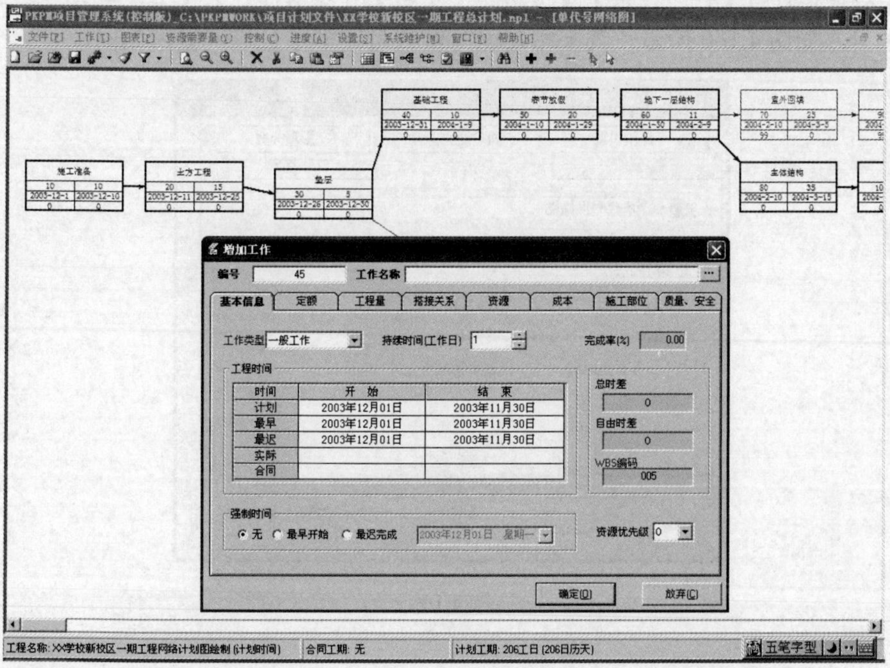

图 4.158

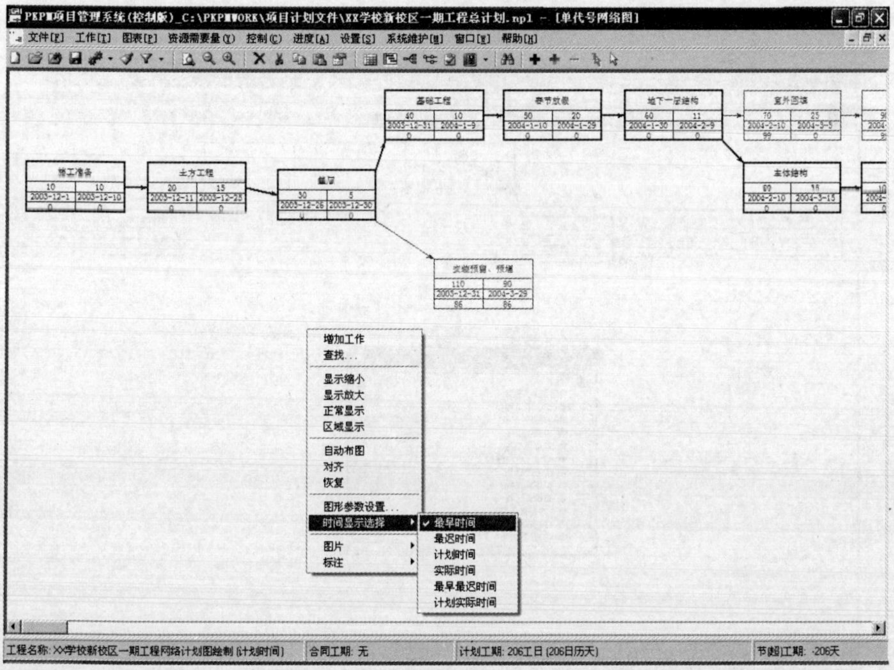

图 4.159

2. 单代号参数设置

在图形空白处右击，在弹出菜单中选择【图形参数设置…】项，弹出【页面设置----单代号】对话框，有【打印设置】、【页边距与页数】、【图形样式】、【单代号】、【文字样式】五个选项卡，如图 4.160 所示，其基本功能与双代号图形参数设置基本相同。

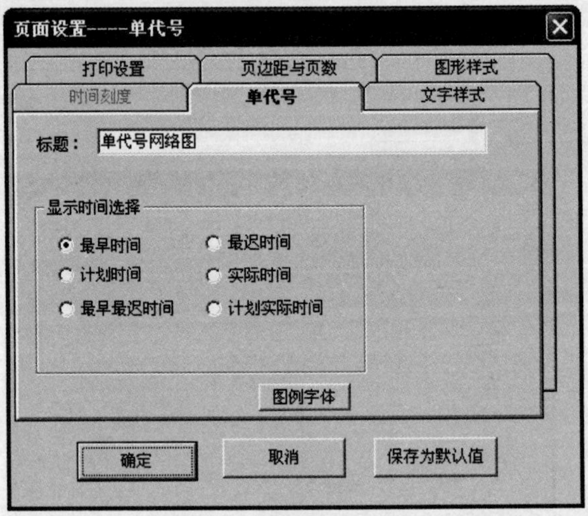

图 4.160

3. 查找

在图形空白处右击，在弹出菜单中选择【查找】项，弹出【查找】对话框，如图 4.161 所示。双击窗口中要查找的工作名，或在编号文本框中输入要查找的工序编号，然后单击【查找】按钮，则在网络图中会自动定位至该工序并以宽框突出表示。

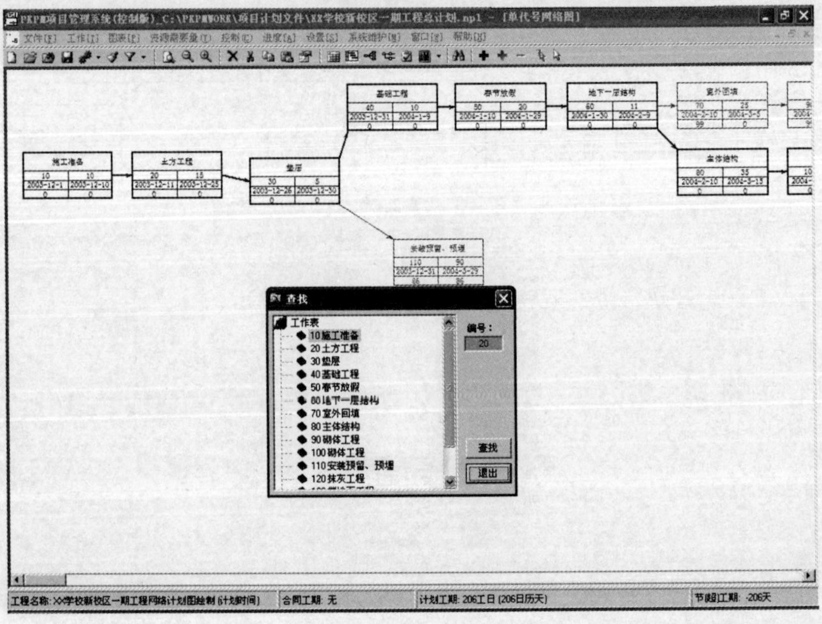

图 4.161

4. 打印及打印预览

在双代号网络图编辑完成后，单击工具条上的【打印】按钮，可直接打印单代号网络图。也可以在打印前单击工具条上的打印预览按钮，进入【打印预览】窗口，如图 4.162 所示，打印操作可参见双代号网络图中打印部分的内容。

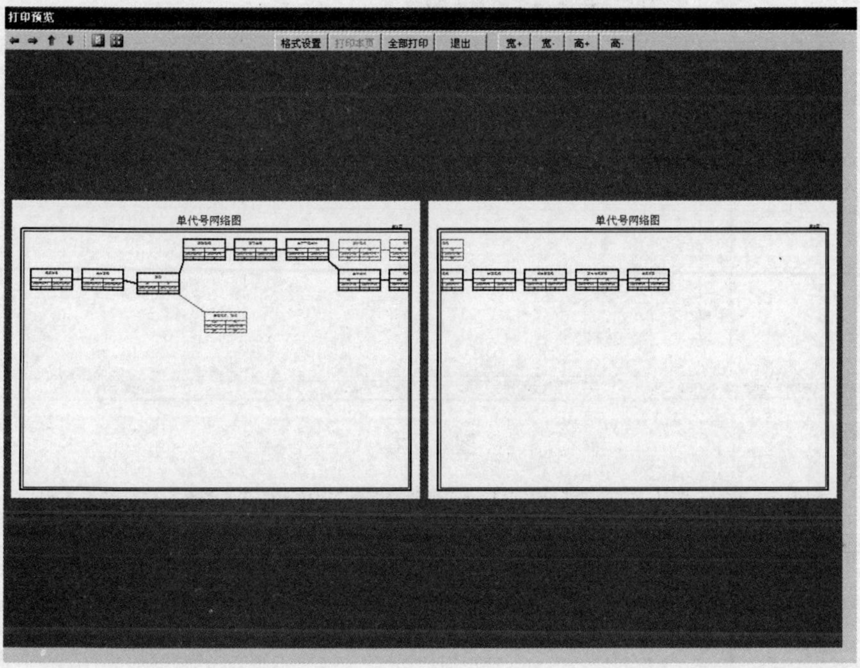

图 4.162

4.3.4　任务解决方案的评估

4.3.4.1　用 PKPM 软件对××学校新校区一期工程网络计划图绘制

1. 工程概况

工程概况同 4.2.4.1 中的××学校新校区一期工程。

2. 双代号网络计划的绘制

（1）新建工程。创建“××学校新校区一期工程”，过程参照如图 4.1～图 4.4 所示。

（2）添加工作。在图 4.4 中单击菜单栏图表下拉菜单中的【双代号网络图】项，或单击工具栏中的双代号网络图，进入【双代号网络图】窗口。单击工具栏中的增加工作按钮，在图中单击，拖动鼠标一段距离后松开，弹出【请输入工作名称:】对话框，如图 4.163 所示。

输入工作名称、持续时间并单击【确定】按钮后，在双代号网络图中绘出施工准备工作，如图 4.164 所示。

（3）工作的继续添加。当把鼠标移动至施工准备工作的后节点处时，光标变成上下尺寸线“↕”时，单击，拖动鼠标一段距离后松开，在弹出的【请输入工作名称】对话框中继续添加土方工程、垫层等。

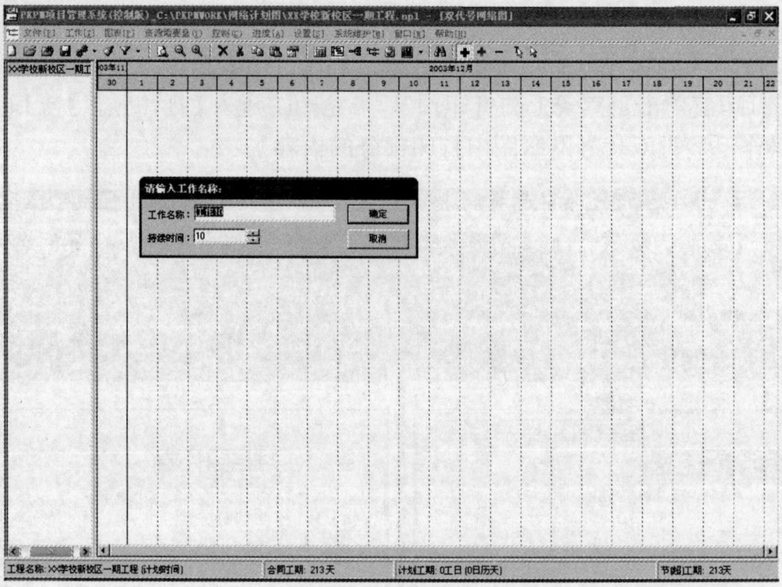

图 4.163

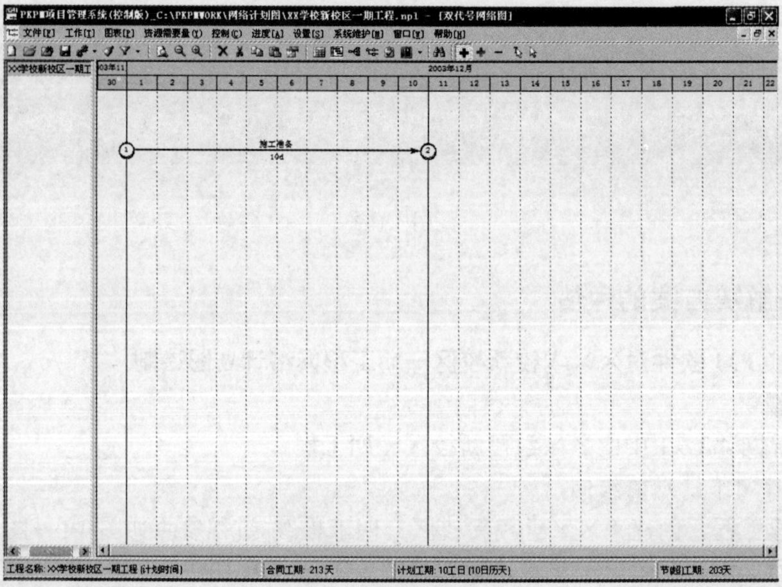

图 4.164

或把光标移至工作的结束节点左侧，此时光标变成“→”，双击，弹出如图 4.165 所示对话框，输入工作名称并单击【确定】按钮后即可在该工作后面增加一个紧后工作。

图 4.165

（4）工作信息的修改。当把鼠标移动至某一工作线上时，光标变成上下尺寸线“ ↕ ”时，双击，弹出如图 4.166 所示【工作信息】对话框，对已绘制的工作信息进行修改。

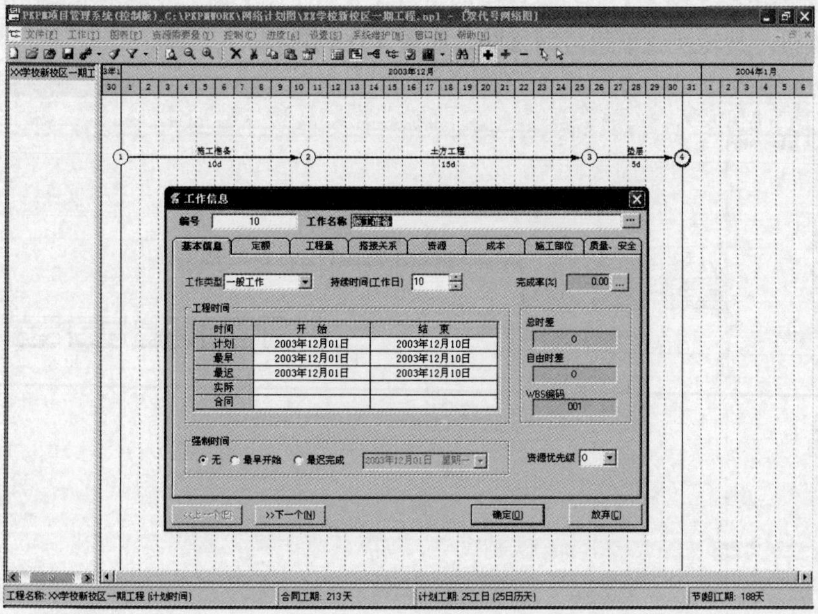

图 4.166

在添加工作过程中，可以随时将鼠标光标移至时间刻度处，用鼠标左键拖动鼠标来改变时间刻度的间距，以方便改变窗口显示的工作数量多少。

绘制好的双代号网络图如图 4.167 所示。

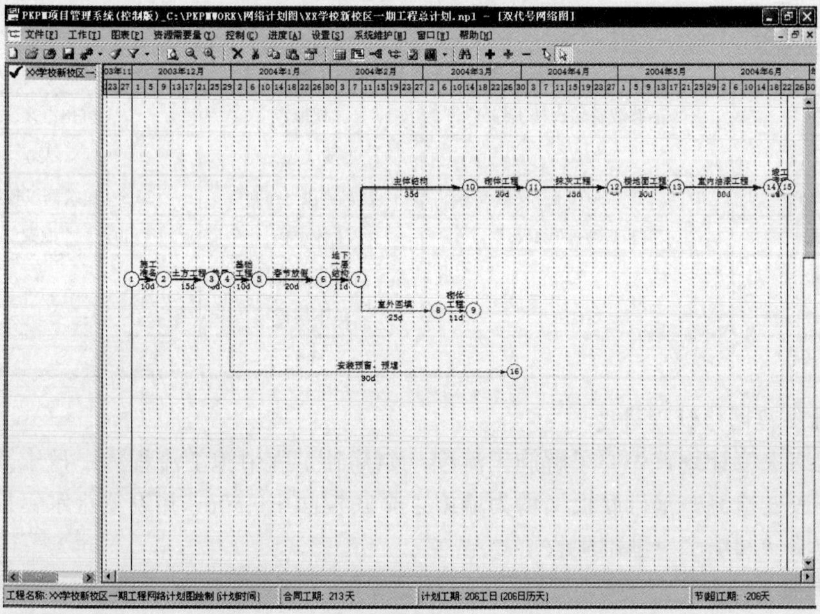

图 4.167

（5）转换为单代号网络图。可以将绘制好的双代号网络图转换成单代号网络图。在图4.167中单击菜单栏【图表】下拉菜单中的【单代号网络图】项，或单击工具栏中的单代号网络图按钮，则转换成单代号网络图，如图4.168所示。

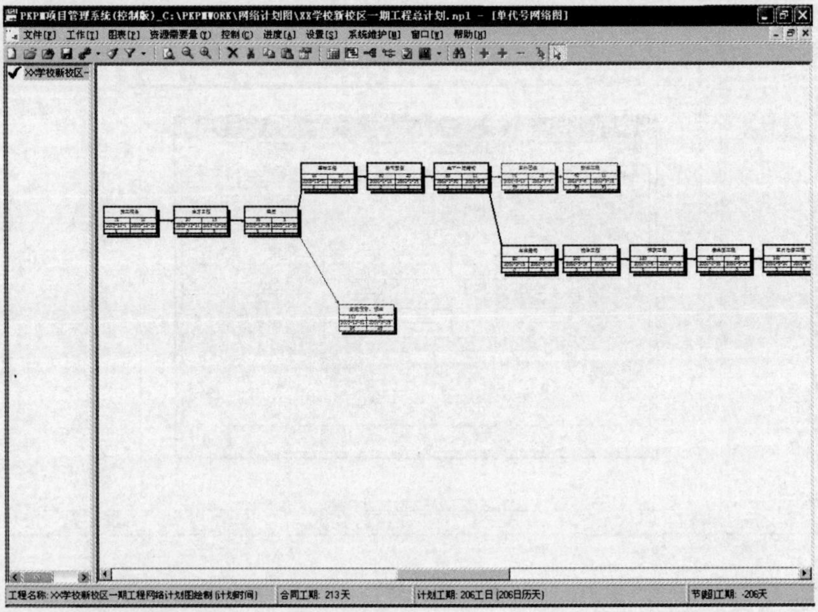

图 4.168

4.3.4.2 品茗教研综合楼基础工程网络计划图绘制

1. 工程概况

品茗教研综合楼基础工程见表4.1。

表 4.1　　品茗教研综合楼基础工程

工程名称	品茗教研综合楼工程	工程地点	杭州市××路
工程造价（万元）	300	工期（天）	230
建筑面积（m^2）	3010.6	建筑高度（m）	25.5（建筑高度控制区内）
基础形式	桩基础+防水板	主体结构	框架
抗震等级	7	抗震设防烈度	6
地上层数	6	地下层数	1
标准层层高（m）	3.6		

2. 基础工程网络计划进度

编制网络进度计划首先要了解施工流程，如基础工程中施工流程为：挖土及基坑支护→垫层→小应变检测→基础底板（剪力墙施工至底板面+0.50m 并设置止水钢板）→基础顶板及剪力墙→回填土→基础验收。

3. 定工期

在国内，基本上是由建设单位提供工期，各工序工期见表4.2。

（1）根据工程大小。

（2）理想状态的人员配置及材料周转速度。

（3）当地往年气候能影响施工进度的平均天数。

表 4.2　　　　各 工 序 工 期　　　　单位：天

挖土	垫层	小应变检测	基础底板	基础顶板及剪力墙	回填土	基础验收
6	2	1	15	15	2	1

4. 软件绘图

该基础工程分两个施工段。启动“品茗智能网络计划编制与管理软件”如图 4.169 所示。

图 4.169

单击菜单栏【文件】→【新建】，弹出【项目概况】对话框如图 4.170 所示，填入项目名称、开始时间、持续时间、施工单位等信息，确定后进入绘图区。

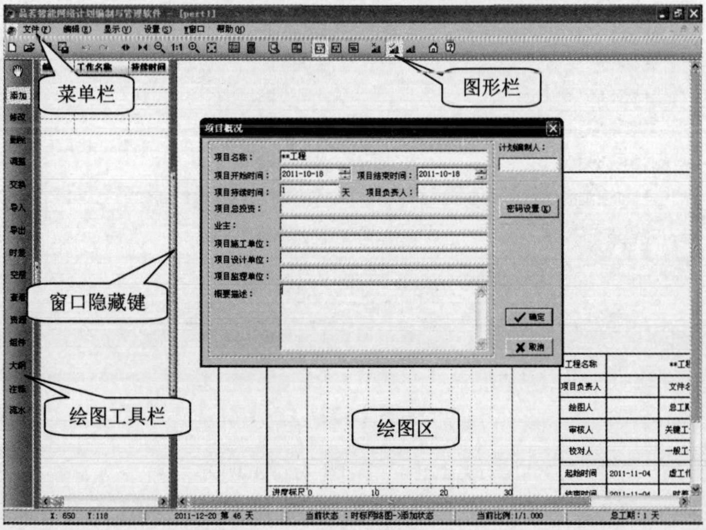

图 4.170

（1）单击绘图工具中，在绘图区添加工作，用鼠标左键拖拉绘制双代号箭头，如图 4.171 所示。

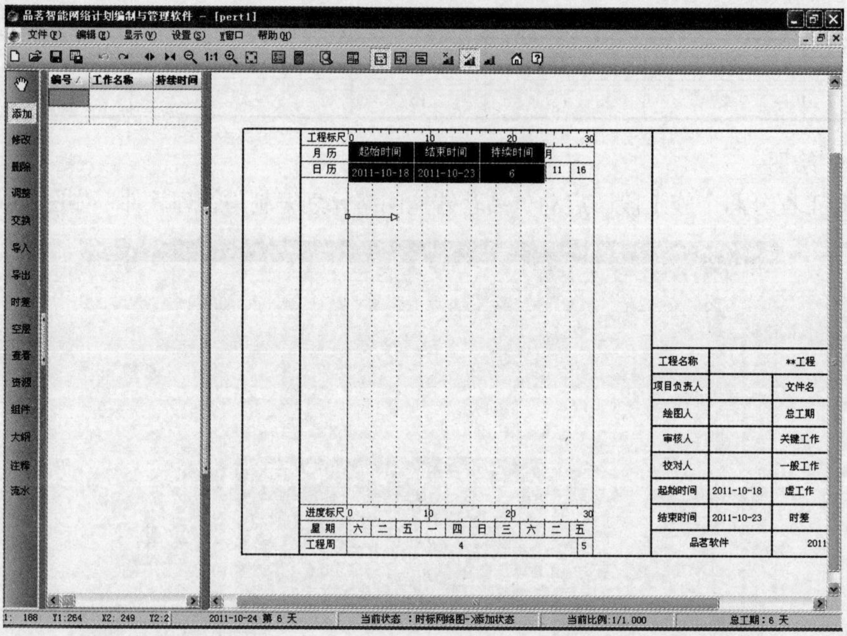

图 4.171

释放鼠标左键，弹出【工作信息】对话框，可以填写工作信息，单击【确定】按钮后在图中绘出工作线，如图 4.172 所示为挖土工作信息，对于没有的工作名称，可在工作名称栏中输入。

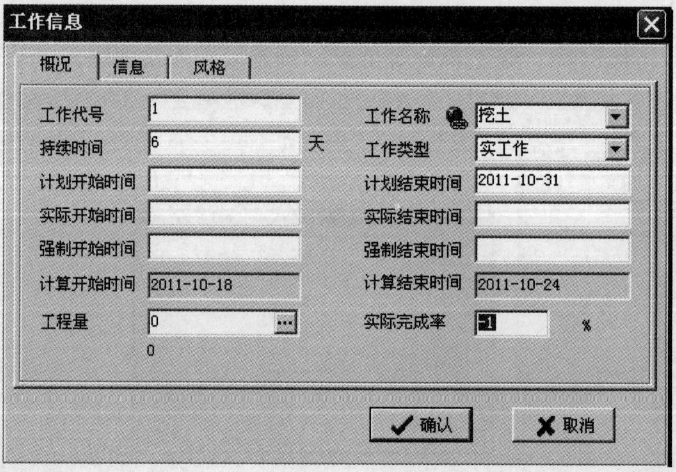

图 4.172

（2）用同样的方式继续添加后续工作，如图 4.173 所示。

（3）修改和删除。如果需要修改工作信息，可单击左侧绘图工具中的，鼠标移动至需要修改的工作线上，再双击修改工作信息。

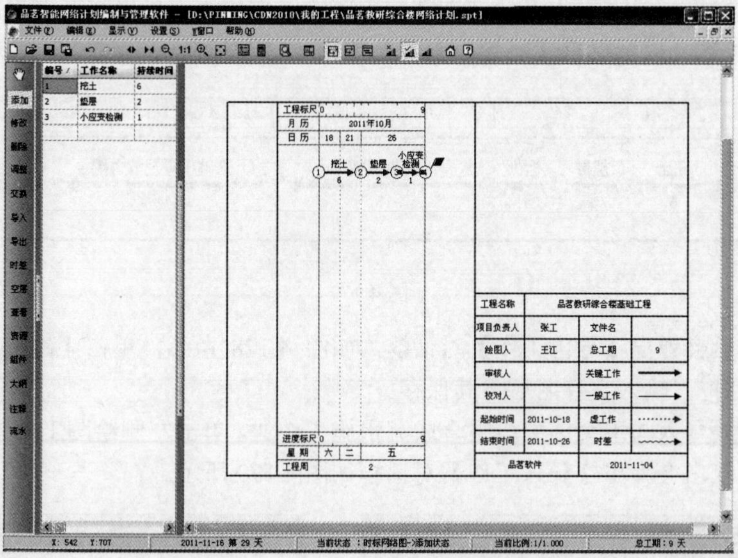

图 4.173

如果输入了多余的工作，如图 4.174 所示，单击左侧绘图工具中的删除，鼠标移动至需要删除的工作线上，双击进行删除。

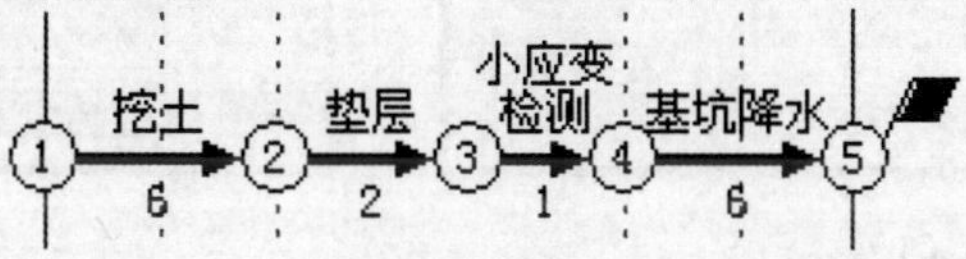

图 4.174

（4）工作前后位置颠倒。如图 4.175 所示，若将“基础顶板及剪力墙”和“回填土”两项工作交换顺序。

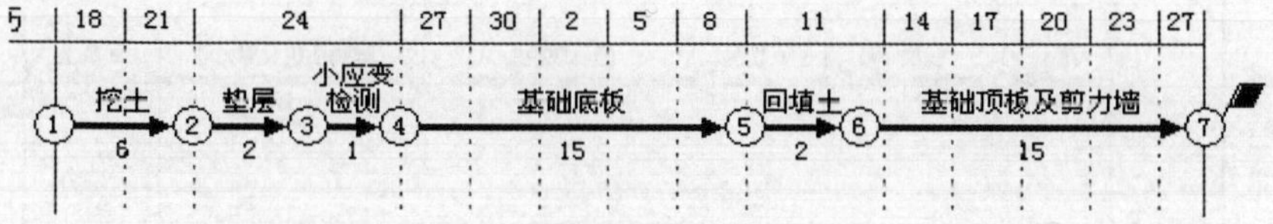

图 4.175

可单击左侧绘图工具中的交换，双击需要交换的两条工作线，则两项工作先后顺序调换，如图 4.176 所示为“回填土”与“基础顶板及剪力墙”两个工作的调换。

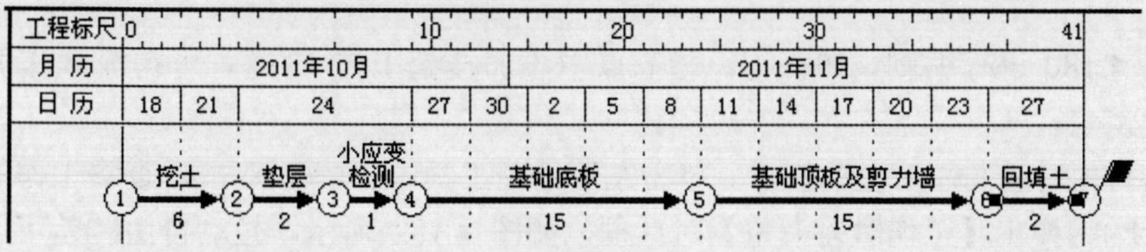

图 4.176

（5）文件导出、导入。为方便文件部分内容的下次使用，可以将文件导出，单击左侧绘图工具中的导出，用鼠标框住需导出内容，如图 4.177 所示。

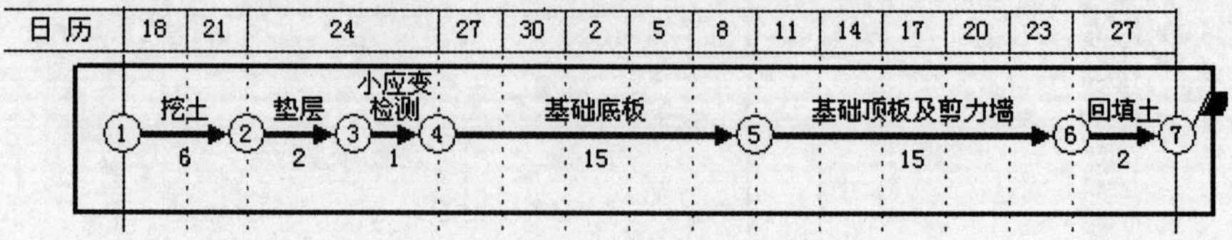

图 4.177

松开鼠标后会弹出【导出工作】对话框，如图 4.178 所示，单击【确定】按钮后弹出【另存为】对话框，输入文件名后将其保存。

导如果需要导入与下个施工段组合成流水施工作业，单击左侧绘图工具中的导入，鼠标移动至绘图区双击会弹出【导入工作】对话框如图 4.179 所示。

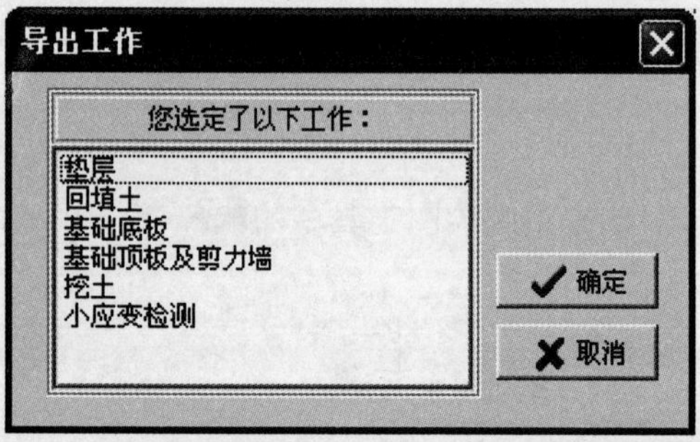

图 4.178

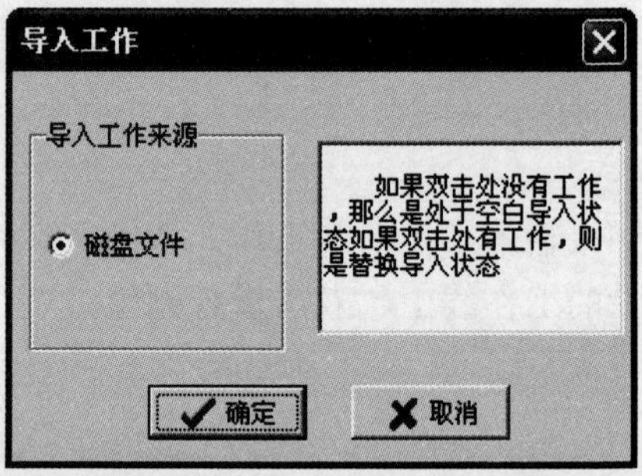

图 4.179

选择导出的文件名并单击【确定】按钮，如图 4.180 所示。

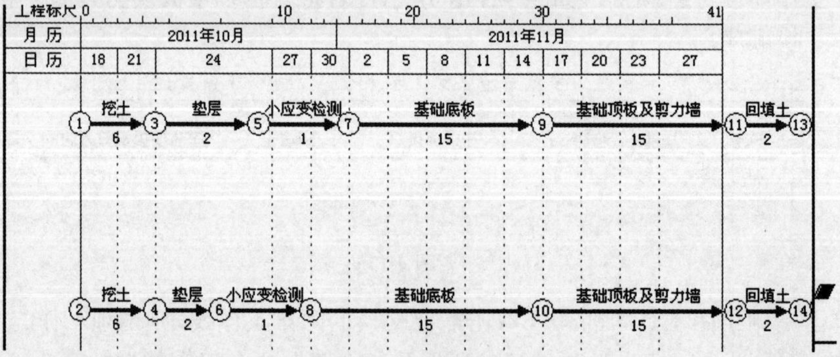

图 4.180

对图 4.180 进行编制，如在①、③节点中添加挂起工作 13 等，可得流水作业，如图 4.181 所示。

（6）自由时差与总时差的查看。单击左侧绘图工具中的时差，双击需查看工作的工作线（如回填土），弹出【工作时差调整】对话框，如图 4.182 所示，拉动自由时差可以调节该工作的开始时间。

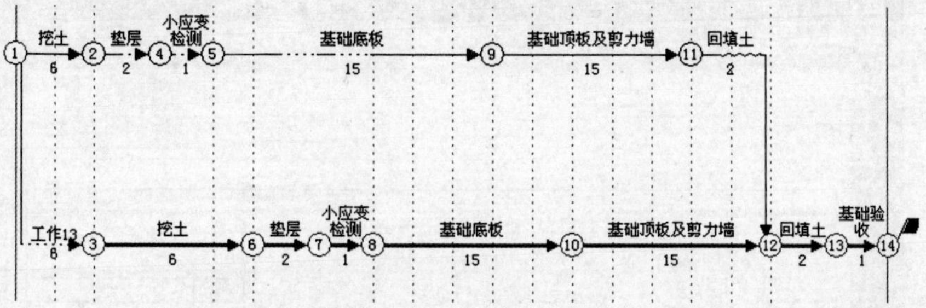

图 4.181

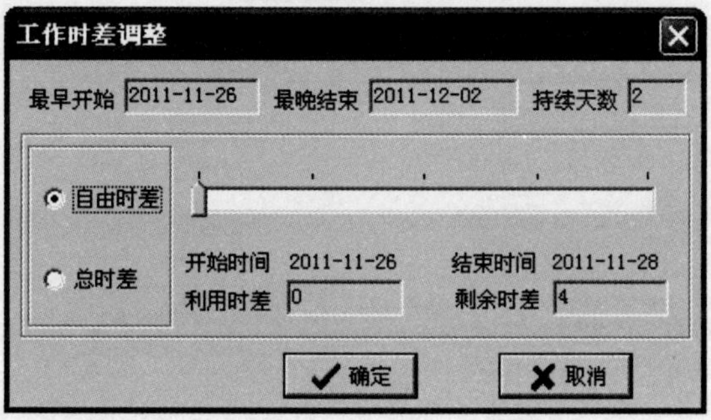

图 4.182

绘制完成的时标网络图（单击窗口隐藏键后）如图 4.183 所示。

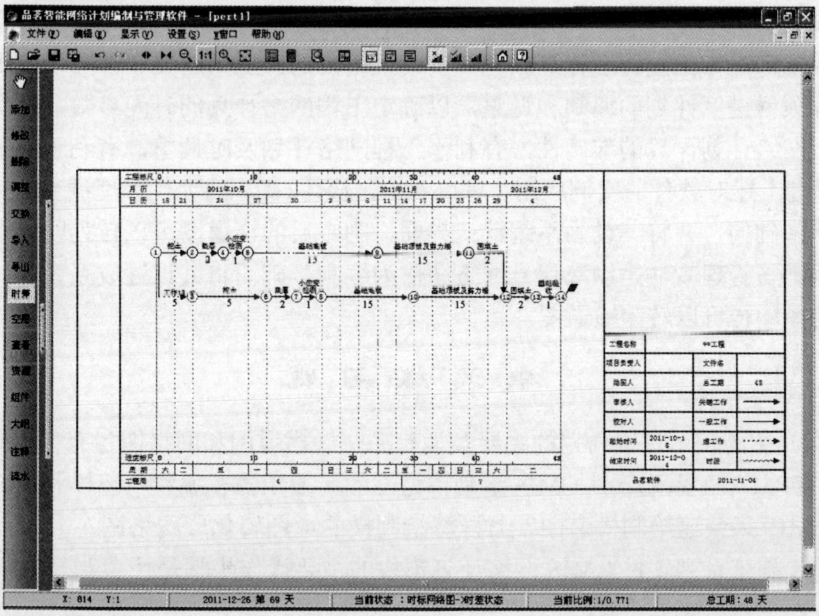

图 4.183

（7）双代号网络图转换横道图。选择图形栏模块中的横道图按钮，双代号网络图自动转换成横道图，如图 4.184 所示。

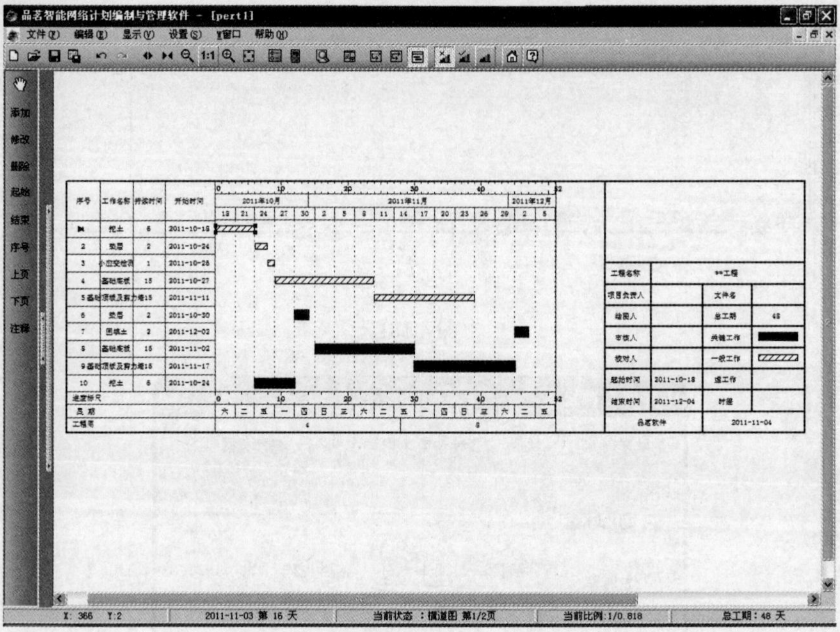

图 4.184

单 元 小 结

目前市场上有很多计算机辅助施工软件专门满足网络计划图编制。主要典型的软件为 PKPM 建筑施工技术系统的软件 CMIS、品茗智能计划编制与管理软件与斯维尔项目管理软件等。这些软件都是在工程网络计划原理的基础上编制的。应用这些软件可以实现计算机辅助建设工程项目进度计划的编制和调整，以确定工程网络计划的时间参数。这类工程软件能确保工程网络计划计算的准确性，有利于工程网络计划及时调整，有利于编制资源需求计划等。通过上述对软件的实例应用，可以看出，软件 CMIS 的项目管理进度计划是以横道图作为编制基础的，并将其设为系统默认界面，制定后的横道图可以转为网络图。而品茗智能计划编制与管理软件是以双代号网络图作为编制基础而将其设置成系统默认界面，制定后的网络图同样可以转为横道图。

单 元 练 习 题

1. 本章介绍的表示进度计划的主要类型有哪些？横道图和网络图各有何优缺点？

2. 用 PKPM 施工系列软件 CMIS 绘制横道图的一般步骤有哪些？怎样利用 PKPM 施工系列软件 CMIS 来快速绘制横道图？怎样将绘制横的道图转化成网络图？

3. PKPM 施工系列软件 CMIS 网络计划模块的主要操作步骤是什么？

实训 2　某市科技馆建筑工程网络图绘制

【工程概况】工程概况见附录 B 某市科技馆建筑工程实训基本资料。

【背景】 作为施工技术人员绘制某市科技馆建筑工程网络计划图。

【训练任务】 通过使用计算机辅助施工管理软件快速绘制某市科技馆建筑工程网络计划图。

【训练目标】

1. 能力目标

（1）能掌握计算机辅助施工管理软件绘制某市科技馆建筑工程网络计划图的流程。

（2）能根据实际工程的情况，利用计算机辅助施工软件模块合理调整工期，快速绘制某市科技馆建筑工程网络计划图。

2. 知识要点

计算机辅助施工管理软件网络计划图绘制的操作。

【训练地点】校内实训基地。

【训练类型】设计训练。

【训练成果】某市科技馆建筑工程的网络计划图。

【训练步骤】实训步骤以在机房现场操作为主。

第 5 单元　施工现场平面图绘制

任务目的：运用计算机施工辅助软件绘制施工现场平面图。

任务重点：施工现场平面图绘制。

任务难点：施工现场平面图的布置；需要结合所给工程的特点进行分析，选用合适的机械设备、临时设施、运输道路等内容进行布置。

5.1　任务的导入

施工总平面图是指导现场施工的总体布置图，它把拟建项目组织施工的主要活动描绘在一张总图上，作为现场平面管理的依据，实现施工组织设计的平面规划。

施工部署或方案、施工进度计划和建筑施工平面图是施工组织设计的三大主要核心部分。其中建筑施工现场平面图是施工现场各类建筑物、各项施工设施在空间上的体现，表明拟建房屋所在地相关范围内的总体布置，它反映了新建房屋、构筑物等的位置和朝向，室外场地、道路、绿地的布置，地形、地貌、标高等与原有环境的关系和邻界的情况等。建筑施工现场平面图也是房屋及其它设施施工定位、土方施工以及绘制水、暖、电等管线总平面图的依据。施工现场平面图包括水源、电源及引到现场的临时管线，排水沟渠，建筑安装工人临时住所，各种必须建在现场附近的附属工厂、材料堆场，半成品周转场地、设备堆场、各类物资仓库、易燃品仓库、垃圾堆放区和工地临时办公室，临时道路系统和计划提前修筑供施工期间使用的正式道路等。这些建筑物和构筑物的平面位置、面积、规模必须和施工组织总设计相符。由于建筑施工现场平面图的重要性，使用计算机辅助施工软件对其进行绘制成为必然。

5.2　任务的分析

建筑施工总平面图解决建筑群施工所需的各项设施和永久建筑（拟建的和已有的）相互间的合理布局，按照施工部署、施工方案、施工总进度计划、各项技术物资需用量计划等内容，通过必要的计算分析，依据一定的布置原则，考虑技术上可能和经济上合理，将各项生产、生活设施（包括房屋建筑、临时加工预制场、材料仓库、堆场、水电源、动力管线和运输道路等）在现场平面上进行周密规划和布置。绘制建筑施工现场平面图，首先应依据施工组织设计，对建筑施工现场平面图的内容进行分析，然后对现场平面图软件进行选择。平面布图软件一般提供了丰富的基本图形组件及对其的综合操作，通过组合和编辑可生成各样的工程图形组件；图元库包含标准的建筑图形，所绘制图形可保存到图元库备用。图片、剪贴画、WORD 文档等任意文档均可插入图纸进行美化，图纸可存为“.BMP”、“.DWG”等格式便于交流。利用平面布图软件可以根据施工现场平面图，能快速绘制施工现场场地、道路、围墙、大门、塔吊等施工设施。还可以对混凝土搅拌站、工地办公室、加工棚、电线、工地堆放物、施工机械等实现快速插入等，同时提供了给施工现场绿化的种植功能。平面布置图软件基本能够满足绘制施工现场平面图的要求，可以方便地应对准备时间短而对文档要求高的投标，以及高水平施工组织设计中施工平面图设计的情况。

5.3　任务的解决方案

现场平面图绘制软件主要有 PKPM 建筑施工技术系统软件施工现场平面图、品茗施工现场平面布置图绘制软件及清华斯维尔平面布图软件等。本节主要介绍利用 PKPM 现场平面图软件提供的设计功能，能够从已有建筑生成建筑轮廓，然后进行临时建筑物布置，绘制围墙、道路、工程管线、仓库和加工厂，标注各种图例符号等，最终绘制建筑施工现场平面布置图，实现计算机的施工辅助管理功能。PKPM 中的现场平面图软件绘制施工现场平面图的步骤为：新建工程→绘制或导入已有建筑物→绘制围墙和大门→绘制道路、建筑物→插入起重设备、绘制库房及临时用房→利用图库和设备库布置现场平面→布置临水临电设备及线路绘制→插入常用符号和图例→生成临水临电计算书→打印出图。

5.3.1　PKPM 现场平面图软件系统主界面

启动 PKPM 软件，显示界面如图 5.1 所示。

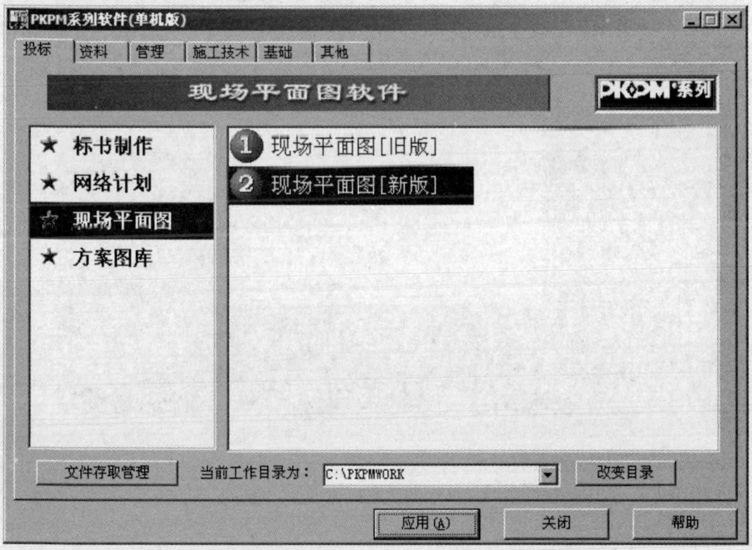

图 5.1

新版式的 PKPM 界面显示如图 5.2 所示。

图 5.2

选择新版式“投标系列”模块四“施工现场平面图（TCAD 版）”，或选择旧版模块二，两者界面基本相同，本章主要介绍新版软件的使用，进入【施工总平面图】窗口，如图 5.3 所示。

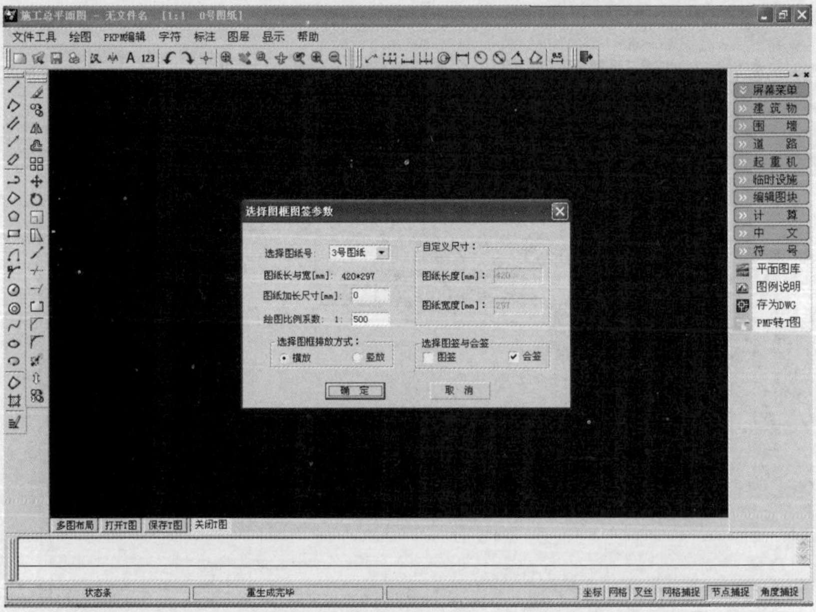

图 5.3

右侧菜单分为【屏幕菜单】和功能选项两部分。其中屏幕菜单包括【建筑物】、【围墙】、【道路】、【起重机】、【临时设施】、【编辑图块】、【计算】、【中文】、【符号】九个功能模块。

功能选项包括【平面图库】、【图例说明】、【存为 DWG】和【PMF 转 T 图】四项。

5.3.2　右侧菜单功能

5.3.2.1　新建工程

在图 5.3 所示窗口的【选择图框图签参数】对话框中，选择“图签”复选框后单击【确定】按钮，则完成了对新工程的建立。单击【文件工具】→【保存文件】，弹出【另存为】对话框，如图 5.4 所示，输入新建工程名称如施工现场平面布置图保存后，则可以对其进行设计绘制了，如图 5.5 所示。

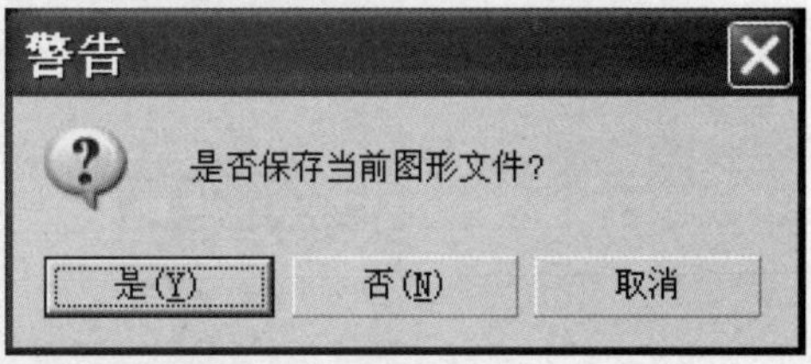

图 5.4

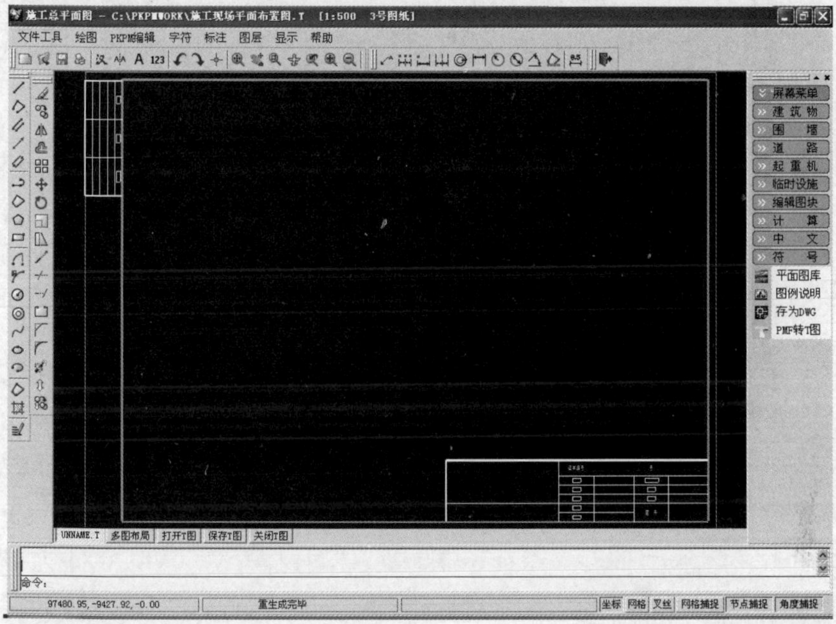

图 5.5

5.3.2.2　绘制围墙和大门

在图 5.5 所示窗口中单击【围墙】，出现围墙子菜单，包括【增加围墙】、【改方向】、【分隔变大】、【分隔变小】、【删除围墙】、【大门】、【河流】等功能选项。

1. 增加围墙

单击【增加围墙】，弹出【围墙类型】对话框，如图 5.6 所示，选择围墙类型后单击【确定】按钮，则可在图中绘出围墙。

通过连续选点绘制新的围墙，并绘制小阴影线标志围墙方向。精确控制围墙长度可以在下方命令行中输入具体数值。当绘制直线段时，可用鼠标确定直线方向后，输入数值即可。在绘制过程中，按[F4]键可以打开或关闭角度自动捕捉功能，按[F9]键可以对捕捉角度、网格间距等进行设置。绘制闭合图形可以在绘图结束时在鼠标右键快捷菜单中选择输入完毕并闭合选项。绘制的围墙示例如图 5.7 所示。

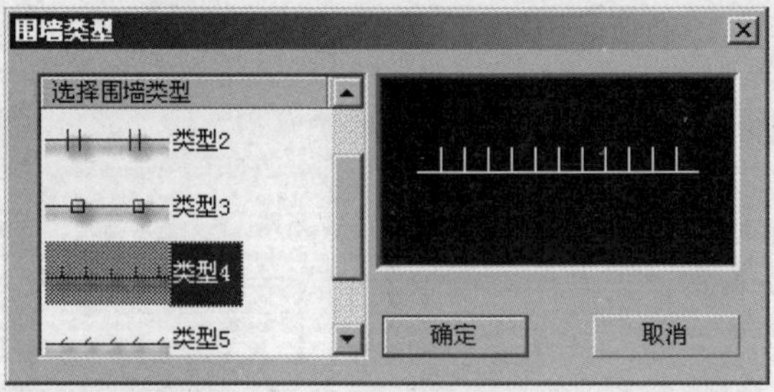

图 5.6

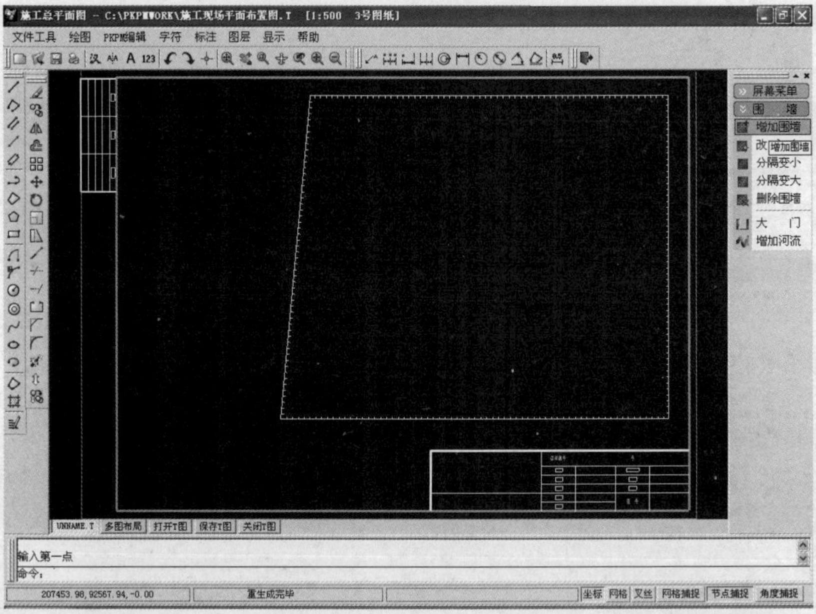

图 5.7

2. 围墙图案调整、删除围墙

单击【改方向】，再点选需要改变外区域标示线方向的围墙，可以把围墙外区域标示线绘制到对应方向。

单击【分隔变大】、【分隔变小】，可以自动调整围墙图案外区域标示线大小间距。

单击【删除围墙】，则自动删除选取的围墙及其外区域标示线。

3. 大门、河流绘制

单击【大门】，在图中要设置大门的任意位置，通过用光标选择门宽的两点绘制大门。

同样可以利用【河流】选项在图中的某一位置，通过连续选点绘制河流。

在上述绘图过程中，或可利用工具条中的放弃或重做。

5.3.2.3 绘制道路

在图 5.5 中单击【道路】，出现道路子菜单，包括【行道树】、【设置路宽】、【增加路】、【路编辑】、【路生成】、【修改路宽】、【修改路弯】和【铁路】等功能选项，用以绘制建筑物周围的道路和路边的行道树。

1. 设置路宽和增加路

单击【设置路宽】，弹出【道路参数设置】对话框，如图 5.8 所示，输入双线道路宽度及弯道半径后，就设定了绘制道路时的宽度，直到再输入一个新的宽度为止。

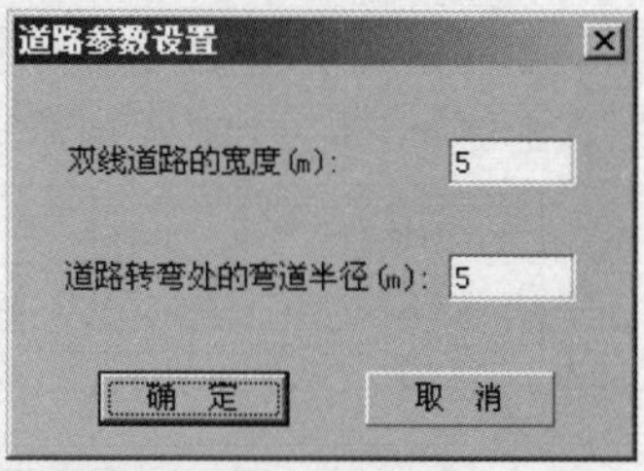

图 5.8

单击【增加路】，用光标可绘制连续的直线或曲线的道路。

2. 路编辑和路生成

单击【路编辑】，选择修改要改道路中线，然后调用【路生成】命令，重新生成道路。

3. 修改路宽和路弯

单击【修改路宽】，点取已绘制好的要改变宽度的道路（[Esc]退出），输入新的道路宽度，修改后此道路与周围道路的交叉和路弯自动重新绘制。

单击【修改路弯】，点取要修改弯道宽度的道路双线中的一条，在命令行中输入新的弯道宽度，则可修改道路交叉口或转弯处的圆弧半径。

4. 行道树

单击【行道树】→【设置树】，点选要设置树的道路的一侧或两侧，绘制行道树。

利用【分隔变大】、【分隔变小】选项则能改变树与树之间的距离，用【树变大】、【树变小】可改变树的大小，用【删除路树】可以删除行道树。

在图 5.7 上绘制大门、道路及行道树后如图 5.9 所示。

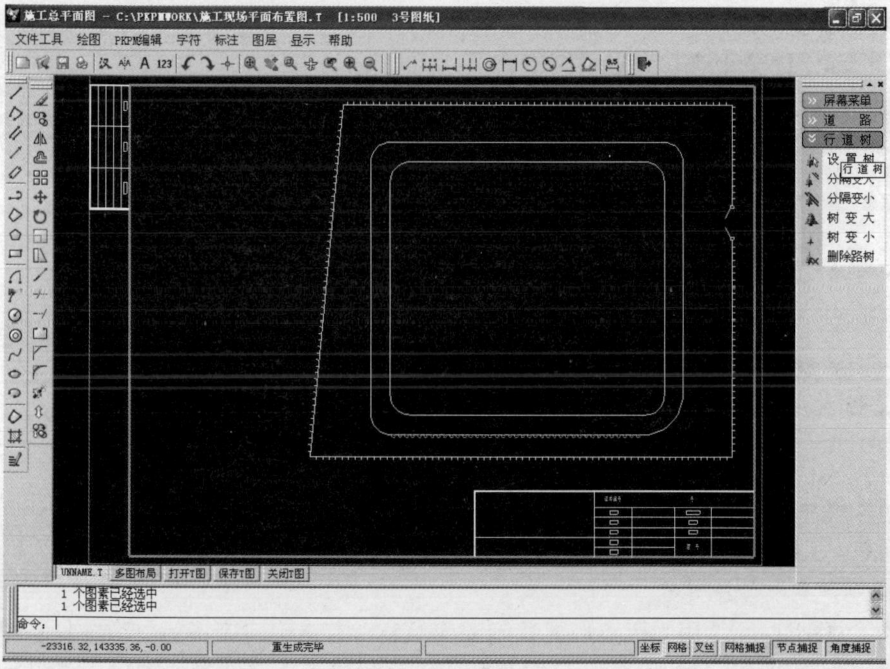

图 5.9

5.3.2.4　绘制建筑物

在图 5.5 中单击【建筑物】，出现建筑物子菜单，包括【轮廓形式】、【PM 外轮廓】、【任意轮廓】、【矩形轮廓】、【填充】、【建筑层数】、【复制建筑】及【删除建筑】等功能选项，用以在总平面图中绘制各种建筑物轮廓。

1. 轮廓形式

单击【轮廓形式】，弹出【选择建筑物的轮廓线形式】对话框，如图 5.10 所示，可以对实线、虚线、单线、双线、粗线、细线和轮廓线间距等进行选择或设定。

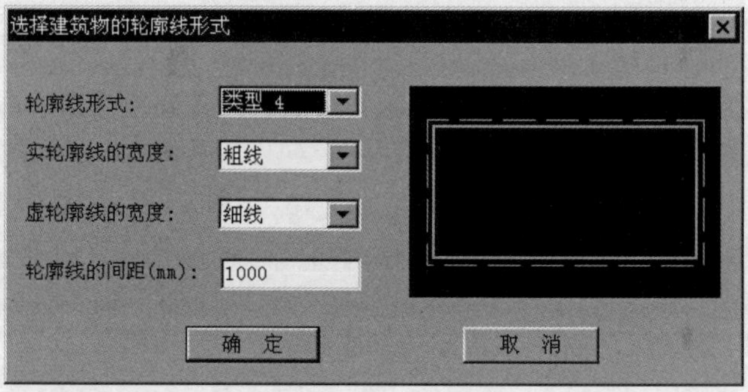

图 5.10

2. PM 外轮廓

单击【轮廓形式】，弹出浏览文件夹，在含有 STRUCT.PM 和 LAYDATN.PM 文件的某目录下选择绘制建筑或结构的建筑物外轮廓线，系统会自动计算外轮廓线的形式并插入到图形文件中。

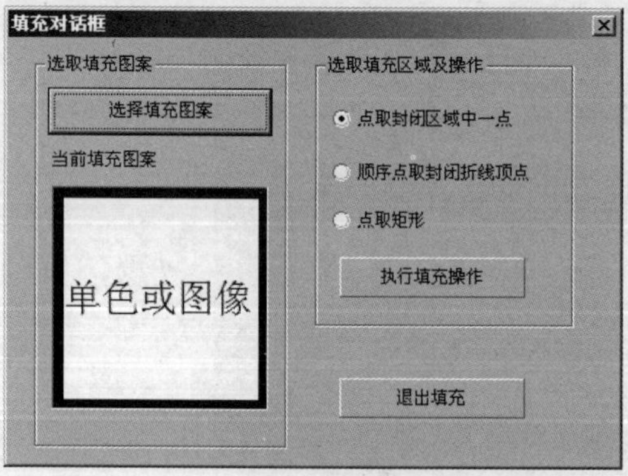

图 5.11

3. 任意建筑和矩形建筑

单击【轮廓形式】或【矩形建筑】，用光标可以绘制一个任意形状或矩形建筑物的外轮廓线，也可以在命令行中输入轮廓点的精确位置。

4. 填充及建筑层数设置

单击【填充】，弹出【填充对话框】，如图 5.11 所示，单击【选择填充图案】按钮，对填充图案进行选择后，再单击执行填充操作，并对填充图案的形式、颜色、比例进行调整。

单击【建筑层数】，弹出【请输入建筑物层数】对话框，在命令行输入层数后点选要标示的建筑物，则将建筑物的层数图标插入在建筑物轮廓内，绘出的建筑物如图 5.12 所示。

5. 复制建筑和删除建筑

单击【复制建筑】，用光标点取要复制的建筑物，右击确定完毕后，确定复制建筑物的基点，被复制建筑物会动态拖动，确定复制建筑物相对于基点的第二点后完成复制。拖动时按[Tab]键可以对选定建筑物进行多重拷贝。点取要复制的建筑物时按[Tab]键可以改变建筑物的选取方式，按[Esc]键结束命令。

单击【删除建筑】，可用光标点取插入图中的建筑，右键确定完毕后，删除这些建筑物。

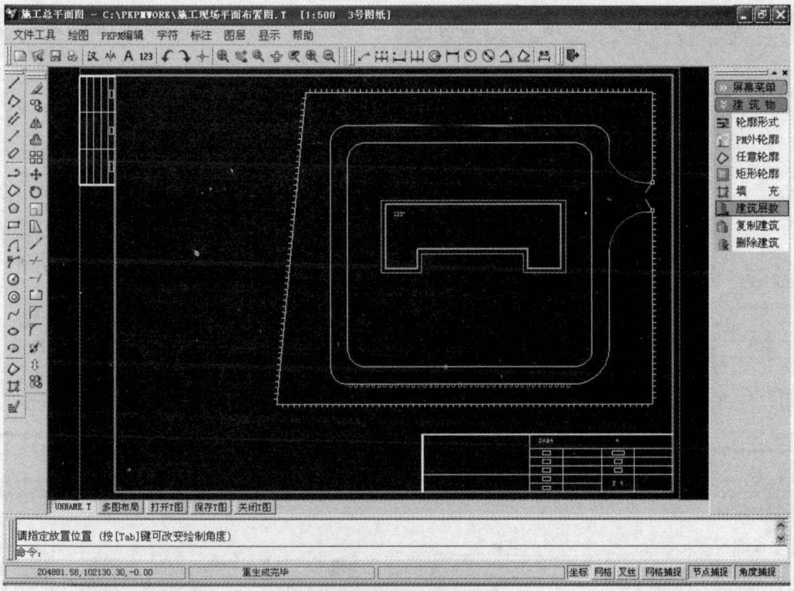

图 5.12

5.3.2.5　插入起重设备

在图 5.5 中单击【起重机】，右侧菜单列出了塔吊、履带式或汽车式起重机、电梯及井架等起重机械，对于塔吊可以设置塔轨宽度及单或双侧轨道，单击【塔吊】动态绘制塔吊如图 5.13 所示。也可以利用选项在图形中直接插入其他起重机械。

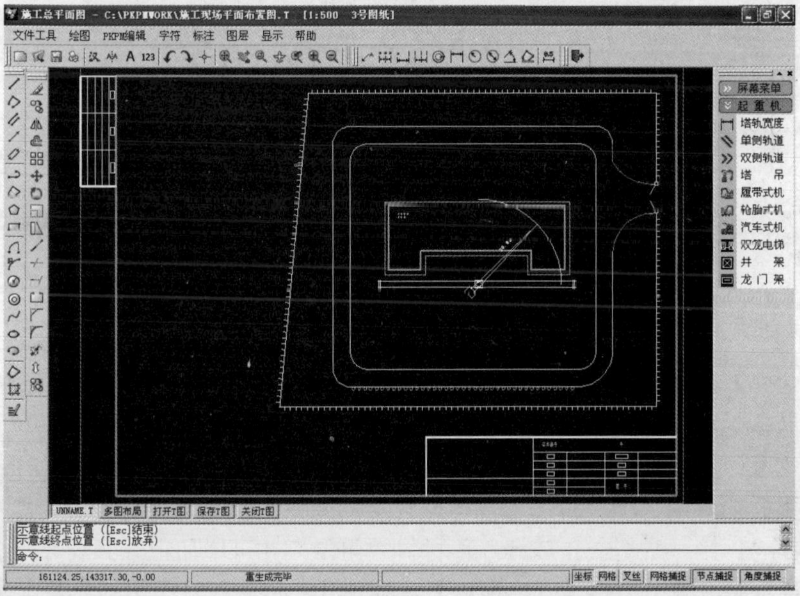

图 5.13

5.3.2.6　绘制库房、供水、供电等临时设施

在图 5.5 所示窗口中单击【临时设施】，右侧菜单分为屏幕菜单和功能选项两部分。

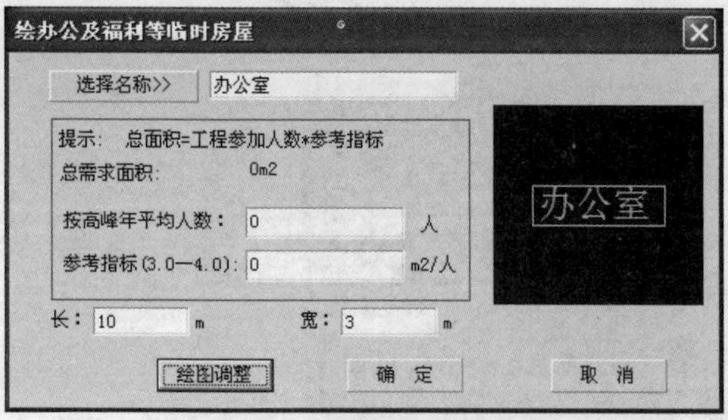

图 5.14

其中屏幕菜单包括【仓库】、【供水设施】及【供电设施】三个功能模块。功能选项包括【洗车槽】、【加工厂】、【临时房屋】、【常用设备】、【设施编辑】和【设施删除】六项，用以完成施工现场各种临时设施和工程管线等的绘制和材料计算。

1. 临时房屋

单击【临时房屋】，弹出【绘办公及福利等临时房屋】对话框，如图 5.14 所示。

输入平面尺寸或按参考指标，在图中设计位置进行绘图布置并调整。如果在对话框内的指定长度与宽度为 0，则可通过鼠标直接拖动来绘制矩形图，绘制的临时房屋如图 5.15 所示。

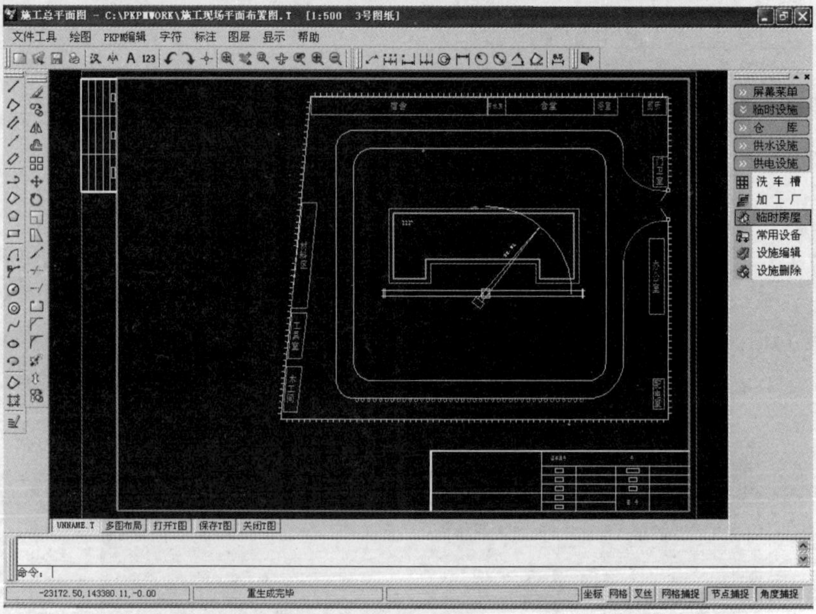

图 5.15

2. 仓库

单击【仓库】，子菜单包括【储备量】、【仓库面积】及【仓库图例】三个功能选项。在完成仓库储备量和所需面积计算基础上绘制仓库图例，也可以直接绘制。

（1）储备量计算。单击【储备量】，弹出【仓库储备量计算】对话框，如图 5.16 所示，输入材料种类、储备期、项目施工工日、材料不均衡系数及总需量等参数，则根据公式计算水泥、钢筋、原木、生石灰和砖等各种材料的用量，并可增加记录到仓库储备量表。

（2）仓库面积计算。单击【仓库面积】，弹出【仓库面积计算】对话框，如图 5.17 所示，输入材料种类、储备量、面积有效利用系数、单位面积存放材料数量等参数，则根据公式计算水泥、原木、钢筋、生石灰和砖等各种材料的实际需要占用面积，并可增加记录到仓库面积记录表。

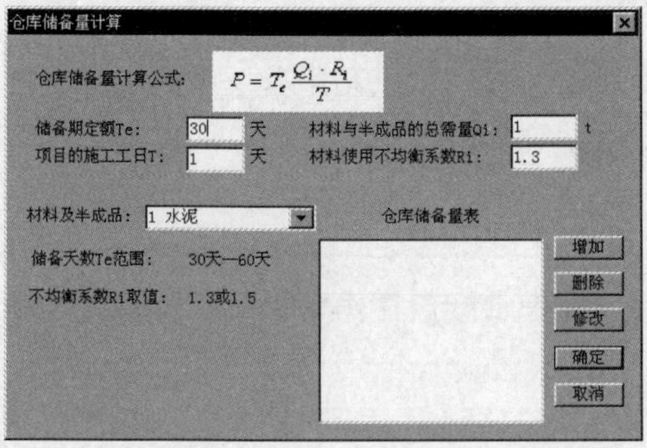

图 5.16

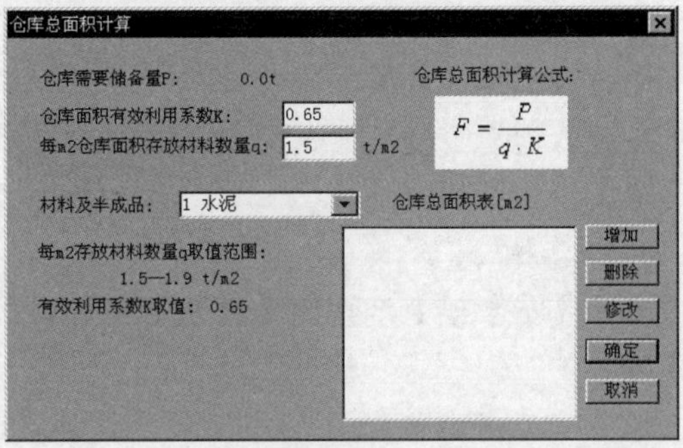

图 5.17

（3）仓库图例。单击【仓库图例】，弹出【绘仓库面积】对话框，如图 5.18 所示，可以选用绘制各种材料仓库符号，并将图中绘制的同类仓库总面积（已标出面积）与上个步骤已计算出的仓库面积（总需求面积）的数据进行比较。

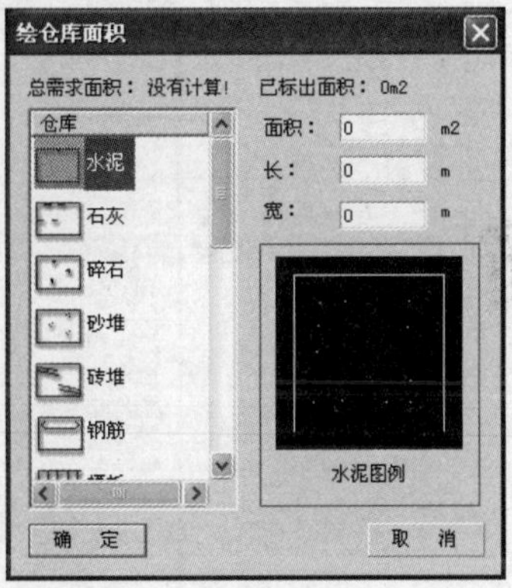

图 5.18

3. 供水设施的插入和计算

单击【供水设施】，子菜单包括【供水量】、【管径】、【水头计算】及【临时给水】四个功能选项，可以利用菜单中的图标直接在图形中插入水源、水池、水塔、水箱、水沟、沉淀池和消防栓等供水设施，还可以动态铺设代有标识符号的供水管线。

单击【供水量】，弹出【用水量的计算】对话框，在对话框内可以计算工程施工用水量、施工机械用水量、施工现场生活用水量、生活区用水量、消防用水量和总用水量等，如图 5.19 所示。

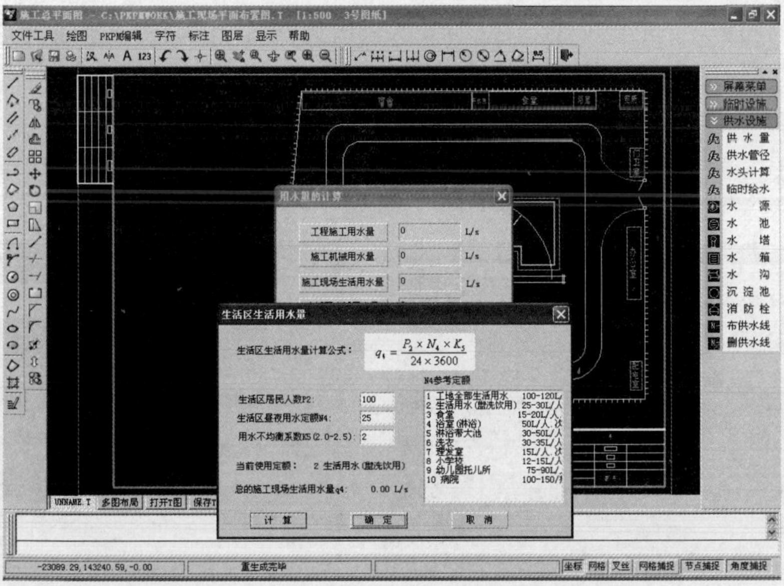

图 5.19

4. 供电设施

单击【供电设施】，子菜单包括【供电量】功能选项，可以利用菜单中的图标直接在图形中插入电源、变压器、配电箱、发电站和变电站等供电设施；还可以动态铺设代有标识符号的供电管线。

5. 洗车槽

单击【洗车槽】，弹出【设置宽度】对话框，输入宽度后在图中设定的位置直接绘制洗车槽。

6. 加工厂布设

单击【加工厂】，弹出【临时加工厂】对话框，如图 5.20 所示，在对话框内输入相关的参考指标可以绘制各种临时加工厂或现场作业棚。

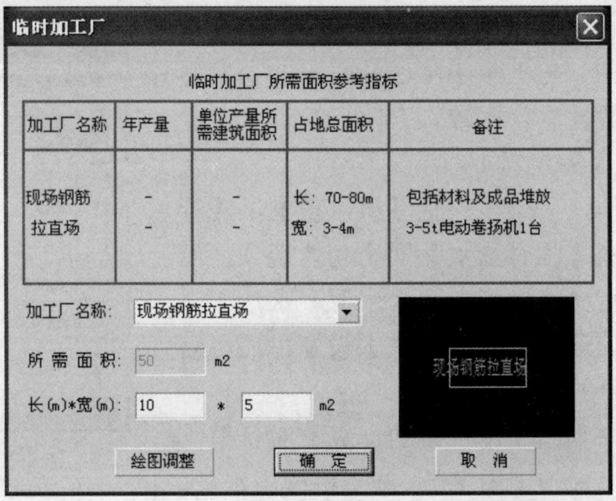

图 5.20

在绘制的加工厂矩形轮廓线上右击，可以随时调整图中的细线或粗线、实线或虚线、字的大小和词组的排放方式等，如图 5.21 所示。

7. 常用设备

单击【常用设备】，弹出【绘常用机械设备】对话框，如图 5.22 所示，选择需要在图形中表示的设备符号，在图中的布置位置直接插入图标。

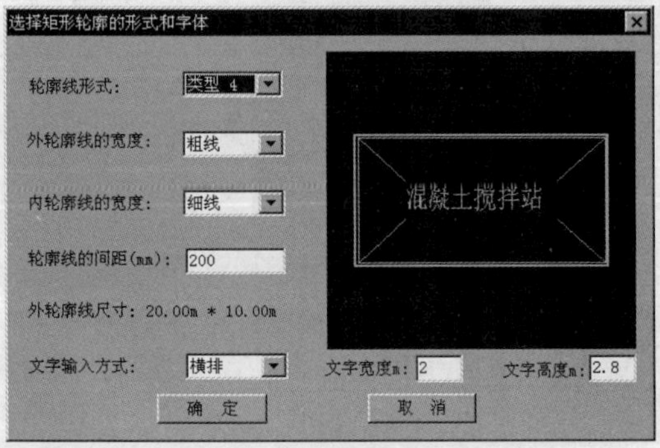

图 5.21

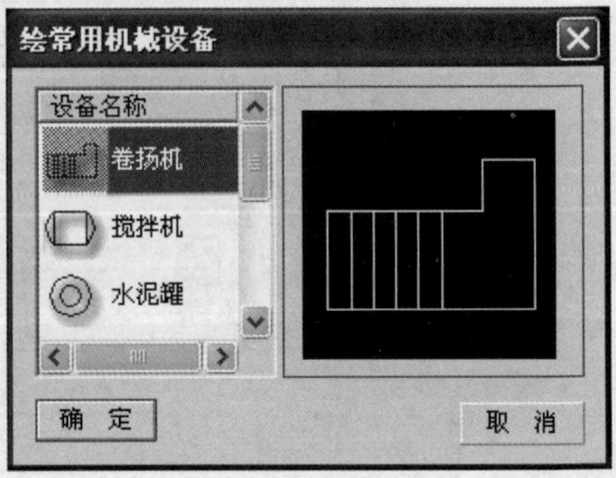

图 5.22

8. 设施编辑和删除

单击【设施编辑】，然后选定图标，可以进行拉伸、旋转等动态编辑操作。

单击【设施删除】，选定任意图标进行删除。

图 5.23 所示为完成临时设施布置后平面示意图。

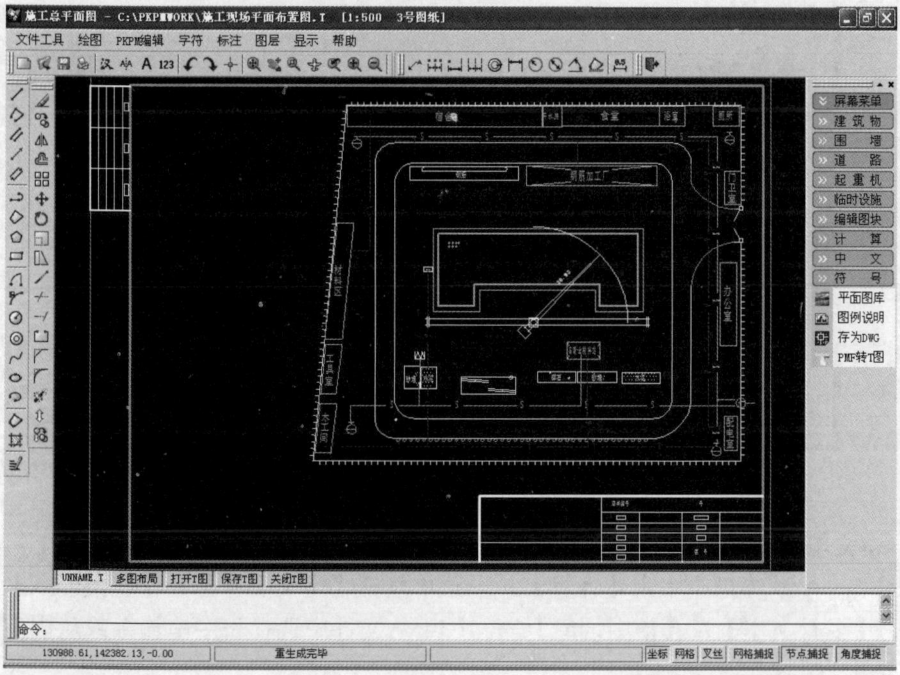

图 5.23

5.3.2.7　编辑图块

在图 5.5 所示窗口中单击【编辑图块】，子菜单包括【图块拉伸】和【图块炸开】两个功能选项。

1. 图块拉伸

单击【图块拉伸】，然后用光标点取需要进行编辑的图块，如图 5.24 所示，在图块的周围会出现九个小方格，当光标点取其中方格的内点时，会有箭头指示图块的缩放或旋转方向。

2. 图块炸开

单击【图块炸开】，然后点取要炸开的图块，可以将图块转换为基本图素。

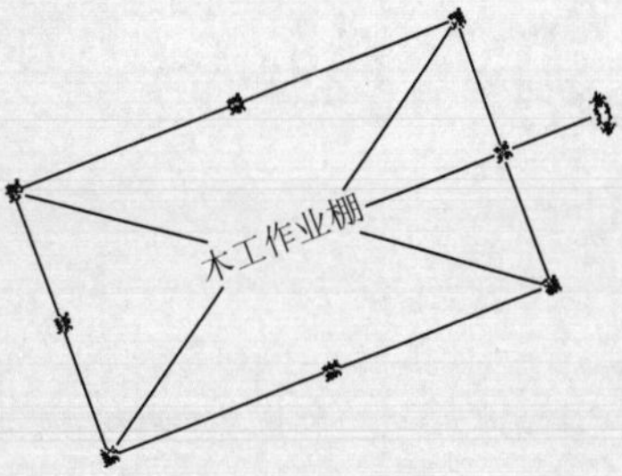

图 5.24

5.3.2.8　计算

在图 5.5 所示窗口中单击【计算】，子菜单包括【供水量】、【供水管径】、【水头损失】、【临时给水】、【供电计算】、【供热计算】、【计算书】、【围墙面积】及【容积率】等，用以完成临时设施工程的计算。图 5.25 所示为单击【计算书】后生成施工组织设计计算书。

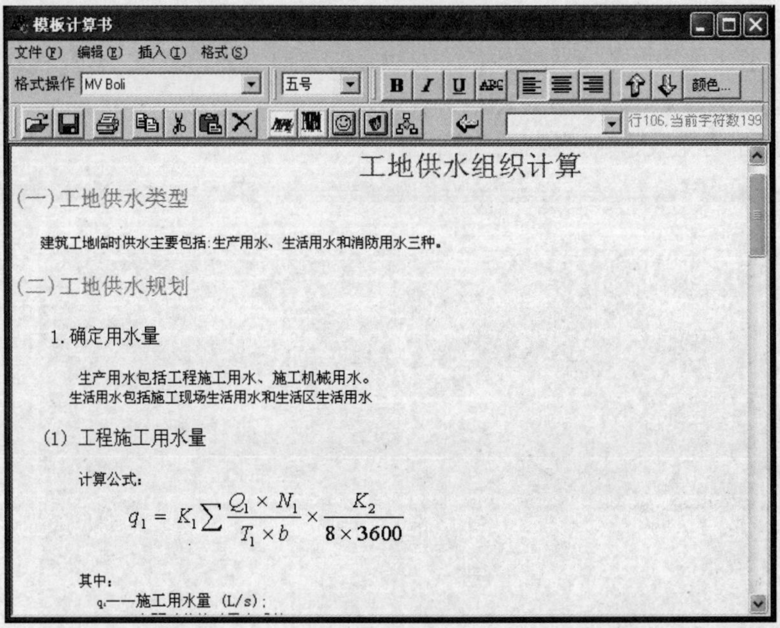

图 5.25

5.3.2.9 中文输入

在图 5.5 所示窗口中单击【计算】，子菜单包括【定义字号】、【直接输入】、【文件行】、【多行文本】及【常用词库】等，用于从文件中选择长字串输入或从固定词组库中选择常用词组输入。

1. 定义字号

单击【定义字号】，弹出【定义字号和转角】对话框，可以定义将要输入到图形中文字的尺寸和旋转角。

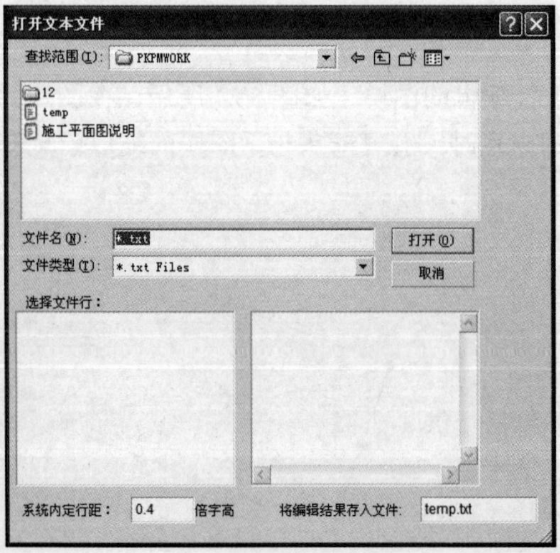

图 5.26

2. 直接输入

单击【直接输入】，弹出【标注中文】对话框，在中文内容中键入文字，移动文字光标直接插入到图形选定的位置上。

3. 文件行

单击【文件行】，弹出【打开文本文件】对话框，如图 5.26 所示，从某一文件中选择大块的字串后，移动文字光标直接插入到图形选定的位置上。

4. 常用词库

单击【文件行】，弹出【词组库】对话框，如图 5.27 所示，点选常用词组的组合后插入到图形中，也可以对词组库的文字串进行增加或删除。

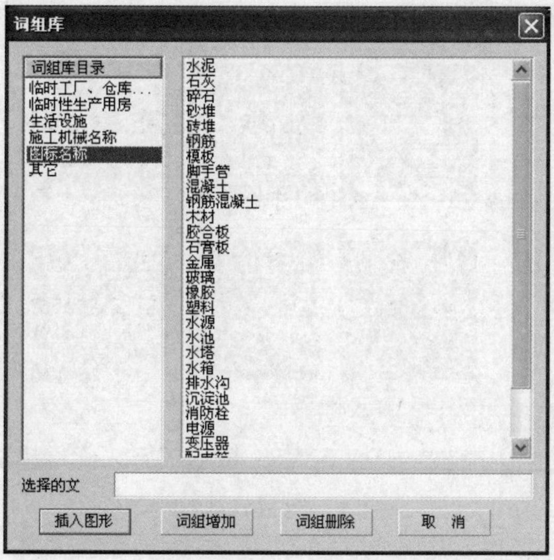

图 5.27

5.3.2.10　符号

在图 5.5 所示窗口中单击【符号】，子菜单包括的各种符号如图 5.28 所示。单击对应的符号选项在图形中可以直接插入各种符号，包括大地坐标线、各楼层的标高标注、箭头线、指北针、道路坡度线和总平面图名等，也可以利用【插入图框】、【插入图签】和【插入会签】选项来完成先绘制平面图然后再插入图框的情况。

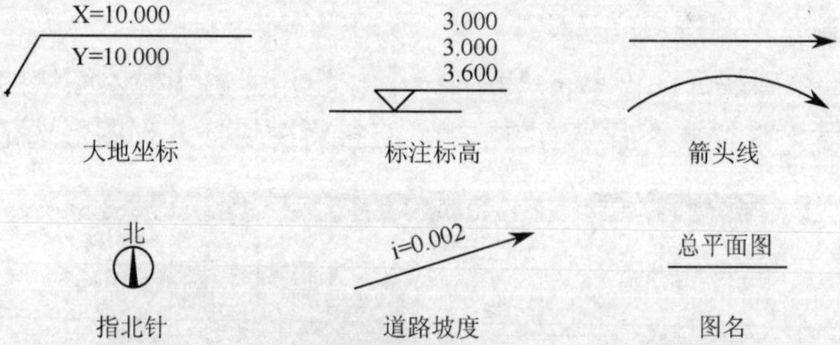

图 5.28

5.3.2.11　图例说明

在图 5.5 所示窗口中单击【图例说明】，弹出【图例说明】对话框，如图 5.29 所示，单击【确定】按钮后移动图框光标直接将图例说明插入到图形选定的位置上。该【图例说明】将图形中所有的图标进行了汇总。

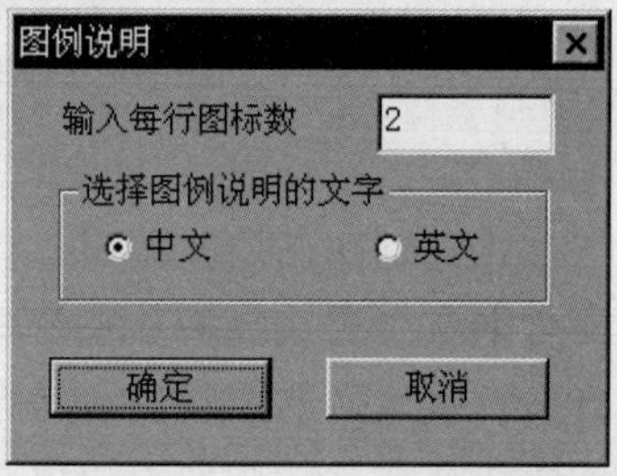

5.3.2.12　平面图库

在图 5.5 所示窗口中单击【平面图库】，弹出【图库管理】对话框，如图 5.30 所示。本软件将一些固定图形块做成图块文件（*.T），以图形库的形式管理起来，以快捷地实现图块的插入、变换、移动和扩充等各种操作。

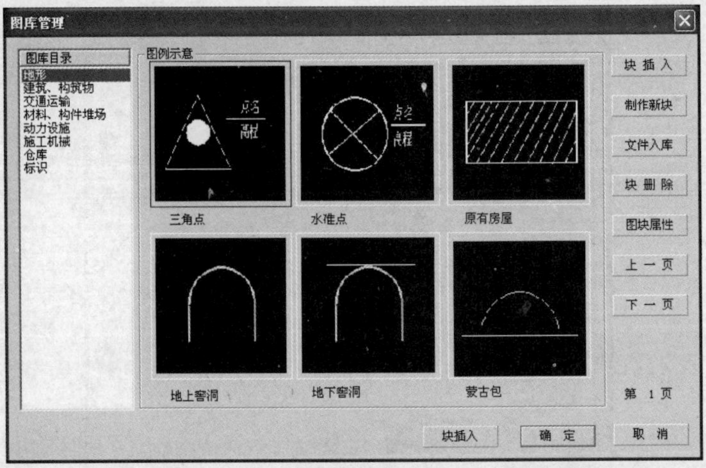

图 5.30

图库管理的具体功能如下。

1. 图库目录增加、修改和删除操作

在图库目录列表的最末行空白处单击，用鼠标再次单击此项时变为输入状态，在其中输入新增列表项的名称，移动鼠标离开此项完成增加目录项。同样，可以在原有目录列表项上对目录项名称进行修改。

将图库目录列表的需要修改项设为输入焦点，然后按键盘[Delete]键，从提示框中单击【确定】按钮，即可删除此目录项及其中的全部图块。

2. 块插入、制作、删除和块属性

单击选定的一个库块后，再单击【块插入】按钮，弹出【插入图块的参数设置】对话框，如图 5.31 所示，执行插入后移动图框光标直接将图块插入到图形选定的位置上。

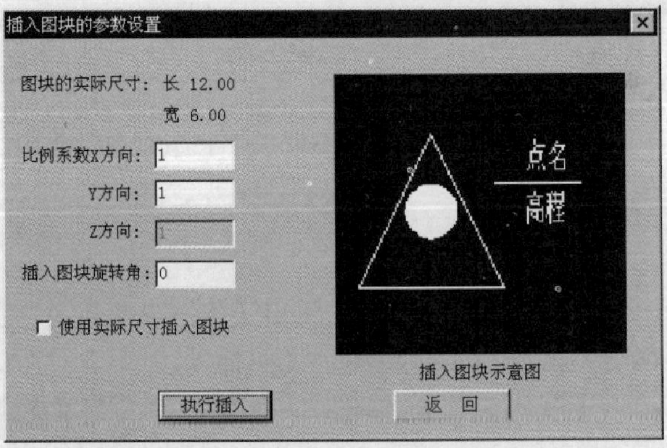

图 5.31

单击【制作新块】按钮，会消隐当前的对话框，进入 CFG 平台，输入一个要存入图形的文件名称，再用光标从图形中选取要存入图库的图素（如果选择其它图块，需要先将其炸开），被选到的图素被自动存入文件中，直接进入图库。

单击要删除的图块，单击【块删除】按钮，在弹出的对话框中单击【确认】按钮后将其从图库当中删除。

单击【图块属性】按钮，弹出图 5.31 所示对话框，可以查到图块的基本属性。

3. 文件入库

点取【文件入库】按钮，弹出文件选择对话框，可以从其中选择“.T”文件将其输入到图库当中成为一个库块。

图 5.32 所示为加入图例说明、符号和中文后的平面示意图。

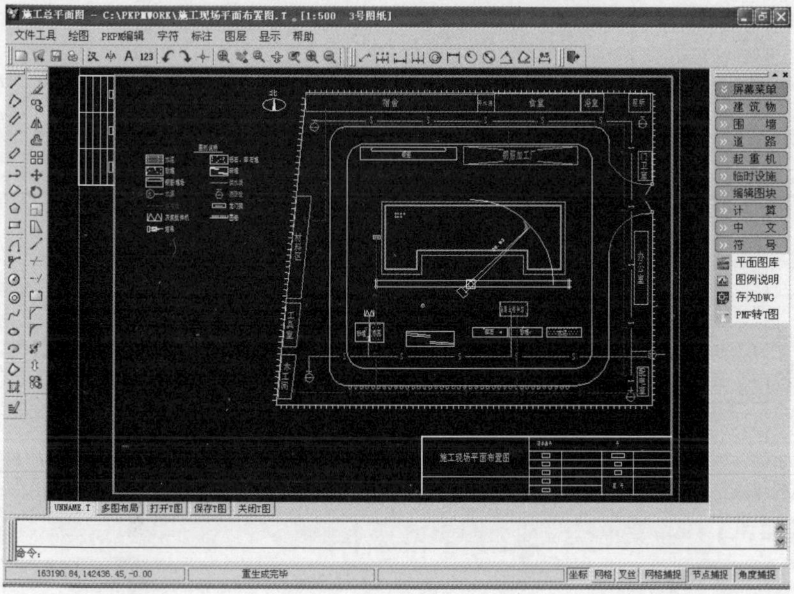

图 5.32

5.3.3　下拉菜单功能介绍

1. 文件工具

【文件工具】下拉菜单及说明如图 5.33 所示。

文件工具	
新建文件	用于新建文件
打开文件	将已存在的文件打开
保存文件	保存当前的图形文件
另存为	将当前的图形文件另外保存一个文件名，并且设置为当前文件
转存图素	将图形的一部分保存到另外的文件中
插入图形	可将任意图形文件以图块的形式插入当前图形
存为WMF	将当前文件存为“.WMF”格式文件
T转DWG	将“.T”格式的文件转化为“.CAD”格式的文件
修改图形比例	修改图形比例尺
打印绘图	打印当前图形
圆弧精度	设定圆弧精度
界面开关 ▸	根据需要改变界面状态。此菜单条包括小键盘和滚动条
选坐标系	通过选坐标系菜单转换到另一坐标系内
原坐标系	自定义例尺和原点位置设置的初始坐标系
拖动UCS	将同一坐标系内的所有图素平移位置，即修改插入点位置
退出程序	返回 PKPM 启动界面

图 5.33

2. 绘图

【绘图】下拉菜单及说明如图 5.34 所示。

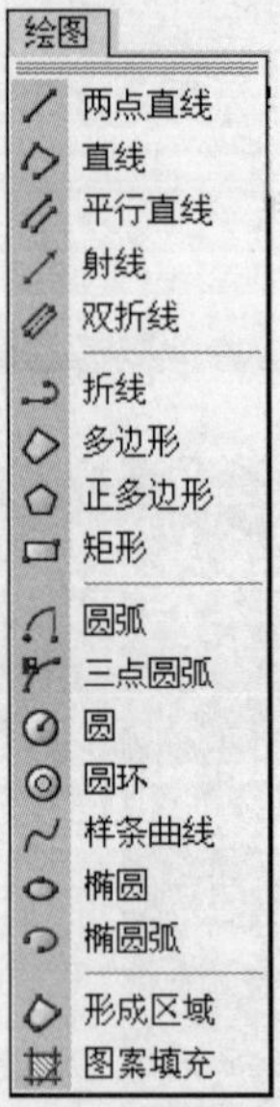

两点直线	点取起、终点输入直线
直线	连续绘制多条各自独立的两点直线
平行直线	输入已画直线的复制间距和次数，可以画出一组平行直线
射线	点取旋转中心、起点和第二点绘制一条射线，输入增角绘多条射线
双折线	点取输入折线的两点，可以绘制两条连续的平行折线
折线	点取输入折线的两点，可以绘制一条连续的折线
多边形	点取起点绘制多边形各边最后闭合或开洞
正多边形	输入边数，点取中心点拖动绘制正多边形外接或内切圆半径
矩形	输入矩形对角线的第一点和第二点绘制矩形
圆弧	点取圆弧的圆心点、起始点，拖动绘制圆弧
三点圆弧	点取圆弧的起始点、结束点及之间的中间点三点绘制圆弧
圆	点取圆环的圆心点和圆周线上一点可以动态拖动绘制圆
圆环	点取或输入圆环内、外径，点取中心点绘制圆环
样条曲线	连续绘制光滑曲线
椭圆	点取椭圆的圆心点、长短轴绘制圆
椭圆弧	点取椭圆的圆心点、长短轴及起止角度绘制圆弧
形成区域	用光标点取要形成闭合区域内的一点来形成某一区域
图案填充	在图形中点取封闭区域的任意内点进行选择区域的填充

图 5.34

3. PKPM 编辑

【PKPM 编辑】下拉菜单及说明如图 5.35 所示。

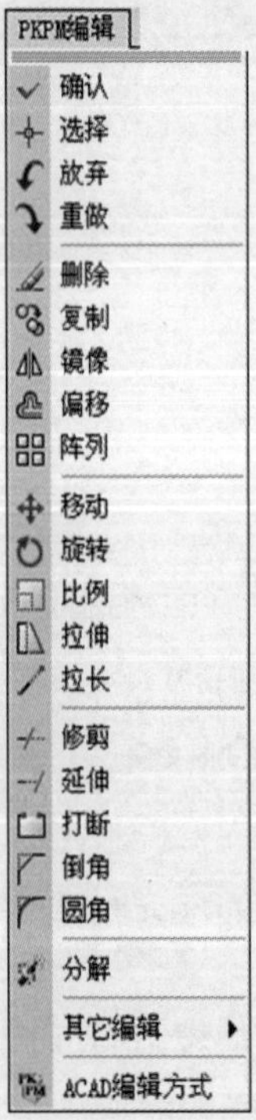

确认	执行操作
选择	用光标点取图素
放弃	恢复撤销的上一个命令操作
重做	撤销上一个命令操作
删除	将选取对象删除
复制	点取要复制的图素，被复制图素会动态拖动多个复制
镜像	用于将选定的对象镜像复制
偏移	通过指定点或距离建立一个与选择对象相似的平行对象
阵列	将对象一次复制多个并使其呈矩形排列
移动	点取要移动的图素，被移动图素会动态移动
旋转	把选择的对象在指定的方向上旋转指定的角度
比例	输入变换的比例将选定图形缩放
拉伸	拖动选择的对象使其形状发生改变
拉长	用于改变线或弧的长度、角度
修剪	将通过或进入某一区域的图素裁剪掉它在区域内的部分
延伸	可将图素延伸或缩短到某一指定边界线
打断	用光标选取第一截断点和第二截断点，将图素分为两段
倒角	用于将两条相交直线或多段线作倒角
圆角	在两条直线相连接的交角处，用圆弧角相连接
分解	把复合对象分解成单个的构成对象
其它编辑	图素拖动、拖动复制等其它编辑命令
ACAD编辑方式	用于 PKPM 编辑方式和 ACAD 编辑方式之间的转换

图 5.35

4. 字符

【字符】下拉菜单及说明如图 5.36 所示。

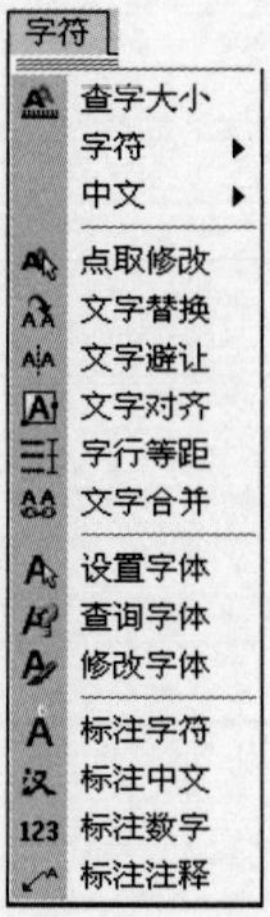

用于查阅 CFG 输入字符的宽度、高度和转角
修改 CFG 输入字符的大小、内容、角度和平移
修改 CFG 输入中文的大小、内容、角度和平移
修改 CFG 输入字符的大小、内容、角度
将图形中原字符按照选定的条件替换为新字符
将重叠的文字分离避开
使选定的多行文字上（或下、左、右、中）对齐
使多行文字间等距离排列
将某一行上的多段文字合并
设置当前的中英文字体号和字体文件
查询选定的中英文字体号和字体文件
修改选定的中英文字体号和字体文件
在图形中选择的位置输入字符行
在图形中选择的位置输入中文字符串
在图形中选择的位置输入数字
在图形中选定对象的引出线上输入字符

图 5.36

5. 标注

【标注】下拉菜单及说明如图 5.37 所示。

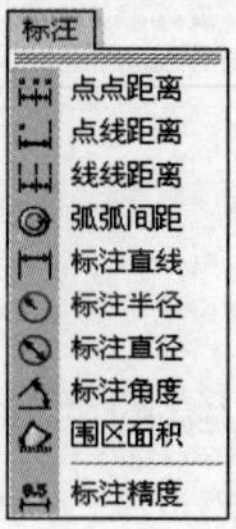

用于标注图形中选定两点之间的距离
用于标注图形中选定点与选定线之间的垂直距离
用于标注选定线的中点与另一选定线之间的垂直距离
用于标注两同心圆弧之间距
用于标注任意一条选定线的长度
用于标注选定圆或圆弧的半径长度
用于标注选定圆或圆弧的直径长度
用于标注一条选定线到另一条选定线逆时针旋转的角度
用于标注一个闭合区域的围区面积
用于舍入尺寸标注的距离，要求输入大于 0 的整数

图 5.37

6. 图层

【图层】下拉菜单及说明如图 5.38 所示。

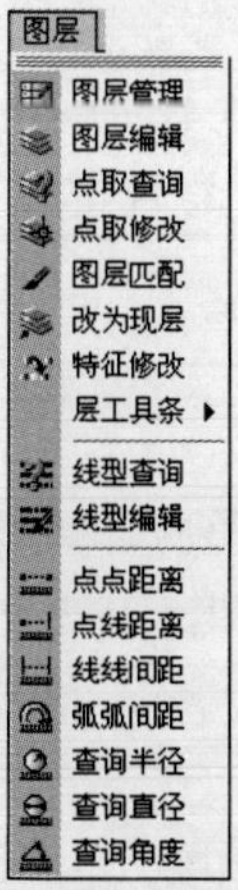

进入图层管理窗口
修改图层的参数，也可同时修改其它图层的参数
点取图素后其所在图层的信息即显示在屏幕下方的提示区内
选择图层并可对其进行修改
用户可用光标点取屏幕中的图素，将它的图层改为当前图层。
用户可用此功能按图层参数的特征去修改全图所有图素。
可以对线型、线宽、颜色等进行修改
可以对现层进行开关、删除、点选等操作
可将线型号、线型值等信息即显示在屏幕下方的提示区内
可以对线型进行编辑
点取两点后将间距等信息即显示在屏幕下方的提示区内
点取一点及直线后将间距等信息即显示在屏幕下方的提示区
点取两条直线后将间距等信息显示在屏幕下方的提示区内
点取两条圆弧后将间距等信息显示在屏幕下方的提示区内
点取圆或圆弧将其半径信息显示在屏幕下方的提示区内
点取圆或圆弧将其直径信息显示在屏幕下方的提示区内
点取圆或圆弧将其角度信息显示在屏幕下方的提示区内

图 5.38

7. 显示

【显示】下拉菜单及说明如图 5.39 所示。

8. 帮助

【帮助】下拉菜单及说明如图 5.40 所示。

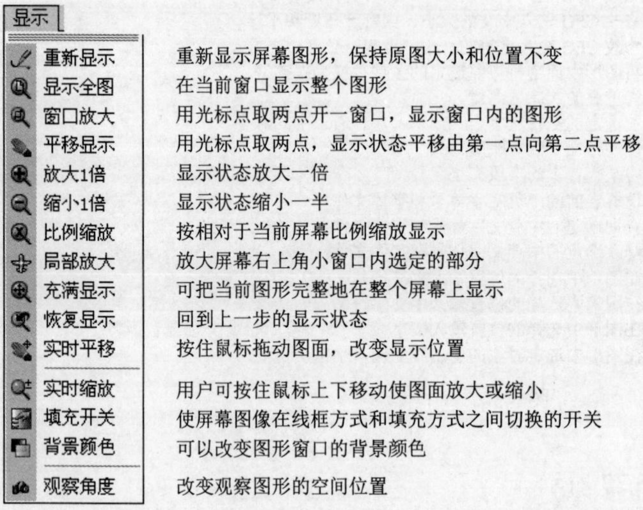

图 5.39

图 5.40

5.3.4 打印绘图

5.3.4.1 驱动程序

单击【文件工具】→【打印绘图】或单击工具条中的打印绘图图标，也可以直接输入命令 PLOT 或 PRINT，或是直接按热键[Ctrl]＋P，就可以激活【打印】窗口，如图 5.41 所示，可以修改其中的各种与打印有关的参数，如图纸大小、打印纸横放竖放、打印份数等，将 Windows 中的打印机选项设置好，PKPM 程序即可进行正常的打印或绘图工作，也可以实现网络打印。

5.3.4.2 设置打印参数

单击【打印】，进入【打印】补充参数设置对话框，如图 5.42 所示。

（1）打印方式区块：包括黑白矢量、灰度矢量、彩色矢量、彩色屏幕拷贝四个可选项。

（2）打印范围区块：可以设置打印图纸宽度与高度（mm）。

（3）打印原点区块：设置图纸左、上空白（mm）。

（4）旋转角度区块：设置图形在图纸上的旋转角度。

（5）打印比例区块：输入 0 表示在后面打印预视时可以调整打印或绘图的范围；输入其它数字则根据图中图形尺寸的比例放大或缩小进行打印或绘图。

（6）打印线宽区块：线宽缩放系数，用户可输入 1、2、3、…，倍数越大，表示打印或绘制出线条越粗。

（7）打印预览区块：左下角打印预览中，白色区域表示打印纸，中间表示将要打印出的图形。此时可以用各种显示热键调整打印范围（用热键[Ctrl]＋P 启动的打印不能使用）。

按下[Scroll lock＋上（或下、左、右）箭头]可平移图形，按[F7]、[F8]放大或缩小（前面绘图输出比例必须为 0），按[F6]可充满全屏显示，按下[Ctrl＋W]窗口局部放大，[Ctrl＋M]平移显示等。

图 5.41

图 5.42

5.3.5　功能键与点定位方式设定

5.3.5.1　功能键

功能键说明见表 5.1。

表 5.1　　功 能 键 说 明

<table>
<tr><th>功能键名称</th><th>定 义 说 明</th><th>备　注</th></tr>
<tr><td>鼠标左键</td><td>等于键盘[Enter]，用于确认、输入</td><td></td></tr>
<tr><td>鼠标右键</td><td>等于键盘 [Delete]和 [Esc]，用于否定、放弃、返回菜单</td><td></td></tr>
<tr><td>F1</td><td>帮助热键，提供必要的帮助信息</td><td rowspan="14">功能热键也可以在其它图形状态下起作用。鼠标光标有三种形态：
①箭头：表示程序等待输入数据、命令或点取菜单。
②十字叉：表示坐标定点状态，用于输入坐标点。
③方框：表示靶区捕捉状态，用于捕捉一个图素或一个目标</td></tr>
<tr><td>F2</td><td>所执行的命令记录</td></tr>
<tr><td>Ctrl＋F2</td><td>点网显示开关</td></tr>
<tr><td>F3</td><td>点网捕捉开关，交替控制点网捕捉方式是否打开</td></tr>
<tr><td>Ctrl＋F3</td><td>节点捕捉开关，交替控制节点捕捉方式是否打开</td></tr>
<tr><td>F4</td><td>角度捕捉开关，交替控制角度捕捉方式是否打开</td></tr>
<tr><td>Ctrl＋F4</td><td>十字准线显示开关，可以打开或关闭十字准线</td></tr>
<tr><td>F5</td><td>重新显示当前图、刷新修改结果</td></tr>
<tr><td>F6</td><td>显示全图，从缩放状态回到全图</td></tr>
<tr><td>F7</td><td>放大一倍显示</td></tr>
<tr><td>F8</td><td>缩小一倍显示</td></tr>
<tr><td>F9</td><td>设置点网捕捉值</td></tr>
<tr><td>Ctrl＋W</td><td>提示用户选窗口放大图形</td></tr>
<tr><td>Ctrl＋P</td><td>打印或绘出当前屏幕上的图形</td></tr>
</table>

5.3.5.2 定位输入方式设定

通常绘图方式是采用鼠标或键盘方向键控制光标在显示区域上直接绘制，光标为捕捉靶状态，一旦输入一个点，捕捉靶将自动锁定套住，若捕捉靶内无图素则取光标所在位置。

1. 角度和距离捕捉

在平面图窗口相对极坐标下绘制一条线段的角度和距离，当打开控制开关[F4]后，所有线段都可以锁定在预设的角度上，其长度也同时锁定在预设的模数上，捕捉值的初始设置是在 WORK.CFG 中进行的，在绘图中可以用[F9]随时修改这一设置。

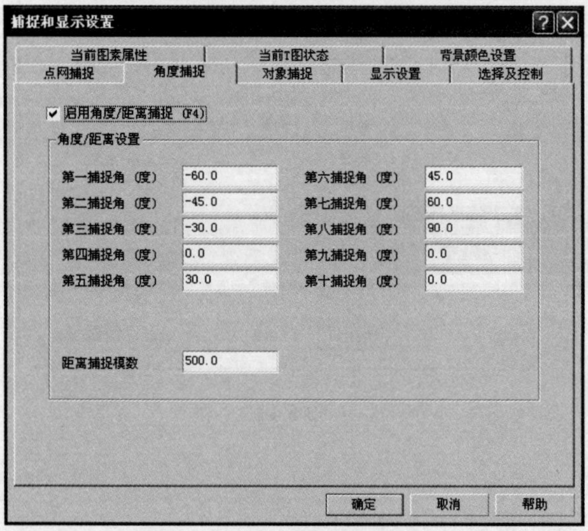

图 5.43

按功能键[F9]，弹出如图 5.43 所示【捕捉和显示设置】对话框，可框选是否启用 F4 角度/距离捕捉开关；在作图过程中，具有连带关系的两点都可以显示并控制其方向和长度，程序预先提供八个控制角度 0、±30°、±45°、±60°、90°。距离捕捉模数（*d*）预设为 500，表示你画出的线段只能是 0，500，1000，1500，…长度。*d* 不要输入负值，非 0 表示捕捉的模数，若 *d* 为 0，表示任意长度都可以。

2. 定点捕捉

在屏幕上选择任意一点，即以此点作为坐标原点，输入另一点的相对坐标，即可得到该点。通过此种方式可以在平面图上精确定位。

5.4 任务解决方案的评估

1. 背景材料

工程名称：品茗教研综合楼。

工程地址：杭州市丰潭路××号。

建筑层数：地下一层，地上六层。

建筑面积：3010.6m^2。

结构形式：框架。

本工程建筑类别为多层民用建筑，耐火等级为二级，屋面防水等级为Ⅱ级

本工程建筑结构抗震设防类别为乙类，设计使用年限为 50 年，抗震设防烈度为 8 度

品茗教研综合楼总平面图如图 5.44 所示。

2. 条件

现场预设井架、塔吊及混凝土搅拌机、砂浆机、钢筋加工、模板加工、材料堆场、办公区、生活区等。

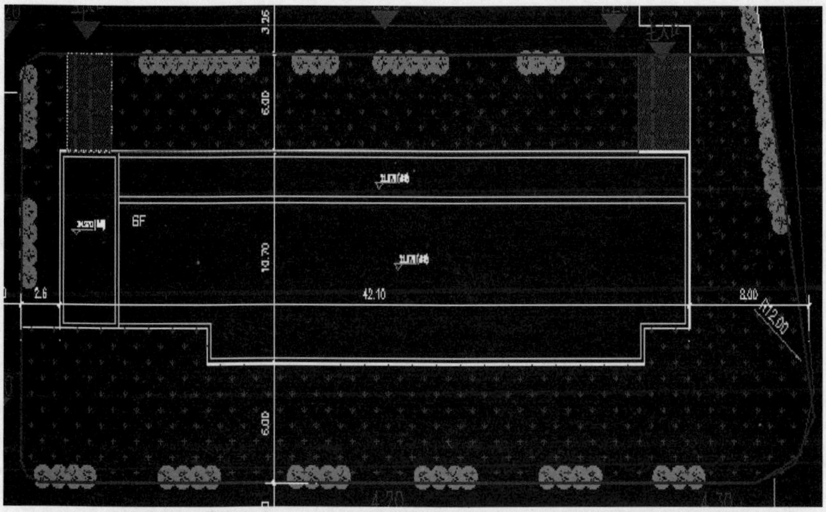

图 5.44

3. 要求

根据以上背景及条件，绘制一份施工现场平面布置图。

5.4.1 采用 PKPM 施工现场平面图绘制步骤

1. 绘制围墙、大门、道路和行道树

启动 PKPM 施工现场平面图绘制软件，单击新建文件，然后选取右菜单围墙中的【增加围墙】、【改变方向】、【大门】等绘制围墙、大门，再选道路中的【设置路宽】、【增加路】、【编辑路】和【设置树】等绘制道路，如图 5.45 所示。

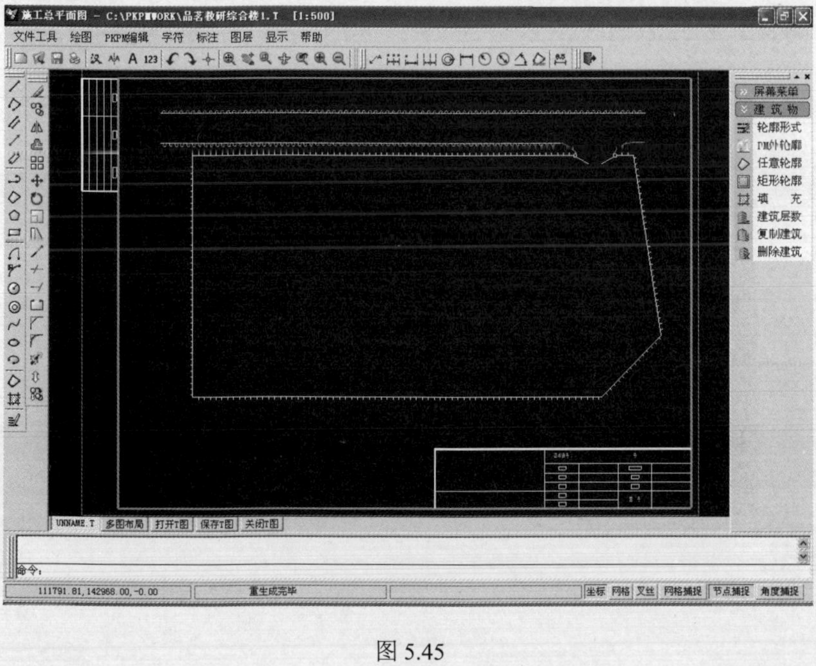

图 5.45

2. 绘制建筑物和层数

单击图 5.45 所示窗口右侧屏幕菜单建筑物中的【轮廓形式】、【任意轮廓】和【建筑层数】，绘制建筑物如图 5.46 所示。

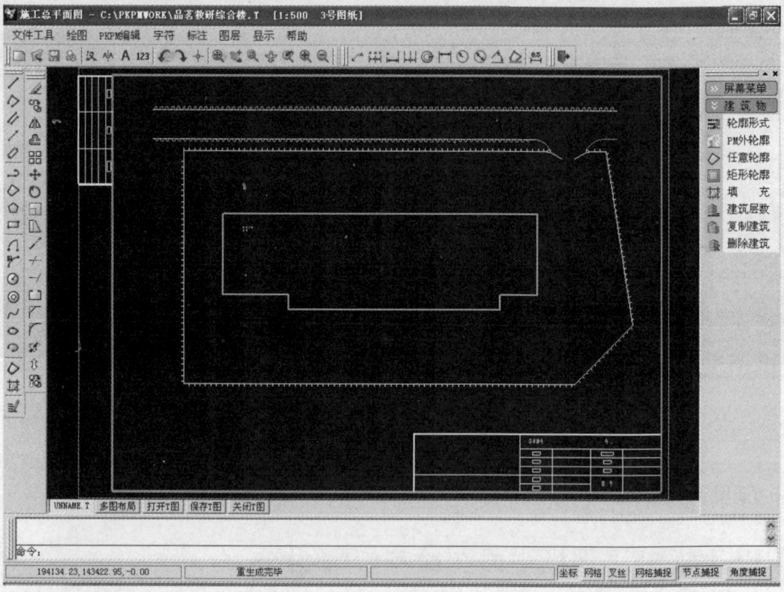

图 5.46

3. 插入起重设备

单击图 5.5 所示窗口右侧屏幕菜单起重机中的【塔轨宽度】、【单侧轨道】、【塔吊】及【井架】，插入起重设备，如图 5.47 所示。

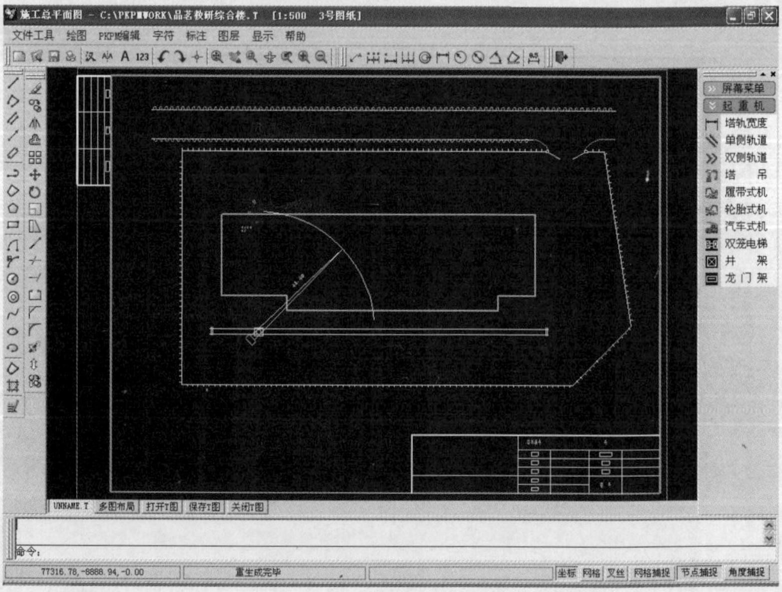

图 5.47

4. 绘制库房、临时用房

单击图 5.5 所示窗口中右侧屏幕菜单【临时设施】中的【临时房屋】，对办公、生活、门卫室、仓库及配电房等临时设施进行绘制布置，如图 5.48 所示。

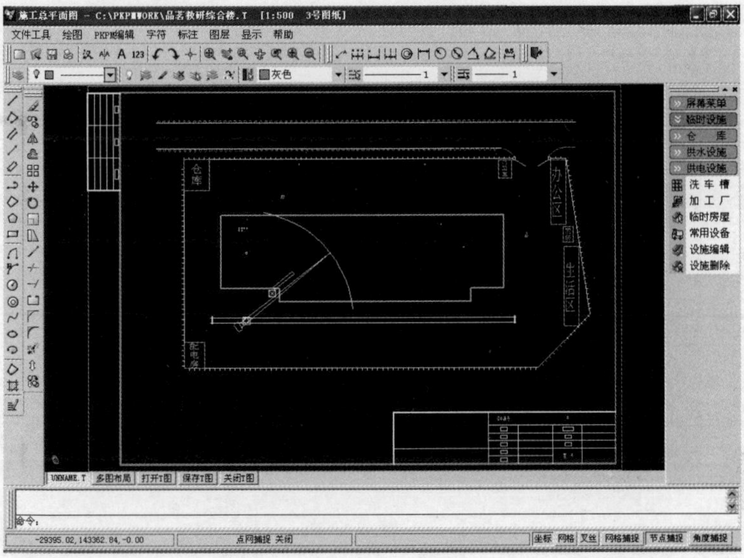

图 5.48

5. 利用图库和设备库布置现场平面图

单击图 5.5 所示窗口中右侧屏幕菜单【临时设施】中的【加工厂】、【常用设备】及屏幕菜单的平面图库，对钢筋加工厂、模板加工厂、混凝土搅拌机、砂浆机、砂堆、碎石堆、砖堆、脚手堆场、模板堆场、钢筋堆场及钢筋成品场等临时设施进行绘制布置，如图 5.49 所示。

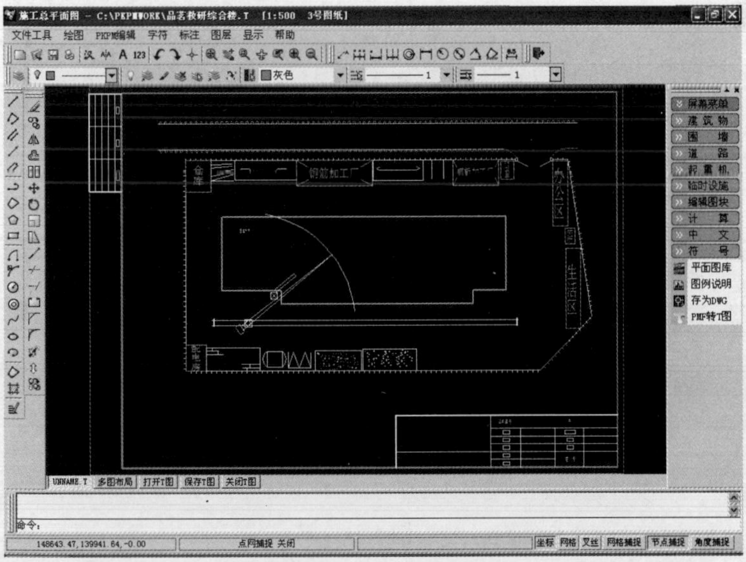

图 5.49

6. 布置临水、临电设施及线路绘制

单击图 5.5 所示窗口中右侧屏幕菜单【临时设施】中的【供水设施】、【供电设施】，对供水线路、供电线路、水源、电源及消防栓等临时设施进行绘制布置，如图 5.50 所示。

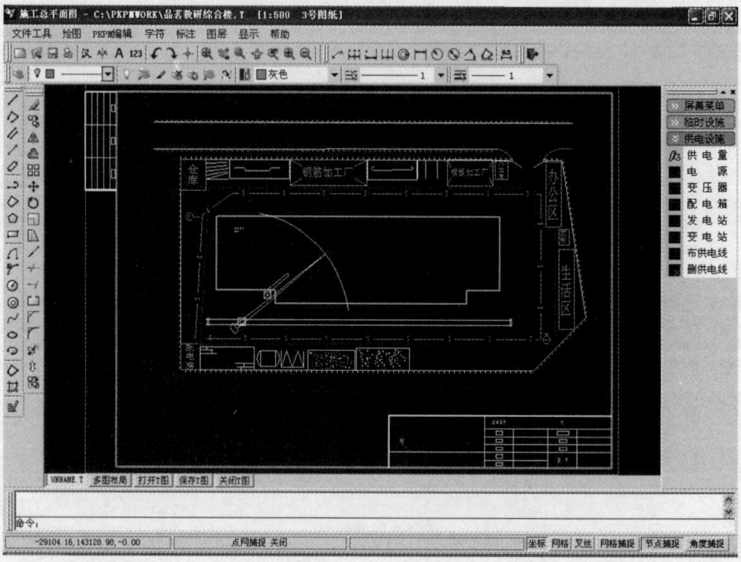

图 5.50

7. 插入常用图例和符号

单击图 5.5 所示窗口中右侧屏幕菜单中的【中文】、【图例说明】、【符号】，将平面图名、图例说明及指北针等插入至平面图，如图 5.51 所示。

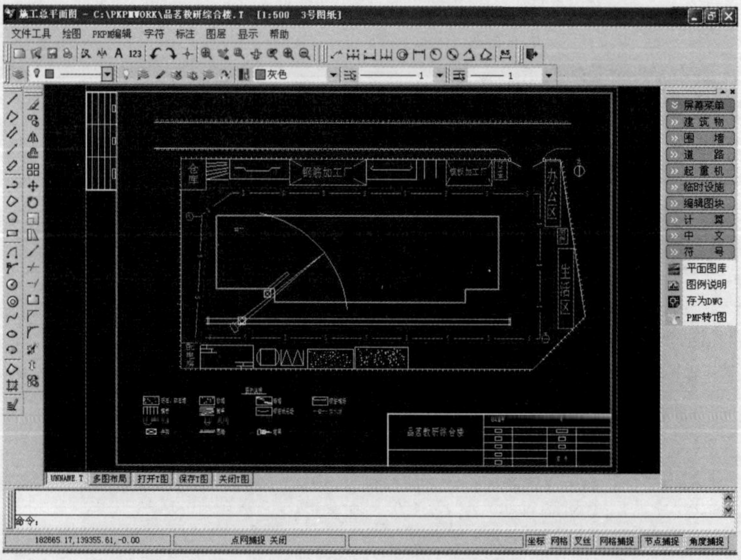

图 5.51

最后进行打印、绘图等，也可以根据需要生成工地供水、工地供电计算书。

5.4.2 品茗施工现场平面布置图绘制软件介绍及绘制步骤实例

5.4.2.1 界面介绍

启动品茗施工现场平面布置图绘制软件，主界面窗口如图 5.52 所示。主界面分为菜单栏、常用工具栏、图形工具栏、常用功能栏、图元库五部分。

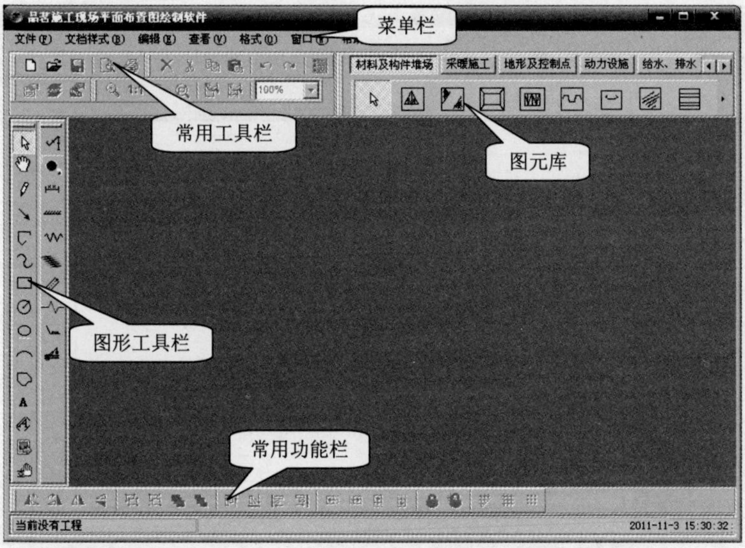

图 5.52

5.4.2.2 绘制实例步骤

1. 绘制平面图框架

单击【文件】→【新建】，弹出对话框如图 5.53 所示。

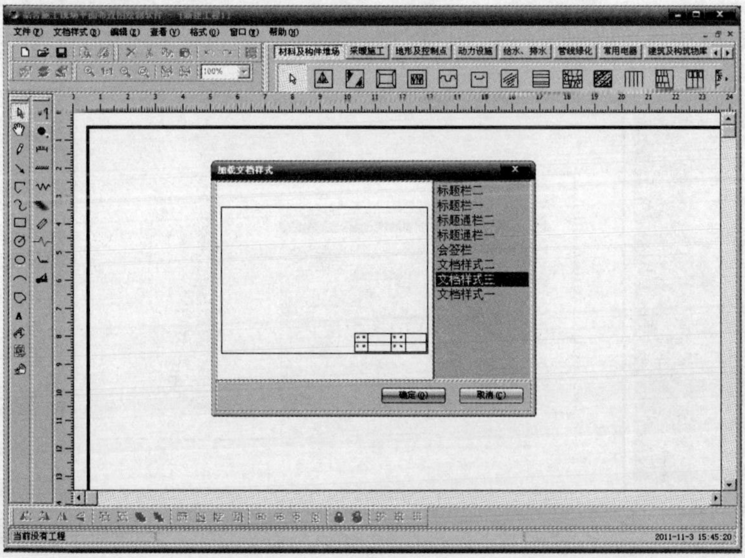

图 5.53

在加载文档样式里选择其中一个样式，如本例选择“文档样式三”，单击【确定】按钮后进入平面图的编辑状态。

2. 绘制墙线、外围道路线、指北针及建筑物的外框线

(1) 绘制墙线。根据总平面图，画出工程现场的外墙线，单击图形工具栏里（墙线）按钮，按鼠标左键拖动光标画出墙线，如图 5.54 所示。

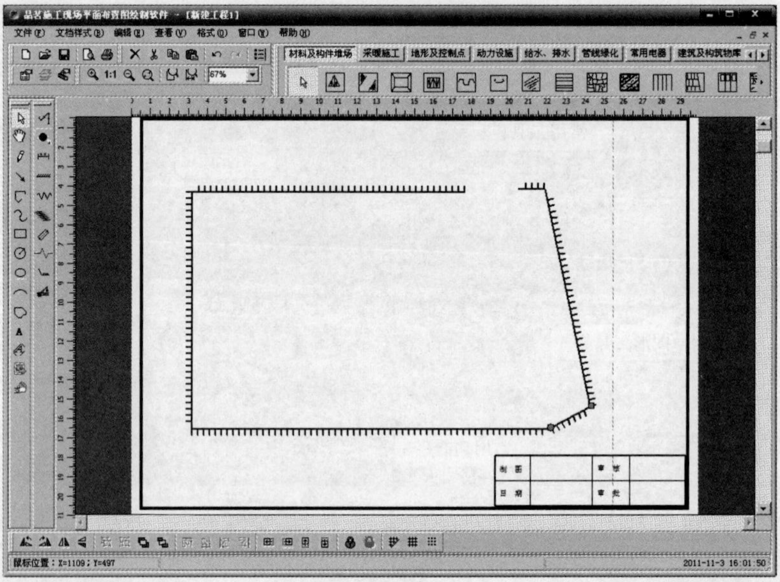

图 5.54

双击已绘制的墙线可以对墙线的参数如线条宽度、边缘线距离、墙线向内或向外等进行设置，如图 5.55 所示。

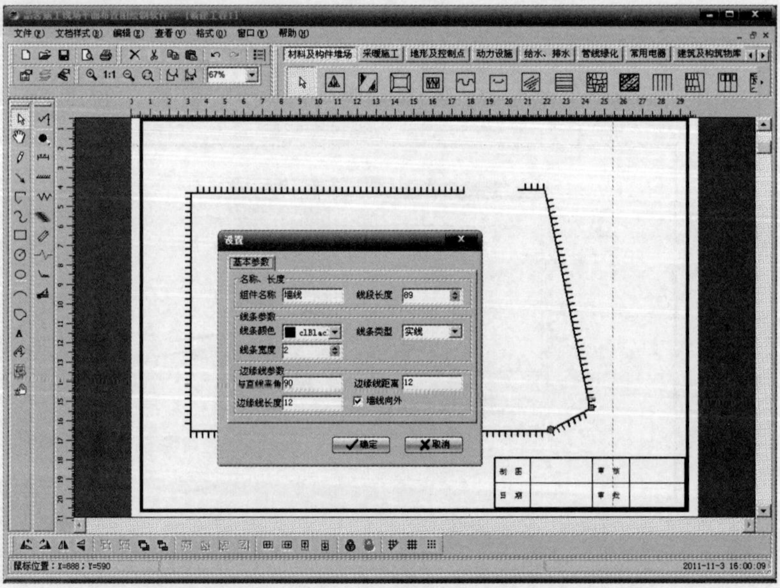

图 5.55

（2）绘制外围道路线。单击图形工具栏里（直线），画出直线，再单击（字线）画出道路线，如图 5.56 所示，双击直线或字线可以对参数进行设置。

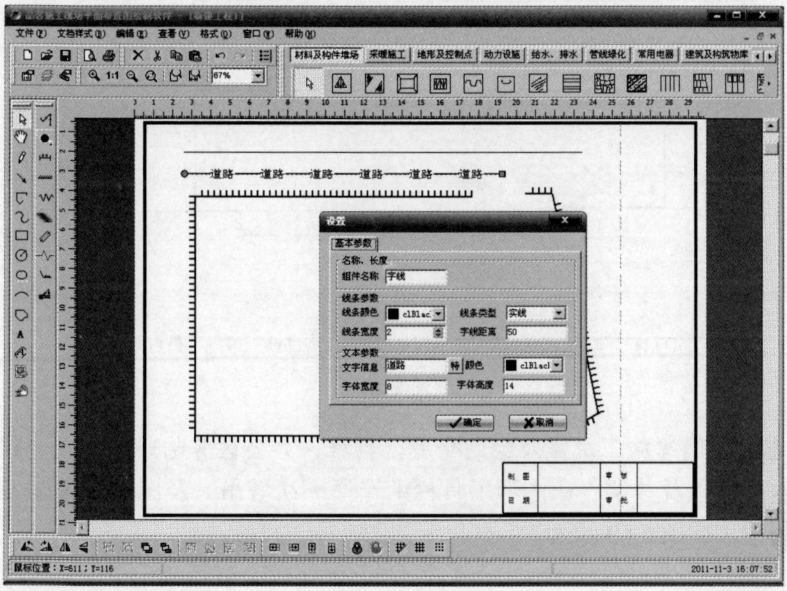

图 5.56

（3）画指北针。在图元库选择【其他图元库】中的图形，放在编辑区的右上角，如图 5.57 所示，插入绘图区并用拖拉来确定其大小，如图 5.58 所示。

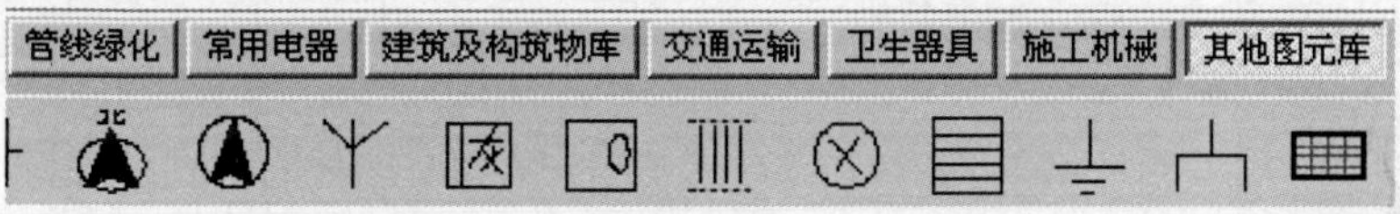

图 5.57

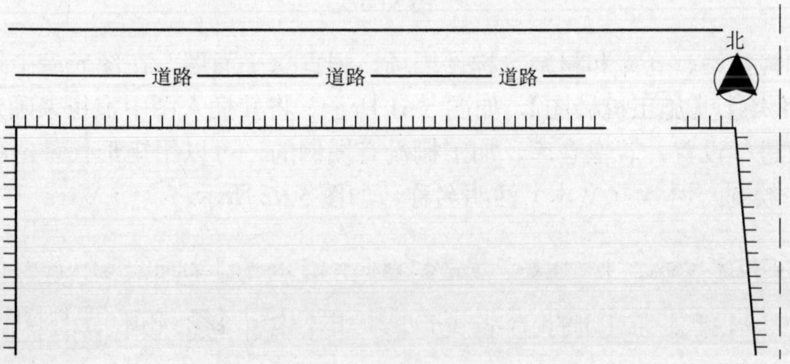

图 5.58

（4）画建筑物的外框线。单击图形工具栏（连续线）按钮，根据总平面图建筑物的形状用连续线绘出外框线，如图 5.59 所示。

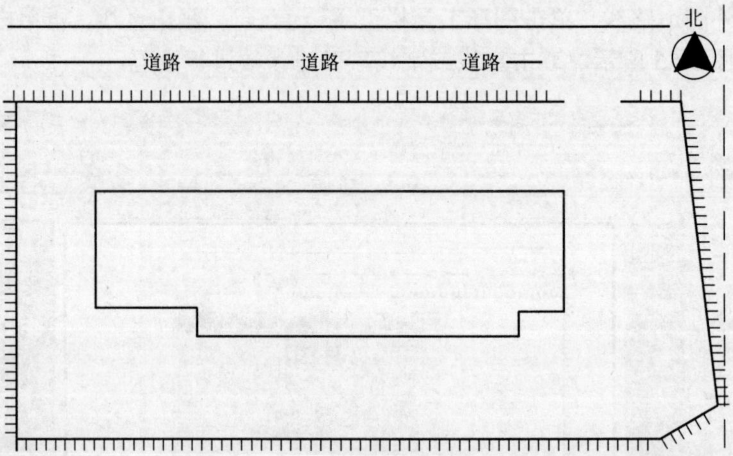

图 5.59

3. 插入垂直运输等施工机械及绘制仓库、料堆、办公区等临时设施

（1）插入起重机及井架。在图形工具栏中选择 （塔吊）及图元库【施工机械】中的井架，插入图中，如图 5.60 所示。

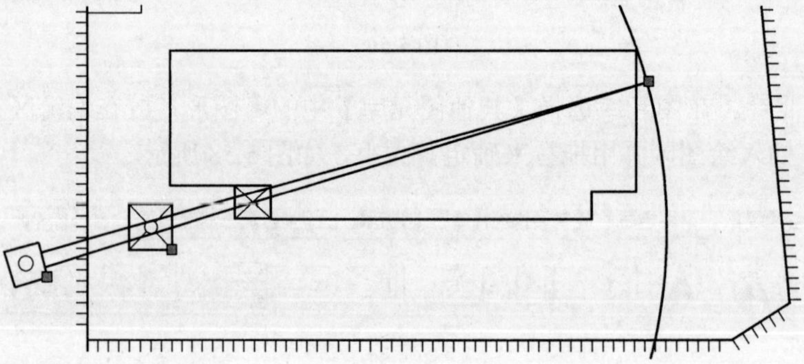

图 5.60

（2）绘制搅拌站、仓库和材料、构件堆场。根据总平面图，在图元库中选择相对应的【材料及构件堆场】、【施工机械图】，如图 5.61 所示。将其插入图中拖拉来确定其大小，双击图例对参数进行设置，若像仓库、加工棚没有图例的，可以用矩形代替，单击图形工具栏 （矩形）绘制，用 （文本）注明名称，如图 5.62 所示。

图 5.61

（3）如果现场有运输道路，则需相应布置。

1）合理规划临时道路与地下管网的施工程序。

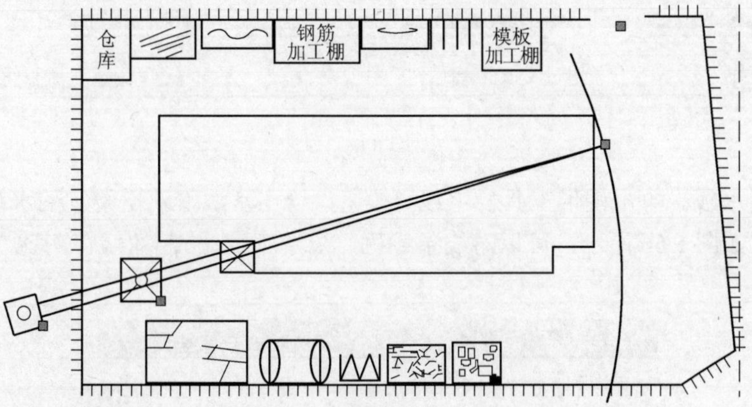

图 5.62

2）保证运输通畅。

3）选择合理的路面结构。

（4）绘制生活、办公等临时设施。临时设施需要自己绘制，单击图形工具栏矩形按钮，在平面图上拖拉需要的大小，在 A 输入名称加以注明（如办公区、生活区、门卫室等），如图 5.63 所示。

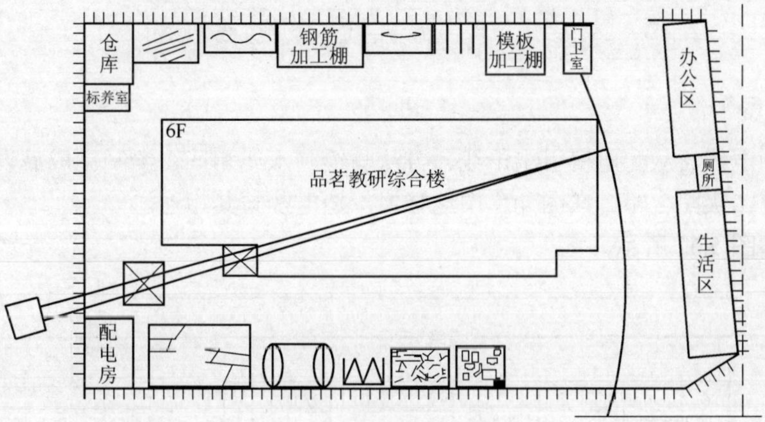

图 5.63

4. 布置水电管网

（1）设置好进水位置。在图元库选择【常用电器】的 （图 5.64）、【给水、排水】的 （图 5.65），插入图中。

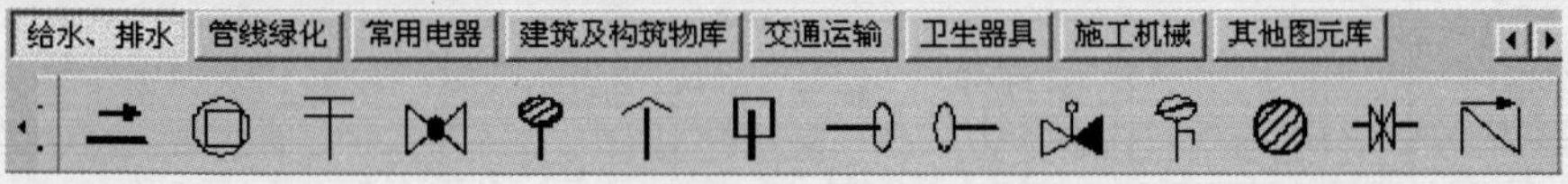

图 5.64

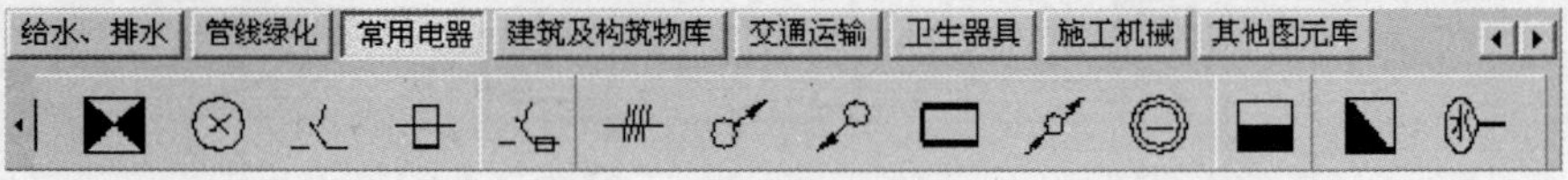

图 5.65

（2）绘制水线。单击图形工具栏字线按钮，绘出水线，双击绘制的水线，弹出【设置】对话框，如图 5.66 所示，可以对线条颜色、线条宽度、文字信息、字号大小等参数进行设置。

图 5.66

（3）绘制电线。从配电房引出电线，方法与绘制水线相同，绘制完成后设置参数。

（4）设置二级配电箱，在图元库中选择◣，把电线与其相连。

绘制后如图 5.67 所示。

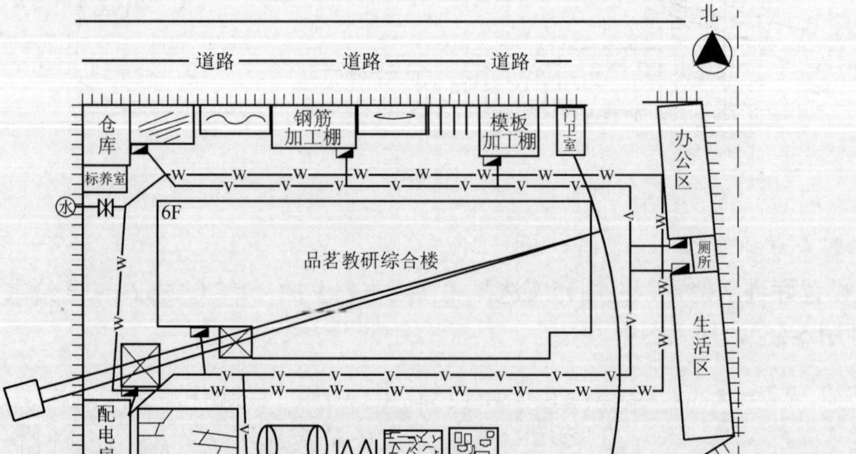

图 5.67

5. 生成图例

右击，弹出对话框如图 5.68 所示。

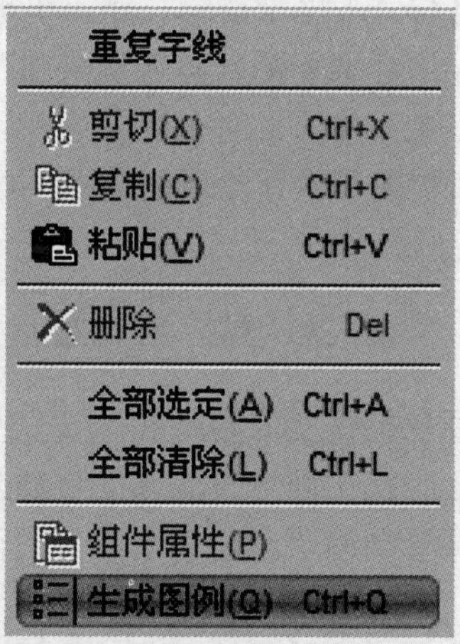

图 5.68

选择【生成图例】，则在图纸右侧生成图例表，如图 5.69 所示。

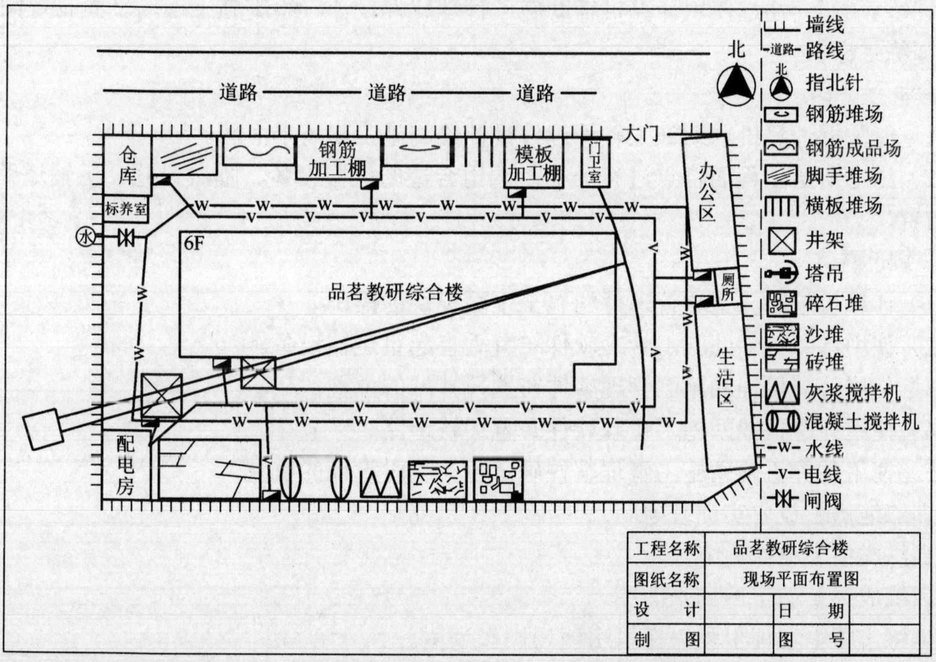

图 5.69

最后进行保存文件或打印、绘图等。

单　元　小　结

目前市场上有比较多的计算机辅助施工软件专门满足施工现场平面图布置。主要典型的软件为PKPM建筑施工技术系统软件施工现场平面图及品茗施工现场平面布置图绘制软件，可快速绘制施工现场场地、围墙、大门、基坑、塔吊等施工设施。还可以对混凝土搅拌站、工地办公室、加工棚、电线、工地堆放物、施工机械等实现快速插入。本章首先对PKPM施工现场平面图软件进行了详细介绍，再通过采用上述两种软件对实例《品茗教研综合楼》的绘制，使大家对品茗施工现场平面布置图绘制软件也有了一定的了解。从绘制实例可以看出，两种绘图软件都实现了快速绘图的功能，绘图步骤基本相同，能够帮助训练同学们对两种绘图软件功能运用。

单元练习题

1. 建筑施工现场平面图主要包括哪些内容？
2. 用计算机辅助施工软件绘制施工现场平面图的步骤是什么？
3. 利用计算机辅助施工软件绘制施工现场平面图有何优点？

实训 某建筑工程施工总平面图设计与绘制

【工程概况】工程概况见附录A或附录B实训基本资料。

【背景】 作为施工技术人员设计、绘制施工现场平面布置图。

【训练任务】 通过使用计算机辅助施工管理软件设计、绘制施工现场平面布置图。

【训练目标】

1. 能力目标

（1）能掌握计算机辅助施工软管理件设计绘制施工现场平面图。

（2）结合所给工程的特点进行分析，选用合适的机械设备、临时设施、运输道路等内容的布置。

2. 知识要点

（1）计算机辅助施工软管理件的施工平面模块的操作。

（2）使用计算机辅助施工管理软件布置垂直起重运输设备。

（3）使用计算机辅助施工管理软件布置搅拌站的位置。

（4）使用计算机辅助施工管理软件布置运输道路。

（5）使用计算机辅助施工管理软件确定各类临时设施的位置。

【训练地点】校内实训基地。

【训练类型】设计训练。

【训练成果】施工现场平面图。

【训练步骤】实训步骤以在机房现场操作为主。

附录A 某市医疗卫生中心建安工程实训基本资料

1. 工程概况

本工程为某市医疗卫生中心建安工程，桩筏板基础地下一层为人防地下室，地上15层框架—剪力墙结构为门急诊医技住院综合楼，裙房5层框架结构为门急诊医技楼，总建筑面积110289m^2，地下室建筑面积20814m^2，地上建筑面积89475m^2，建筑高度为62.95m。本工程为防火一类建筑，耐火等级一级；建筑使用年限50年；抗震设防类别为乙类，抗震设防烈度为7度。

工程位于该市金桥北路与320国道交叉区块，地面地势较为平坦、开阔，地质成因为富春江一级阶地，地貌类型单一。浅部地下水属孔隙型潜水，主要赋存于场地内浅部2层粉土层中，水位随季节和气候变化升降。勘察期间测得其稳定地下水位在地表下0.10～1.50m。据区域资料，地下潜水位年变幅0.5～1.5m。场地深部为承压水，主要赋存于8层圆砾中，该层地下水对桩基施工和地下室施工及使用基本无影响。

本工程的总工期为630日历天。

2. 施工进度计划

（1）基础地下室工程。基础地下室施工包括围护（搅拌桩、土钉、松木桩）、降水（轻型井点）施工、挖土、垫层、砖胎模、扎筋、混凝土底板及墙顶板结构施工，其中搅拌桩、降水施工60日历天，土钉、土方、垫层、砖胎模施工90日历天，地下室结构施工120日历天。综合考虑搭接施工时间为180日历天。

（2）主体工程。本工程高层为框架剪力墙结构，最高十五层，裙房计划主体阶段施工工期为270日历天。其中1～4层安排90日历天，5层至屋面层施工安排120日历天；砌体工程安排180日历天。

（3）屋面防水和装修工程。根据本工程施工范围，室内外装修主要包括内外抹灰（保温）、外墙幕墙、内墙楼地面、涂料、门窗工程等，此阶段计划共安排工期150日历天。

（4）水电安装工程。本工程安装工程主要考虑穿插施工，不占用工期。

（5）竣工扫尾。本工程室外道路、围墙和扫尾阶段，即进行散水、室外台阶、室外道路、围墙等施工和扫尾工作，安排工期30日历天。

同时，考虑跨年度施工，基础、主体施工阶段各穿插安排一次春节放假时间。因此，本工程共安排工期630日历天。各施工阶段性节点控制见表A.1，施工进度计划图如图A.1所示。

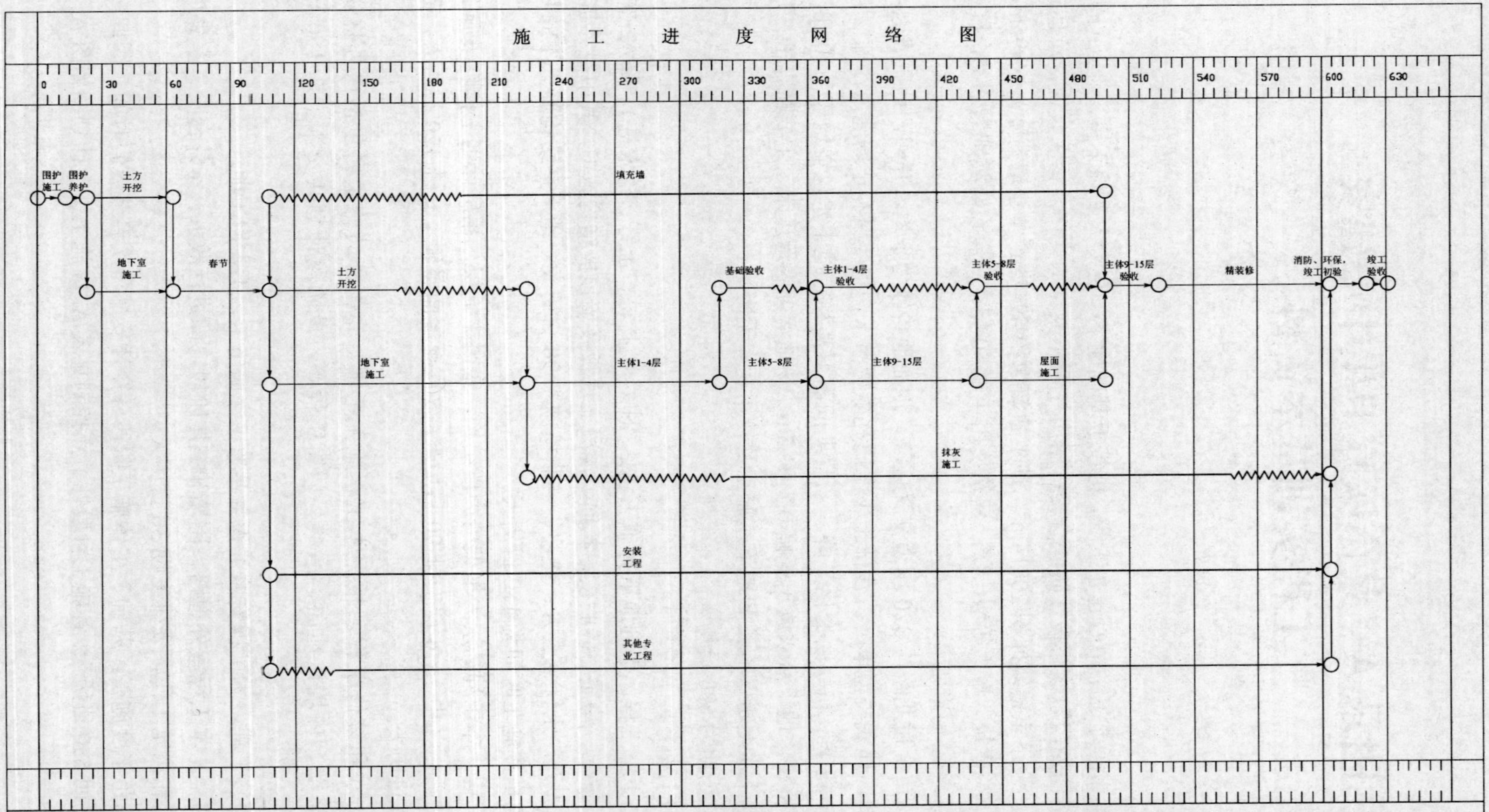

说明：计划工期630日历天。计划2010年11月12日开工，2011年6月30日基础施工完成，2012年3月31日主体结构完成。计划竣工日期为2012年8月3日。实际开竣工时间以正式的竣报告为准。

图 A.1　施工进度计划图

表 A.1　　各施工阶段性节点控制表

序号	分部工程	控制工期（日历天）	总工期（日历天）	备注
1	基础工程	180	180	
2	主体结构	270	450	
3	装饰装修	150	600	
4	屋面工程	（900）	（540）	穿插施工
5	安装工程	（540）	（600）	穿插施工
6	室外工程、竣工扫尾	30	630	

3. 资源计划

（1）劳动力。项目施工劳务按三类进行组织：

1）专业性强的技术工种类。配备 25 人，主要包括机械维修、机械操作、现场电工、电焊工、气焊工、架子工等工种。

2）普通技术工种类。这类工种有木工、钢筋工、混凝土工、泥工、粉刷工、安装电工、管工等，具体劳动力投入计划见表 A.2。

3）非技术性普通工种类。长期施工的配合工人，具有较高的技术、质量、安全素质，本工程拟配 20 人。

表 A.2　　按工程施工阶段劳动力投入计划表　　单位：人

工种	桩基工程	地下室	上部主体	安装工程	装饰、屋面
搅拌桩机工		10			
挖土工		60			
混凝土工		40	40		
钢筋工		80	60		
木工		120	100		
泥工		60	100		
架子工		24	36		24
管工		15	35	45	30
电工		15	16	36	30
防水工		10			15
粉刷工					120
装修泥工					35
墙体保温工					60
五金安装工					24
普工	10	15	20	10	10

注　本计划表以每班八小时工作制为基础。

（2）施工机械配备计划。施工机械配备计划见表A.3。

表A.3 施工机械配备计划

序号	机械或设备名称	规格型号	数量	国别产地	制造年份	额定功率（kW）	用于施工部位	计划进场时间
1	搅拌桩机	SBJ-1	2	浙江	2006	45	基坑围护	开工
2	挖土机	PC200	6	日本	2006	.	土方开挖	土方开工
3	混凝土喷射机	HPB10	2	浙江	2005	3	基坑围护	土方开工
4	空压机		2	浙江	2005	3	全过程	开工
5	塔吊	QTZ60	4	浙江	2005	30	主体工程	土方开工
6	人货梯	SCD200	2	浙江	2005	22	主体装修	主体
7	井架	SSE80	3	浙江	2006	7.5	主体装修	主体
8	混凝土搅拌机	JZ350	3	浙江	2006	7.5	零星混凝土拌制	开工
9	砂浆搅拌机	HJ200	6	浙江	2007	2.5	基础～装修	开工
10	钢筋切断机	QJ40-1	3	上海	2005	7.5	钢筋工程	基础开工
11	钢筋弯曲机	WJ40-1	3	上海	2006	2.8	钢筋工程	基础开工
12	钢筋对焊机	UN-75	3	上海	2006	75	钢筋工程	基础开工
13	钢筋调直机		3	浙江	2007	5.5	钢筋工程	基础开工
14	电渣压力焊机	JSD-60	2	上海	2006	45	钢筋工程	基础开工
15	电焊机	交流	4	浙江	2005	23	全过程	开工
16	汽车吊	16TM	1	山东	2006		全过程	开工
17	混凝土振动棒		10	浙江	2005	2	混凝土工程	开工
18	平板振动器		1	浙江	2005	3	混凝土工程	开工
19	台锯	MJ-263	4	四川	2007	2.2	模板工程	基础开始
20	压刨	MY-100	1	四川	2005	1.8	模板工程	基础开始
21	型材切割机	J3G-400	2	浙江	2006	2.5	全过程	开工
22	电锤	MD-F50	6	浙江	2007	1.2	全过程	开工
23	砂轮切割机		12	浙江	2007	1.2	装修工程	装修开始
24	套丝机	TQ100-4	2	浙江	2006	0.75	安装工程	安装开始
25	弯管机	DYW16	1	浙江	2007	0.75	安装工程	安装开始
26	台钻	ZF12-2	2	浙江	2007	0.65	安装工程	安装开始
27	试压泵	40/2.5	2	上海	2006	1.2	安装工程	安装开始
28	发电机组	120KVA	1	浙江	2006		全过程	开工

4. 施工总平面布置

（1）总平面布置。

1）施工区域确定。本工程施工区域在施工区域范围外侧设置围挡，确保场内封闭施工和文明施工。

2）施工入口设置。根据场内建筑物布置及场外道路，在场地沿路位置设置施工临时道路，布置出入口，便于场内车辆、材料及人员的合理进出。

3）施工现场道路。施工主干道宽6m左右，道路经平整、压光后，用塘渣、碎石铺设夯实，面层用C20混凝土浇筑。

4）布置措施。根据业主提供的总平面图和施工实际需要进行布置，以场地布置最优化为原则，针对不同施工阶段的施工特点，进行场地布置与调整，确保现场布置的先进性与合理性。

5）在施工现场配置安防用监控设备。对各出入口及现场施工情况进行24h监控。

（2）生活区、办公区设置。根据现场实际，拟将生活区、办公区于场地的西侧布置。办公楼采用双层彩钢板活动用房，办公楼底层作为施工办公室、会议室等使用，二层作为项目经理办公室、业主，监理，代建等之用。向招标人、代建人和监理单位提供不小于16㎡的办公室、生活用房各4间。宿舍采用双层彩钢板活动用房，每间设置空调设施。临时设施见表A.4。

表A.4　临时设施表

临时设施	面积（m^2）	结构	备注
施工办公室	432	钢彩板二层	
仓库、工具间	60	钢彩板二层	
职工宿舍	1728	钢彩板二层	
食堂	90	砖混一层	
厕所、浴室	64.8	砖混一层	
标准养护间	20	砖混一层	
配电房	15	砖混一层	

（3）主要机械设备及堆场布置。

1）工程混凝土采用泵送商品混凝土，现场仅设置小型搅拌机JZ350三台，满足现场零星混凝土拌制需要。

砂浆搅拌机的设置根据工程实际需要进行，结构施工阶段安排四台砂浆机进行砌筑砂浆的搅拌施工，进入装修施工阶段，考虑到内外墙粉刷的需要，再安排两台砂浆机进场操作。

2）根据工程场地实际情况和场内垂直水平运输的合理流向，拟在场地周边区域布设钢筋加工棚、木工车间、材料堆场等。

3）为加快施工进度，有效缓解基础及主体施工阶段钢筋、模板、支模架、砖块垂直运输紧张的状况，在相应位置搭设三台塔吊，满足各类材料的垂直运输需要。

4）场内黄砂、碎石堆场、砌体堆场、材料仓库等根据施工各阶段实际需要进行布置，具体布置详施工现场布置图。

施工现场平面布置图如图A.2所示。

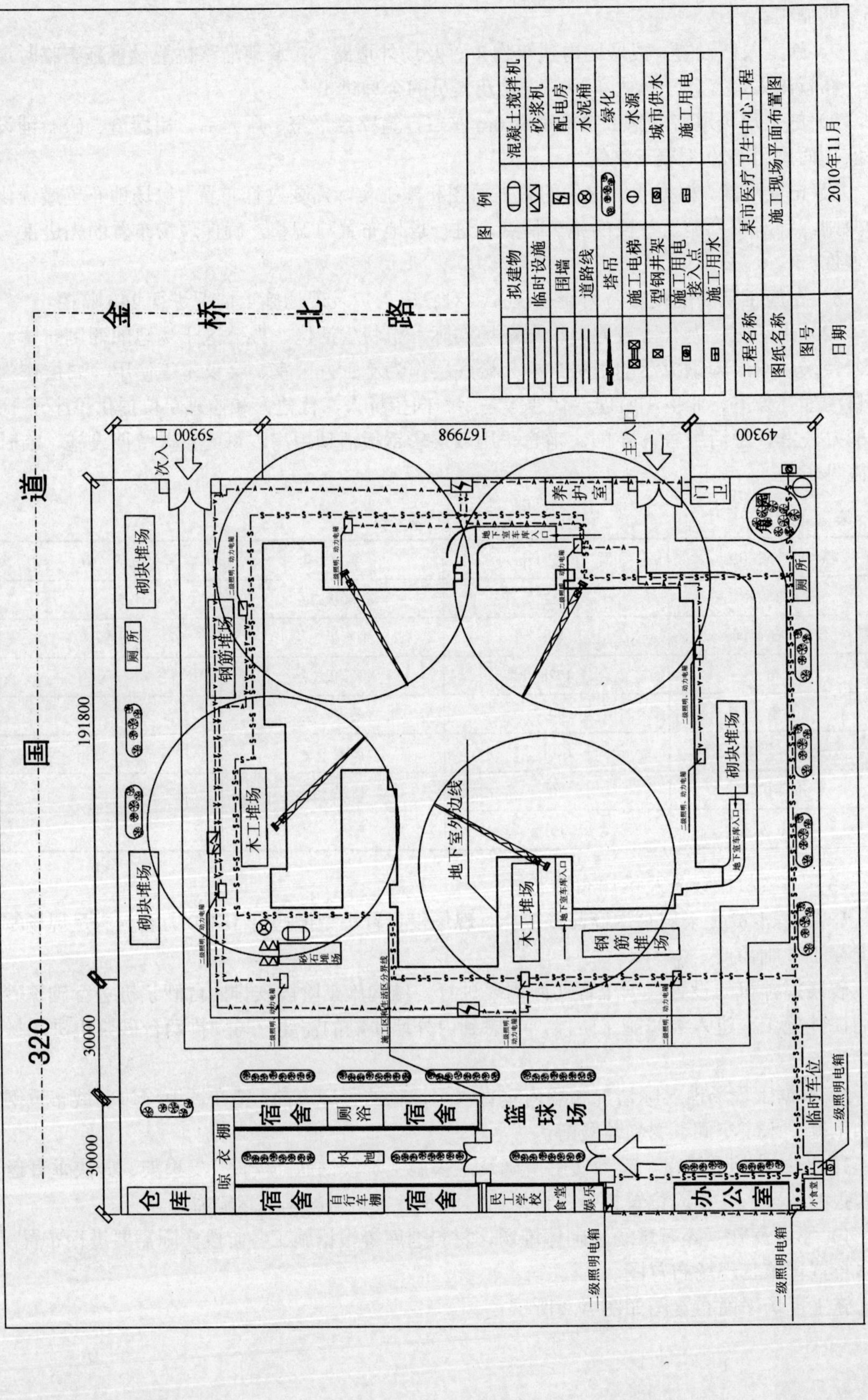

图 A.2 施工现场平面布置图

5. 模板工程

工程地下室底板、外墙为抗渗混凝土，为确保混凝土结构的施工质量，本工程模板计划采用多层夹板支设。

框架柱及内墙模板的支设在墙柱钢筋绑扎完并通过验收后进行。

本工程中将使用平整度、光洁度好，硬度、强度高的多层夹板进行墙板和楼面板的支模。楼板支模架立杆间距控制在1000～1200mm双向。

所有模板均由木工翻样画出翻样图，模板在木工车间内加工预制，现场实地拼装，木胶合板挡料用6cm×8cm木方。框架梁高超过500mm，梁高的中部增加一根ϕ12对拉螺杆（外套塑料硬管）。

梁模板（图A.3）基本参数为：梁截面宽度B=250mm，梁截面高度H=550mm，梁模板使用的木方截面50mm×80mm，梁模板截面底部木方距离250mm，梁模板截面侧面木方距离300mm。梁底模面板厚度h=18mm，弹性模量E=6000N/mm^2，抗弯强度[f]=15N/mm^2。梁侧模面板厚度h=18mm，弹性模量E=6000N/mm^2，抗弯强度[f]=15N/mm^2。

模板自重为0.340kN/m^2；钢筋自重为1.500kN/m^3；混凝土自重为24.000kN/m^3；施工荷载标准值为2.500kN/m^2。强度验算要考虑新浇混凝土侧压力和倾倒混凝土时产生的荷载；挠度验算只考虑新浇混凝土侧压力。

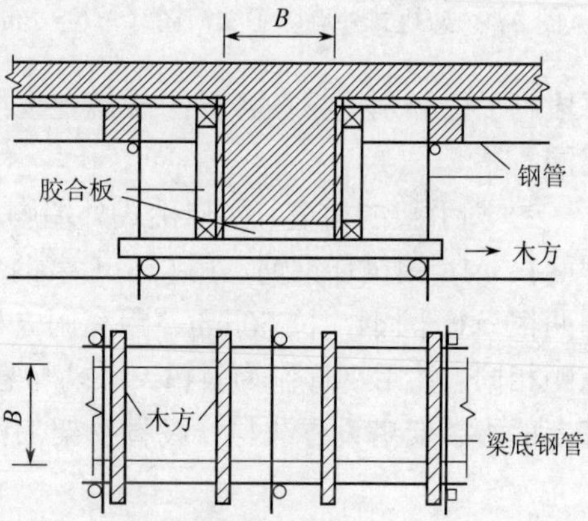

图A.3 梁模板

6. 外脚手架工程

本工程高层采用悬挑外架和扣件式钢管落地双排脚手架结合形式，40m以下采用双管立杆，40m以上采用单管立杆。整个外墙封闭布置，外侧用密目网封闭。

（1）落地式脚手架。

1）钢管脚手搭设：立杆横距为1.05m，纵距为1.5m。内排架距离结构0.3m。连墙件采用2步3跨，横向间距4.5m，竖向间距3.6m。

2）脚手架底部离地20cm处设扫地杆，底步高度为1.8m，从第一步起，每步高均为1.8m。

3）在脚手架外侧每隔9m（水平距离）左右用斜杆搭设剪刀撑，斜杆与地面成45°～60°。

4）临边1m高度用脚手板围护及顶头设剪刀撑或打两道栏杆，外侧设置2道护栏和档脚板，栏杆高度一律为1.2m。脚手板采用竹笆片，荷载为0.15kN/m^2，按照铺设4层计算。栏杆采用竹笆片，荷载为0.15kN/m。脚手板下小横杆在大横杆上面，且主结点间增加一根小横杆。

外架必须随结构施工同步升高，并始终高出操作层一步架高。脚手架外立面满挂密目安全网，安全网荷载取0.005kN/m^2。脚手架上施工活荷载为2kN/m^2，同时考虑2层施工。

5）基本风压0.45kN/m^2，高度变化系数1.25，体型系数0.6。地基承载力标准值170kN/m^2，基础底面扩展面积0.25m^2，地基承载力调整系数0.4。

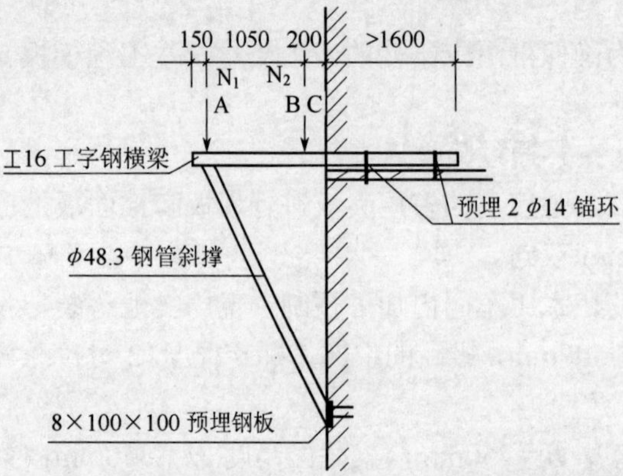

图 A.4 悬挑式外墙脚手架简图（单位：mm）

（2）悬挑脚手架。

1）脚手架搭设形式。本工程有高层建筑，脚手架搭设按高层脚手架搭设要求进行。采用常规落地双排脚手架及悬挑脚手架结合方法。5 层以下脚手架采用落地脚手架，5 层以上采用悬挑脚手架，每 4 层为 1 挑，施工前要进行设计计算编制专项施工方案。

为确保工程的顺利施工和安全，外脚手架选择悬挑式外脚手架（图 A.4），即外墙脚手架采用钢管直接在悬挑的支承结构上搭设的方法。主楼外墙脚手架分段搭设，每段脚手架分别支撑在各自的悬挑支承结构上。每一段的搭设参数与上面的落地式脚手架相同。

2）脚手架的构造。如悬挑式外墙脚手架简图 A.3 所示。在每悬挑层的现浇楼面板内预埋两只 ϕ14 的锚环钢筋，用工16 工字钢套入锚环钢筋内焊接作为悬挑梁，在工字钢的上方焊两根 ϕ32 圆钢，长 50mm，距离同立杆的横距；悬挑工字钢的设置间距与脚手架立杆的纵距相同，并用钢管作为斜撑，一端与悬挑工字钢焊接，另一端与楼面梁上的预埋铁焊接。其上的脚手架搭设方法与一般脚手架工程的搭设方法相同。

附录B 某市科技馆建筑工程实训基本资料

1. 工程概况

本工程为某市的公共建筑科技馆工程，主要由主展览馆、巨幕影院、穹幕影院及办公培训四部分组成；建筑平面为近似长方形；占地面积 $6078m^2$，总建筑面积：$33656m^2$，其中地上 $26392m^2$，地下 $7264m^2$。地上4层，地下1层，建筑高度38.6m（最高点）。建筑类别为一类，设计使用年限50年。建筑结构安全等级为二级；建筑抗震设防类别为乙类；抗震设防烈度6度；工程位于该市滨江区江汉路以东、秋水路以北地块，其基本设计情况见表B.1～表B.4。

表B.1 建筑设计

建筑功能与类别	该工程为科技展览的公共建筑，主要由主展览馆、巨幕影院、穹幕影院及办公培训四部分组成；建筑类别：一类，设计使用年限50年
平面形状、尺寸	建筑平面为近似长方形为154.45m×（47.2～60.55）m；每层平面逐步扩大。平面造型新颖，极富现代感
招标建筑面积、用地面积	占地面积 $6078m^2$，总建筑面积为 $33656m^2$，其中地上 $26392m^2$，地下 $7264m^2$
建筑高度、层数、层高	（1）地上4层，地下1层，建筑高度38.6m（最高点）。 （2）各层层高分别为4.5m、5.4m、6.6m不等（−1F），9m（1F），8m（2、3F），6m（4F）。其中北侧共享大厅从地下室顶板至屋面四层均为中空，南侧休息厅上部至屋面三层中空
主要楼层建筑功能、标高及面积描述	（1）地下一层为人防设施、车库、机房、变配电室，设有停车位95辆。楼层标高为−4.5m、−5.4m、−5.1m、−6.5m、−6.6m。地下层建筑为 $7264m^2$。 （2）一层为临时展厅、休息厅、儿童乐园。楼层标高为0.00m。一层建筑面积为 $6113.25m^2$。其中有5个部位带有夹层，主要为空调机房和休息厅，夹层标高为4.48m、3.98m、4.5m、6.0m，面积为 $1018.43m^2$。 （3）二层为展厅和休息厅。楼层标高为9.00m。二层建筑面积为 $6081.8m^2$。其中有1个部位带有夹层，主要为空调机房，夹层标高为12.48m、面积为 $192.12m^2$。 （4）三层为展厅、巨幕影院（观众人数250人）。楼层标高为17.00m，巨幕影院部分为18.00～21.73m。三层建筑面积为 $6159.73m^2$。其中有2各部位带有夹层，主要为空调机房和巨幕影院走廊，夹层标高为20.48m、21.37，面积为 $373.81m^2$。 （5）四层为穹幕影院、培训教室、办公室、会议室及200人报告厅。楼层标高为25.00m，四层建筑面积为 $5374.56m^2$ 其中有1个夹层为穹幕影院，观众66人。穹幕影院为一钢网壳球体，球体直径17m，球顶标高为38.00m
墙体工程	（1）外墙±0.00以上部分采用200厚加气混凝土砌块，强度等级不下于A5.0级，砌筑砂浆采用专用黏结剂。其余部分采用非石棉纤维增强水泥中密度板墙（埃特板），构造为轻钢龙骨C150、间距600mm，里侧面板用9mm中密度埃特板，外侧用9mm埃特外墙板，中间粘贴100mm厚袋装岩棉。 （2）±0.00以上内墙采用200厚加气混凝土砌块，强度等级不下于A3.5级，砌筑砂浆采用专用黏结剂

续表

地下防水设计	（1）本工程地下防水等级为一级，采用两道设防，分别为钢筋混凝土自防水（设计抗渗等级 S6）和（3mm＋3mm）厚 APP 改性沥青防水卷材。 （2）地下室底板防水层做法（自上而下）：结构底板自防水；50mm 厚 C20 细石混凝保护层；20mm 厚 1∶2.5 水泥砂浆保护层；3mm＋3mm 厚 APP 改性沥青防水卷材；20mm 厚 1∶2.5 水泥砂浆找平层；100mm 厚 C15 混凝土垫层随捣随抹平。 （3）地下室侧墙防水层做法：主体结构墙板（自防水），20mm 厚 1∶3 水泥砂浆找平层；3mm＋3mm 厚 APP 改性沥青防水卷材；50mm 厚聚苯板保护层；回填土夯实
屋面设计	（1）本工程屋面防水等级为Ⅱ级，要求为两道防水设防，其中一道为卷材，一道为刚性防水。 （2）屋面防水构造做法（屋 3，上人平屋面）：8～10mm 厚陶瓷地砖，1∶1 水泥砂浆填缝（掺建筑胶）；40mm 厚 C20 细石混凝土保护层，面撒素水泥一道；干铺无纺聚酯纤维布隔离层；60mm 厚挤塑聚苯板保温层；3mm 厚 APP 改性沥青防水卷材；3mm 厚热熔改性沥青涂料；刷基层处理剂一遍；20mm 厚 1∶2.5 水泥砂浆找平层；最薄 30mm 厚 LC5.0 轻集料混凝土 2%找坡
外窗及幕墙	（1）本工程幕墙工程分为玻璃幕墙、石材幕墙和金属幕墙。 （2）玻璃幕墙空气渗透性能为Ⅱ级，雨水渗透性能为Ⅰ级，保温性能为Ⅳ级，隔声性能为Ⅱ级，风压变形性能Ⅱ级，耐撞击性能为 III 级

表 B.2　　结 构 设 计

基础设计	桩基描述	（1）本工程桩基础采用钻孔灌注桩，桩径为 $\phi600$、$\phi800$、$\phi900$ 三种，以 10-3 层圆砾层为桩基持力层，桩长 40m，总数为 287 根。桩底采用后注浆工艺。 （2）目前桩基已完工	
	基础描述	（1）本工程基础为筏板基础，地下室底板厚 550mm，墙板厚 350mm。底板面标高为－5.900m、－6.900m、－6.800m、－7.00m，局部电梯井处为－7.55m。承台厚 1000mm、1600mm、1800mm、1900mm 不等。 （2）地下室尺寸，东西向为 154.3m，南北向为 47.2～67.8m。 （3）后浇带设置，在 5 轴左侧 2000mm 处、8 轴右侧 6200mm 处、12 轴左侧 2500mm 处共设置有三条南北向的后浇带，宽 800mm，从地下室底板至屋面连续设置	
	基础等级	地基基础设计等级为乙级，桩基安全等级为二级	
基坑围护设计		（1）本工程基坑围护设计由某建筑设计研究院设计。 （2）基坑开挖深度为 5.35m、6.25m、7.40m、4.93m、3.83m 不等。围护形式采用大部分二级放坡加开挖，南侧、西侧及北侧局部紧贴用地红线的位置采用 SMW 工法结合一道钢筋混凝土内支撑的支护形式。 （3）基坑降水采取坑外二级轻型井点、坑内设置 27 座自流井并局部坑中坑周边加布一道轻型井点。在基坑北侧加设一道 $\phi850$@600 的三轴水泥搅拌桩以隔绝基坑北侧景观水域对地下水的补给	
主体结构设计	主体结构型式	地下室为钢筋混凝土框架结构，地上部分主体为钢框架结构体系（其中柱、梁均为钢结构、楼板采用钢筋混凝土结构），通透共享大厅外侧边柱为桁架格构柱，穹幕影院采用钢结构网壳	
	后浇带设置	同基础底板设置	
	钢筋	HPB300 及 HRB400	
	混凝土等级	基础	C40　S6
		地下室外墙	C30　S6
		地下室顶板	C30　S6
		地下室混凝土柱	C30
		楼板、楼梯	C25

续表

主体结构设计	混凝土等级	人防室外出入口、通风口、汽车坡道	C30
		基础素垫层	C15
		现浇过梁、圈梁及构造柱	C20
其他设计等级	本工程建筑结构安全等级：二级；建筑抗震设防类别：乙类；抗震设防烈度6度；设计使用年限50年		

表B.3　装饰装修

外立面		采用石材干挂幕墙、铝板幕墙和玻璃幕墙
内装饰	楼地面	水泥砂、现浇水磨石、石材、防滑地砖、木地板、防静电地板
	内墙面	抹灰，乳胶漆
	吊顶	结构面抹灰面刷白，轻钢龙骨铝合金条板、纸面石膏板吊顶
	内装修部分采用二次精装设计施工，不在本次招标范围内	

表B.4　建筑节能设计

地下室外墙	采用50mm厚聚苯板
主体外墙	非幕墙部分采用40mm厚聚苯板
	透明幕墙部分采用LOW-E低辐射镀膜中空安全彩釉玻璃
	非透明幕墙部分采用40mm厚聚苯板
	外窗采用LOW-E低辐射镀膜中空安全彩釉玻璃
屋面	采用60mm厚聚苯板

2. 工程进度计划安排

总体工程目标为工期570天，计划于2009年4月1日开工至2010年10月22日竣工。各阶段性目标和各分项工程工期安排见表B.5和表B.6。

表B.5　各阶段性目标

土方完	±0.00完	主体结顶	主体中间结构验收	装饰完	竣工
2009年5月25日	2009年9月12日	2009年12月26日	2009年12月26日	2010年10月2日	2010年10月22日

表B.6　各分项工程工期安排

序号	单体	工序	工作日（天）	开始时间（年.月.日）	结束时间（年.月.日）
1	开工		0	2009.4.1	2009.4.1
2	地下室工程	围护桩施工	25	2009.4.1	2009.4.25
3		土方开挖、穿插围护施工	30	2009.4.26	2009.5.25
4		胎膜、垫层、桩动测	30	2009.5.15	2009.6.14
5		底板结构施工	40	2009.5.30	2009.7.9
6		墙顶板结构施工	40	2009.6.19	2009.7.29

续表

序号	单体	工　序	工作日（天）	开始时间（年.月.日）	结束时间（年.月.日）
7	主体工程	一层钢结构柱梁安装（含夹层）	25	2009.7.19	2009.8.13
8		一层顶混凝土楼板施工（含夹层）	25	2009.8.14	2009.9.8
9		二层钢结构柱梁安装（含夹层）	25	2009.8.14	2009.9.8
10		二层顶混凝土楼板施工（含夹层）	25	2009.9.8	2009.10.2
11		三层钢结构柱梁安装（含夹层）	25	2009.9.8	2009.10.2
12		三层顶混凝土楼板施工（含夹层）	25	2009.10.3	2009.10.27
13		四层钢结构柱梁安装（含夹层）	25	2009.10.3	2009.10.27
14		四层顶混凝土楼板施工（含夹层）	25	2009.10.28	2009.11.21
15		机房层及屋面钢架安装	25	2009.10.28	2009.11.21
16		机房屋层混凝土楼板施工	15	2009.11.22	2009.12.6
17		穹幕影院球体钢网壳安装	25	2009.10.27	2009.11.21
18		穹幕影院混凝土结构施工	15	2009.11.22	2009.12.6
19		主体墙体工程施工	85	2009.10.2	2009.12.26
20		主体中间结构验收	0	2009.12.26	2009.12.26
21	装饰工程	混凝土结构屋面防水、保温等施工	40	2009.12.26	2010.2.24
22		屋面金属装饰层施工	120	2010.2.24	2010.7.4
23		门窗安装	30	2010.3.27	2010.4.25
24		室内粉刷	90	2009.12.27	2010.3.26
25		室内墙柱顶面精装饰施工	120	2010.4.25	2010.9.22
26		油漆、涂料、五金	130	2010.5.10	2010.10.2
27		楼地面工程施工	90	2010.4.25	2010.7.24
28		外幕墙钢骨架安装	90	2009.12.26	2010.3.26
29		外幕墙面层安装	120	2010.3.17	2010.7.14
30		外墙涂料面层施工	90	2009.12.26	2010.3.26
31	室外工程	室外雨污水管埋设	25	2010.7.14	2010.8.17
32		室外道路、场地施工	45	2010.8.17	2010.10.2
33		散水、坡道施工	35	2010.8.17	2010.10.2
34	安装工程	水电暖等安装工程预留预埋	240	2009.5.15	2009.12.26
35		水电暖等安装及调试	200	2009.12.26	2010.7.14
36		安装工程综合调试	80	2010.7.14	2010.10.20
37	工程扫尾		18	2010.10.2	2010.10.20
38	竣工验收		2	2010.10.21	2010.10.22
39	竣工		0	2010.10.22	2010.10.22

施工总体控制计划网络图如图 B.1 所示。

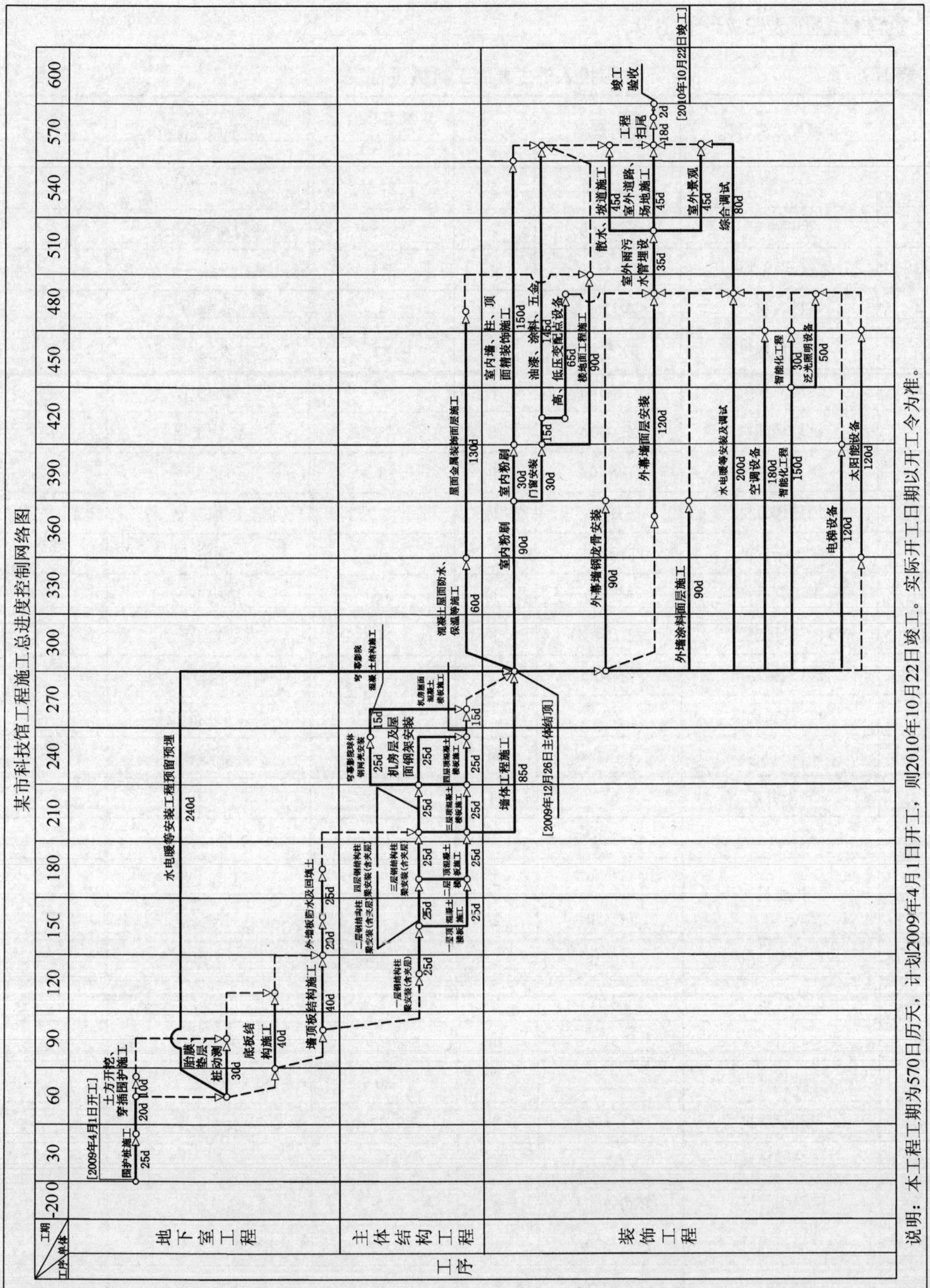

说明：本工程工期为570日历天，计划2009年4月1日开工，则2010年10月22日竣工。实际开工日期以开工令为准。

图 B.1　施工总体控制计划网络图

3. 资源计划

资源计划见表B.7～表B.9。

表B.7 拟投入的主要施工机械设备表

序号	机械或设备名称	型号规格	数量	额定功率（kW）	用于施工部位	备注
1	塔吊	ZJ7030	2	81.5	结构工程	
2	型钢井架	SSB100	2	5.5	结构及装饰工程	
3	混凝土搅拌机	JZM350	2	7.5	结构及装饰工程	
4	砂浆机	VJ200	4	3	砌体及装饰工程	
5	交流电焊机	BX3-250	6	32	砌体及装饰工程	
6	钢筋对焊机	UN-100	1	75	结构工程	
7	钢筋切断机	GQ-40A	1	3	结构工程	
8	钢筋弯曲机	GW-40A	1	3	结构工程	
9	钢筋调直机	GJ4/4	1	3	结构工程	
10	木工平板刨	MB503	1	4	结构工程	
11	木工圆盘锯	MJ160	1	5.5	结构工程	
12	木工轧刨机	MB104CD	1	4	结构工程	
13	插入式振动器	ZN70C	20	1.5	砌体及装饰工程	
14	平板式振动器	ZW	2	1.5	砌体及装饰工程	
15	潜水泵	LG	40	1.5	降排水	
16	轻型井点	套	21	7.5	降水	
17	高压水泵	YZGC5*7	2	7.5	结构及装饰	
18	挖土机	PC200	2		土方工程	
		PC120	2		土方工程	
19	柴油发电机	120kW	1	120	备用	
20	空压机	VA65	5	3	凿桩头	
21	风镐	只	10		凿桩头	
22	三轴搅拌机	台	1	60	围护桩	
23	电动套丝机	SQ—100	3	0.37	管道工程	
24	电动套丝机	力克士	4	0.37	管道工程	
25	交流弧焊机	BX1-500A	2	50	管道预制	
26	交流弧焊机	BX1-300A	4	32	接地焊接支架制作	
27	电动葫芦	2T×18m	2	3	设备吊装	
28	手动葫芦	1T×18m	2		设备吊装	
29	电动液压弯管机	WGQ-3	3	1.5	电气配管	

续表

序 号	机械或设备名称	型号规格	数 量	额定功率（kW）	用于施工部位	备 注
30	手动弯管机	SWG-2A	3		电气配管	
31	电动试压泵	4GY-74/6.3	4	1	管道试压	
32	手动试压泵	S-S91.25/4	2		管道试压	
33	千斤顶	16-20T	2			
34	高速切割机	J3G2-400A	8	1.2	构件制作	
35	立式钻床	LZ-19	6	5	构件制作	
36	电动开槽机	D3L-50	6	0.75	墙体配管	
37	滚槽机		3		管道预制	
38	空气压缩机		3	3.5	电气穿线	
39	消防检测箱		2		消防检测	

表 B.8　　劳动力计划表

工 种	按工程施工阶段投入劳动力情况					备 注
	基础施工阶段	主体结构施工阶段	砌体施工阶段	装饰施工阶段	竣工扫尾阶段	
土方工	20	0	0	0	0	（1）本工程施工总人数为680人，高峰期间劳动力人数达到460人。（2）本计划表是以每班八小时工作制为基础编制的
石工	15	10	10	10	0	
木 工	90	90	35	0	0	
钢筋工	70	70	25	0	0	
混凝土工	45	45	20	0	0	
砌筑泥工	50	60	60	0	0	
装饰泥工	0	0	50	90	10	
外架工	5	20	15	15	5	
油漆工	0	0	0	45	20	
防水工	10	0	0	10	0	
机操工	4	6	6	6	2	
普 工	10	10	10	10	10	
机修工	1	1	1	1	1	
临电电工	2	2	2	2	1	
电焊工	4	6	4	4	1	
水电安装工	10	40	40	60	50	
分包人员	20	100	80	130	60	
合计	326	460	320	383	160	

表 B.9 周 转 材 料

周转材料名称	单 位	数 量	进 场 计 划
钢管 ϕ48.3	t	1200	随进度逐步进场
胶合板	m^2	20000	地下室开始进 15000m^2，主体开始再进 5000m^2
方木	m^3	450	地下室开始进 280m^2，主体开始再进 170m^2
扣件	万只	18	工程开始进 12 万只，主体施工进 6 万只
脚手片	张	12000	随进度逐步进场
竹跳板 L=3m	块	50	开工进 20 块，主体、装饰工程开始再进 30 块
安全网	张	3000	随进度逐步进场
散装水泥桶	只	2	开工进 2 只
养护保温薄膜	m^2	4000	开工进 2000m^2，结构开始再进 2000m^2
养护用麻袋	只	3000	开工进 1500 只，结构开始再进 1500 只

注 1. 本表所列周转材料均随工程进度的发展而逐步到位或退场，这有利于工程的经济效益，也便于场内材料管理。
2. 自行采购的周转材料准备提前择价采购入库，定时定量发放，场地上决不留多余材料，做到工完料清。

4. 施工总平面布置

（1）沿建筑物周边设置施工道路与西侧江汉路连通，场内临时道路宽 3～6m，路边设置 300mm 宽的排水沟，道路路基铺设 300mm 厚道渣，面层浇捣 150mm 厚 C20 混凝土。

（2）西南面大门作为标化、宣传区域，；办公区设置在场地西侧，场地西北部围墙边设置生活区，建筑物周边设置生产区。

（3）在场地的西面江汉路设置两扇大门，大门采用砖墙砌筑。

（4）沿建筑物周边设置环行道路及排水沟，便于车辆通行与场地排水。

（5）材料堆场布置在塔吊的作用半径内，砂、石、砖堆在指定的堆放场且用砖砌隔开。

（6）现场设塔吊 2 台，商品混凝土泵送机械 2 套，井架 2 台，搅拌机及砂浆机 2 处等主要施工机械若干，并划出混凝土、砂浆及输送泵机械的作业区。

施工现场平面布置图如图 B.2 所示。

5. 模板工程

（1）根据本工程地下室结构情况，计划采用两种模板体系，即砖砌胎模和木模板（九夹板）体系。

本工程所有地下室内外墙及水池侧板模板统一采用九夹板和 60mm×80mm 方木配制成装配式定型模板，周转使用，唯楼板和水池顶板采用散铺方式，在满堂架子的钢管楞上，架设 60mm×80mm 的方木，其上铺九夹板，地下室模板按施工段划分一次投入，如数配制。

定型组合模板在制作时，均需按上图进行组合。九夹板制作时直边统角（90°），进场木料（60mm×80mm）要经过轧刨直边，保证模板组合拼装时拼接平直密缝。

混凝土对模板的侧压力较大，故需在模板内外用对拉螺杆和模板连接，使其固定。螺杆用 ϕ14，竖向间距 450mm，横向间距 450mm，螺杆在中部焊止水片，在定位外墙模板时，用 ϕ6 短筋焊于杆上。定位内墙模板时则埋设 PVC 套管，可以重复使用对拉螺杆。

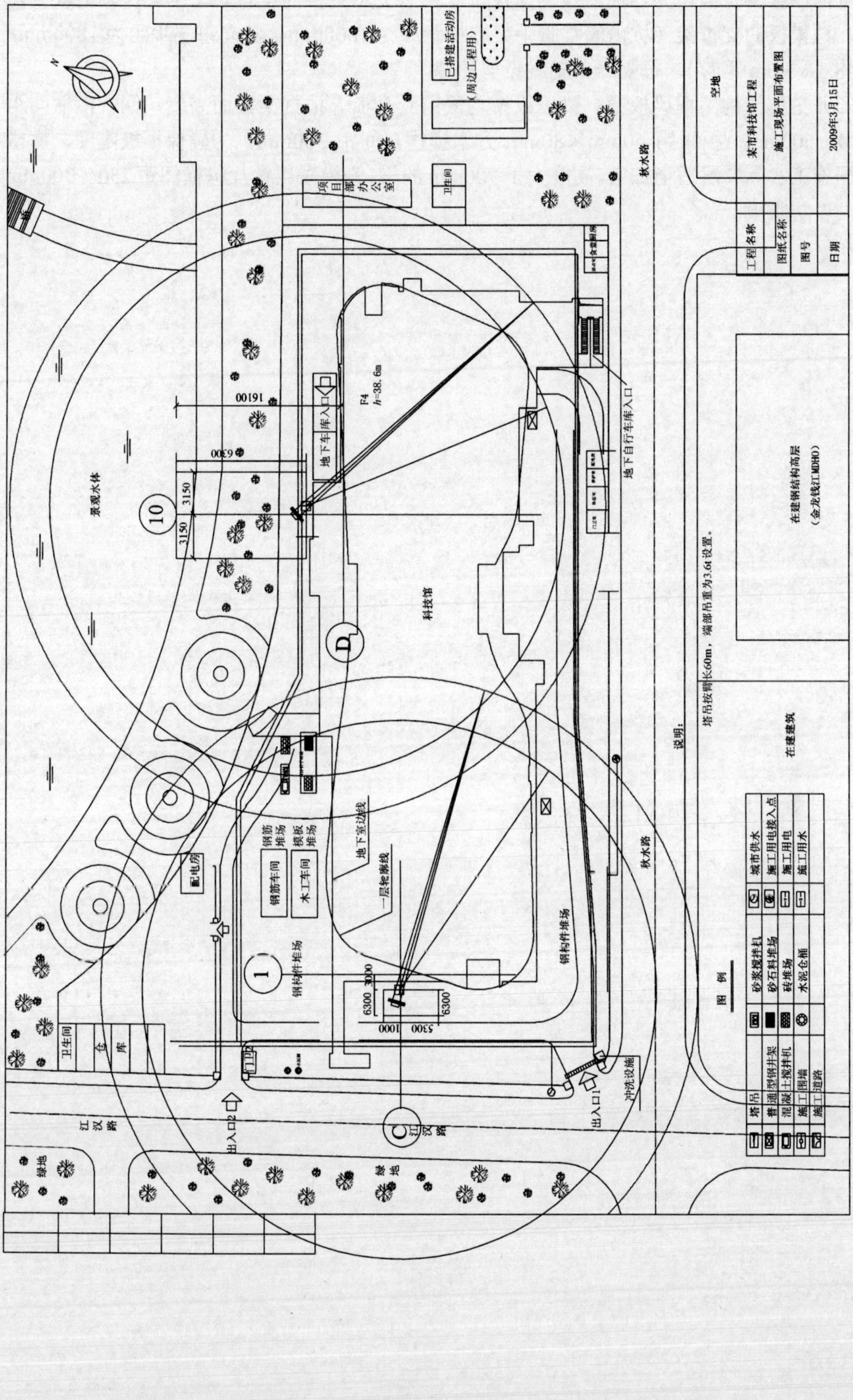

图B.2　施工总体控制计划网络图

坑内满堂脚手架作为四周墙模的支撑，既用于上层梁板的承重架，也可作为混凝土内墙体、柱模板的支撑架（坑内满堂脚手架立杆距离为1000mm，竖向每层步距为1800mm，用 ϕ48.3×3.6m 钢管），每隔一条轴线设剪刀撑。

（2）主体结构工程梁板模。梁、板模均采用胶合板。根据梁截面高度，钢管横楞间距取 500～600mm，板采用 60mm×80mm 方木横楞，间距 300mm。为确保模板刚度，横楞可根据施工实际情况适当加密。高度大于 700mm 的梁，侧模采用铁片纵横间距 250～300mm 拉结，以防胀模。

参 考 文 献

［1］ 中国建筑科学研究院建筑工程软件研究所广厦工作室. 建筑施工软件手册. 第一版. 北京：中国建筑工业出版社，2006.

［2］ JGJ 130—2011 建筑施工扣件式钢管脚手架安全技术规范. 北京：中国建筑工业出版社，2011.